网络空间安全技术丛书

商用密码与安全性评估

徐岩柏　王建峰
编著

CYBERSPACE SECURITY TECHNOLOGY

COMMERCIAL CRYPTOGRAPHY

密码是保障网络与信息安全的核心技术。本书将 Java 开发与信息系统的密码应用建设、密评相结合，对典型密码应用场景的软件编码实现、涉及的主流密码产品以及安全性评估方法进行了介绍和实践。全书共 9 章，包括密码技术发展与架构、密码技术实现基础、数据完整性保护与杂凑算法、数据加密保护与对称密码算法、用户身份认证与公钥密码算法、通信安全与密码协议、口令加密和密钥交换、密码应用方案设计和商用密码应用安全性评估等内容。

本书为读者提供了全部案例源代码下载和高清学习视频，读者可以直接扫描二维码观看。

本书适用于信息系统安全建设的从业人员阅读，可为其在信息系统合规，正确、有效使用密码等方面提供指导；也可作为软件开发程序员、密码产品的研发人员和密码测评人员的参考书。

图书在版编目（CIP）数据

商用密码与安全性评估/徐岩柏，王建峰编著．—北京：机械工业出版社，2022.8

（网络空间安全技术丛书）

ISBN 978-7-111-71419-4

Ⅰ.①商…　Ⅱ.①徐…②王…　Ⅲ.①密码-安全评价　Ⅳ.①TN918.2

中国版本图书馆 CIP 数据核字（2022）第 151670 号

机械工业出版社（北京市百万庄大街 22 号　邮政编码 100037）
策划编辑：李培培　张淑谦　责任编辑：李培培　张淑谦
责任校对：张　征　李　婷　责任印制：郜　敏
三河市宏达印刷有限公司印刷
2022 年 10 月第 1 版第 1 次印刷
184mm×260mm · 16.25 印张 · 379 千字
标准书号：ISBN 978-7-111-71419-4
定价：109.00 元

电话服务　网络服务
客服电话：010-88361066　机　工　官　网：www.cmpbook.com
010-88379833　机　工　官　博：weibo.com/cmp1952
010-68326294　金　书　网：www.golden-book.com
封底无防伪标均为盗版　机工教育服务网：www.cmpedu.com

网络空间安全技术丛书
专家委员会名单

出版说明

随着信息技术的快速发展，网络空间逐渐成为人类生活中一个不可或缺的新场域，并深入到了社会生活的方方面面，由此带来的网络空间安全问题也越来越受到重视。网络空间安全不仅关系到个体信息和资产安全，更关系到国家安全和社会稳定。一旦网络系统出现安全问题，那么将会造成难以估量的损失。从辩证角度来看，安全和发展是一体之两翼、驱动之双轮，安全是发展的前提，发展是安全的保障，安全和发展要同步推进，没有网络空间安全就没有国家安全。

为了维护我国网络空间的主权和利益，加快网络空间安全生态建设，促进网络空间安全技术发展，机械工业出版社邀请中国科学院、中国工程院、中国网络空间研究院、浙江大学、上海交通大学、华为及腾讯等全国网络空间安全领域具有雄厚技术力量的科研院所、高等院校、企事业单位的相关专家，成立了阵容强大的专家委员会，共同策划了这套“网络空间安全技术丛书”（以下简称“丛书”）。

本套丛书力求做到规划清晰、定位准确、内容精良、技术驱动，全面覆盖网络空间安全体系涉及的关键技术，包括网络空间安全、网络安全、系统安全、应用安全、业务安全和密码学等，以技术应用讲解为主，理论知识讲解为辅，做到“理实”结合。

与此同时，我们将持续关注网络空间安全前沿技术和最新成果，不断更新和拓展丛书选题，力争使该丛书能够及时反映网络空间安全领域的新方向、新发展、新技术和新应用，以提升我国网络空间的防护能力，助力我国实现网络强国的总体目标。

由于网络空间安全技术日新月异，而且涉及的领域非常广泛，本套丛书在选题遴选及优化和书稿创作及编审过程中难免存在疏漏和不足，诚恳希望各位读者提出宝贵意见，以利于丛书的不断精进。

机械工业出版社

前言

《中华人民共和国电子签名法》于2005年4月1日开始施行，这是中国首部真正的有关电子商务环节的立法，自此电子签名和手写签名具有同等的法律效力。电子签名作为典型的密码技术应用之一，有力推进了电子商务和电子交易的发展。

密码技术随着等级保护2.0和移动互联网的推进和深入，已经越来越受到重视。《中华人民共和国密码法》的颁布与实施，使得建设密码安全的应用系统有了新的标准和依据。《中华人民共和国数据安全法》和《中华人民共和国个人信息保护法》等相关的法律法规的出台，也对数据的安全性提出了具体的要求，而要完成这些安全要求，也必须借助密码技术。

本书从密码应用的选择算法问题、有效使用密码技术问题和正确使用密码技术出发，以商用密码技术为基础，通过一个个鲜活的案例对密码基础、密钥管理、常用的密码算法以及密钥交换协议等进行了分析，并对加/解密、完整性、身份鉴别和不可否认等典型密码技术应用场景、主流产品、软件编码进行了介绍或实现，为促进各企事业单位信息化建设工作合规、正确、有效地使用商用密码技术，促进商用密码推广提供借鉴和指导。

全书共三个部分。第一部分为密码技术基础，即第1章，主要介绍密码技术发展与架构，包括密码技术的发展、密码定义、密码术语、密码分类等，还介绍了密码应用的目标和相关政策与标准，最后介绍了密码通用架构，通过技术框架展开密码技术、密码产品和密码服务的定位和适用场景。第二部分为密码技术实践，涉及第2章~第7章，第2章介绍密码技术实现基础，主要包括实践环境的准备、Java实践环境的验证、算法信息和参数的获取和表示方法；第3章介绍数据完整性保护与杂凑算法，既有算法原理的讲解也有算法的编码实现；第4章是数据加密保护与对称密码算法，介绍了序列算法和分组算法的原理和编码实现；第5章介绍了用户身份认证与公钥密码算法；第6章介绍了通信安全与密码协议，主要包括SSL和IPSec两个主流的密码协议；第7章介绍的是口令加密和密钥交换，除了介绍算法编码实现，还介绍了它们的应用场景。第三部分为密码应用安全与合规，包括第8章和第

9 章，介绍用密码技术建设合规应用以及密码安全性评估，主要包括密码应用的设计、安全需求分析方法和密码应用的评估。评估主要介绍了密评的发展、政策依据与测评流程方法。附录为主要密码技术的常用信息汇总和标准规范的算法属性等，方便读者查询。

编者为了推广商用密码技术，促进商用密码技术合规、正确和有效应用，特编写本书，希望能给各类企业或政府机关的信息化建设人员提供一个使用密码技术的指导建议，也给从事密评工作的安全评估人员提供一本技术和政策的参考用书。密码使用者能通过本书真正明白各种密码技术和算法是如何正确使用的，最终做到安全、有效、正确地使用密码技术、产品和服务，这是本书的最终目标。

由于密码技术涉及的方面较多，知识面广，再加上编者个人认知能力的局限性，错漏之处在所难免。如果书中有不足之处，还望读者能批评指正，给出宝贵意见。

感谢中电信数智科技有限公司安全评测业务部的支持，使编者能够将密评工作的点滴汇聚成本书；感谢在本书编写过程中提供了宝贵建议的安全评测业务部的领导和同事，以下姓名排名不分先后：黄鹏、邱杰、李景清、徐赵虎、乌明轩、徐晓燕；感谢家人的支持，因为平时工作任务较重，写作只能在业余时间完成，幸有家人的理解。

编　者

目录

第 1 章　密码技术发展与架构

本章主要对密码技术的发展历史，以及密码应用的目标与当前密码相关的标准、政策进行了简单介绍。同时，本章对密码通用架构以及架构中常用的密码技术和产品层级也进行了说明。通过对本章的学习，读者可以熟悉与商用密码应用相关的整体架构。

1.1　密码发展历程

本小节介绍密码技术的发展历史，分三个时间阶段进行简单介绍，对密码技术中使用的密码定义和密码术语进行简单说明。同时，本小节还介绍了密码分类方法，从时间阶段上、密码体制上和数据处理方式上可以对密码进行不同的分类。

1.1.1　密码的发展与应用

密码技术历史悠久，几千年前就有古巴比伦人采用保密的方法来传递保密信息，后来密码技术因军事需要而得到巨大推动，最终因为信息化和互联网技术而得到全面发展。

只有了解密码技术的发展历史，才能深入理解密码的当前热点和未来趋势，才能充分把握密码的应用场景。现在大部分密码学书籍都是根据密码发展的不同时间阶段将密码学的发展史分成古典密码学、机械密码学和现代密码学三个阶段。所以，本书也按照这三个阶段来阐述密码学的发展。

1. 古典密码学阶段

古典密码学阶段是指从密码的产生到第二次世界大战这段时期密码的发展历史。该阶段的密码技术通常是通过手工计算实现的，最多借助一个圆形的木棍或圆盘。古典密码编码方法主要有两种，即置换和替换。置换就是把明文中的字母重新排列，即字母本身不变，但其位置改变了。这样编成的密码称为置换密码；替换就是用一个类型来替代另一个类型，比如用数字 5 代表字母 R 等。这样编成的密码称为替换密码。替换过程如果通过一个变换表格，就称为单表替换，变换表格多于一个就称为多表替换。

著名的凯撒密码算法就是一个单表替换算法，因为它的替换表只有一个。凯撒密码算法是古罗马凯撒大帝在营救西塞罗时用来保护重要军事情报的加密系统（《高卢战记》）。

1467 年初，莱昂·巴蒂斯塔·阿尔伯蒂第一个提出了多表替换的密码概念，使得多表替换算法开始进入研究和发展阶段。多表替换算法的典型代表算法是维吉尼亚密码（又译为维热纳尔密码），它是对凯撒密码算法一系列的综合使用。维吉尼亚密码以其简单易用著称，且初学者通常难以破解，因此当时它又被称为“不可破译的密码”。

古典密码算法由于字母空间的限制，机密性并不是很好，再加上频度分析，使得密码算法很容易被破解。随着人类文明的发展和技术的进步，古典密码算法慢慢过渡到机械密码阶段。

2. 机械密码学阶段

机械密码学阶段在不少密码学书籍中也被称为近代密码学阶段。该阶段密码技术通常借助机械装置实现，比如转轮或转子。机械密码发展最蓬勃、使用最频繁的时期主要是第二次世界大战期间。

1918 年，在第一次世界大战即将结束的时候，德国人亚瑟・谢尔比乌斯参考科赫构想并设计出了一种密码机器，也就是后来世界闻名的 Enigma 机。Enigma 机是一种多表替换的密码机。其加密核心是 3 个转轮。每个转轮的外层边缘都写着 26 个德文字母，用以表示 26 个不同的位置，经过转轮内部不同导线的连接，改变输入和输出的位置，从而进行加密。一个 3 转轮的 Enigma 机，能进行 17576 种不同的加密变化。Enigma 机在第二次世界大战中作为德国海陆空三军最高级的密码机，有效保护了德军各种机密信息的传递安全。当时德军使用的 Enigma 机较刚设计出来的原始形态又做了一些改变，使用了 3 个正规轮和 1 个反射轮，极大提高了军事信息的安全性。

作为第二次世界大战中没有硝烟的无声战场，情报的加密和破译也是战争的重要组成部分。在此期间的较量中，英国出现了一位被后人称为“计算机科学之父”的科学家——艾伦・图灵，他是英国著名的密码破译大师。图灵和他的团队是第二次世界大战破译德军密码的核心力量，由大量的数学家组成。虽然德国对 Enigma 机不断进行编码程序的变更和改进，但随着图灵团队持续对 Enigma 机的研究、模仿和破译，最终制作出了能破译德国情报的破译密码机——“炸弹”。从此之后，有了“炸弹”的助力，德军在第二次世界大战中的很多军事行动计划从图灵团队传到了英国军事指挥中心，帮助英军取得胜利，减少了战争损失。在我国的抗日战场上，破译日军的电报密码也一直是情报部门的重要工作内容之一，有大量的密码破译专家在努力分析破解当时的机械密码算法，密码技术的使用在战场上起到了举足轻重的作用。

3. 现代密码学阶段

现代密码学的建立主要是依据数学、信息论等密码基础原理成为一门学科来判定的。这个过程中也有一位标志性的人物，信息论的鼻祖——香农。1949 年，香农发布了一篇名为《保密系统的通信理论》的论文，将信息论引入到密码学，给出了历史上关于密码安全性的第一个定义——“完善保密性”，提出了混淆和扩散两大设计原则，奠定了密码学相对成体系的原理基础。从此密码学从技术进化成为一门学科，开始进入正式的研究发展阶段。美国数据加密标准 DES 的出现开启了现代密码学蓬勃发展的时代。

香农的密码学原理偏向对称密码学，分成分组加密和流加密两大类。分组加密是将明文分成多个等长的数据块，使用确定的算法和对称密钥对每组分别加密，更适用于软件类的加密，比如电子邮件加密和银行交易转账加密等；而流密码是加密和解密双方使用相同的随机加密数据流作为密钥，通常是对每一个数据位进行异或操作，由于生成密钥流和数据流等长，实际操作相对更困难，找到随机的密钥流不太容易，所以通常用于基于硬件的通信加密，硬件部件的核心是线性反馈移位寄存器（Linear Feedback Shift Register，LFSR），通过LFSR 来产生伪随机的密钥流用于加/解密的运算。

在后面的章节中，本书主要针对现代密码学涉及的各个算法进行介绍。

1.1.2 密码定义、术语和分类

密码学在 1949 年因信息论发布而成为一个独立的学科，经过多年的发展，密码的定义已经越来越明晰。

《中华人民共和国密码法》中给出的关于密码的定义为：密码是指采用特定变换的方法对信息等进行加密保护、安全认证的技术、产品和服务。

1. 密码技术常用术语

在了解了基本的密码学历史和定义后，下面再来了解一下常用的密码学术语。

- 密钥：分为加密密钥和解密密钥，是用来加密/解密的一个需要保护的二进制串。
- 明文：没有进行加密、能够直接代表原文含义的信息，也就是原文。
- 密文：经过加密处理之后，隐藏原文含义的数据。
- 加密：将明文转换成密文的实施过程。
- 解密：将密文转换成明文的实施过程。
- 数字签名：又称公钥数字签名，是只有信息的发送者才能产生的别人无法伪造的一段数字串，这段数字串同时也是对信息的发送者发送信息真实性的一个有效证明。
- 密码体制：通常指由明文、密文、加密算法、解密算法和密钥组成的五元组。
- 密码协议：又称安全协议，是完成密钥传递、敏感数据传输、控制信息交换和保密通信认证有关的系列交互规则。密码协议是网络安全的重要组成部分之一，可以完成异地的安全通信，通常有两个或者多个参与者。

2. 密码学分类

前面在讲解密码学历史时读者已经知悉，密码学已历经几千年的发展历史，开始于古巴比伦时期，发展在近代，绽放在现代。既可以从历史阶段方面对密码学进行分类，也可以从密码体制或数据处理的方式上进行分类，还可以按使用场景分类。分类主要是为了密码在应用时不被误用。

（1）按时间分类

从时间上可以将密码学分为古典密码学、机械密码学（近代密码学）和现代密码学三个类别。当前的信息化应用建设中只使用现代密码学中的算法。

（2）按密码体制分类

从密码体制上可以将密码学分为对称密码算法、非对称密码算法和杂凑算法。对称密码算法的加密/解密均采用同一个密钥；非对称密码算法采用两个密钥，即私钥加密，公钥解

密；杂凑算法不需要密钥，它对给定的信息计算出固定长度的杂凑值或者信息指纹。

（3）按数据处理方式分类

根据数据处理的方式可以将密码学分为块加密（也称为分组加密）和流加密。块加密通常要对数据进行分组和填充等操作；流加密是对密钥和明文数据位的异或处理。

（4）按使用场景分类

根据密码学的使用场景可以将密码学分为密码技术类、密码服务类和密码协议类。密码技术类通常是以各个密码算法为主；密码服务类现阶段主要是指公钥基础设施 PKI；密码协议类目前根据商用密码规范主要有 SSL 协议和 IPSec 协议两个。这些内容在后面的章节中会进行详细介绍。

1.2 密码应用目标与政策

在本小节中，首先介绍密码应用建设需要根据什么样的目标进行分析和定义；接着介绍密码应用对于网络空间、社会经济，以及国防安全的重大意义；最后，介绍我国商用密码的政策和标准的建立情况。

1.2.1 密码应用的目标

随着信息化应用的发展和移动互联网的出现，传统的技术已经无法满足系统的安全需求，密码作为目前公认的维护网络安全最有效、最可靠、最经济的核心技术越来越受到重视。

信息系统的建设者如何从信息化应用建设的实际出发，全面梳理系统安全可用、敏感数据的防泄漏、数据操作的不可否认、用户的权限不被滥用等安全需求，综合考虑系统在物理和环境、网络和通信、设备和计算、应用和数据、安全管理等不同层面的密码应用要求，合理设计密码应用方案，并依据方案高效实施，合规、正确、有效地使用密码保护信息系统安全将是密码应用工作的主要目标。

当然，信息化应用中的密码应用目标有几个不同层面的具体目标，可以参考 GB/T 39786—2021《信息安全技术 信息系统密码应用基本要求》。该文件从物理与环境、网络与通信、设备与计算、应用与数据以及密钥管理和管理制度等各个层面给出详细的要求。

- 在物理与环境层面：密码应用方案的目标是采用商用密码技术实现门禁系统的建设；采用商用密码技术实现视频监控系统的建设；采用商用密码技术实现门禁记录和监控记录的数据存储完整性保护。
- 在网络与通信层面：密码应用方案的目标是采用符合商用密码算法的合规的 SSL VPN 或者 IPSec VPN 产品等实现通信链路的安全。
- 在设备与计算层面：密码应用方案的目标是采用符合商用密码算法的合规的运维审计系统来实现设备的集中管理和认证，实现设备日志的集中管控并用商用密码保证日志的完整性。

- 在应用与数据层面：密码应用方案的目标是身份鉴别的实现要采用商用密码技术，重要的数据传输需要采用密码进行完整性和机密性保护，重要数据在数据库中的存储要采用密码进行完整性和机密性保护，日志采用 MAC 或签名等进行完整性保护，应用的权限等信息采用 MAC 或签名等进行完整性保护。如果系统涉及不可否认需求，要实现对关键业务进行数字签名。

除了以上技术层面的具体目标，还需要配套的管理制度，根据企业的组织机构和人员情况制订符合企业自身的密码管理制度并进行发布执行。

密码应用方案的分析原则、分析方法和具体密码设计指标，以及如何设计一个符合商用密码安全性要求的应用在本书第 8 章会有更详细的介绍。

1.2.2 密码应用与网络空间

2016 年 12 月 27 日，经中央网络安全和信息化领导小组（现已改为中国共产党中央网络安全和信息化委员会）批准，国家互联网信息办公室发布《国家网络空间安全战略》。维护网络空间的安全，涉及每个人的切身利益，也关系着企业的商业秘密安全和国家安全。网络安全的目标简单来说就是要保证网络的硬件、软件能正常运行，然后要保证数据交换和传输的安全。

国际标准化组织 ISO 对网络安全的具体目标有以下几方面描述。

- 真实性：对信息的来源进行判断，并对伪造来源的信息予以鉴别和告警。
- 机密性：保证机密信息不被非法窃听，或窃听者听到后也不能了解信息的真实含义。
- 完整性：保证数据的一致性，防止数据被非法用户篡改。
- 可用性：保证合法用户对信息和资源的使用不会被不正当地拒绝。
- 不可否认性：建立有效的责任机制，防止用户否认其行为，这一点在电子商务中是极其重要的。
- 可控制性：对信息的传播及内容具有控制能力，防止非法传播。
- 合规性：满足国家主管部门的政策和规章，比如等级保护要求和商用密码要求。

密码技术可以实现应用的机密性、完整性、真实性和不可否认性等具体保护能力。机密性就是不想让没有权限的人看到该内容，这就需要使用加密和解密算法；完整性通常是防止在通信或存储中数据被篡改；真实性往往会通过一个密钥或者标识结合完整性来实现，比如采用 HMAC 等；不可否认性的实现目前最经典的就是数字签名。笔者在随后第 2 章的 Java 代码实践中，会对这些密码能力逐一展开讨论。使得读者可以在项目建设中正确地采用这些技术，来满足国家等级保护要求和密码应用建设合规要求。

1.2.3 密码应用与社会经济

本小节主要介绍密码应用与人民生活、密码应用与社会经济的紧密联系，并给出了一些典型的生活场景和其安全问题，这些场景或问题的最终解决要靠密码应用的综合防护来实现。

1. 密码应用与人民生活

信息化的发展极大地改变了人们的生活生产方式，在购物、出行、娱乐、工作等方面，互联网带来的便利无处不在。网络银行、网络购物、网上办公等已成为公众日常生活的重要组成部分，越来越多的人通过网络交流思想、发展事业、实现梦想。

网络在给人们提供极大便利的同时，安全问题也如影随形。很多时候，一个人的不经意、不设防、不小心，如轻信中奖信息、收到钓鱼邮件、点击不明网址等行为，都将泄露自己的个人信息，造成安全风险甚至经济或名誉损失。

随着移动互联网和物联网的发展，现在我们每个人无论是出行、购物还是工作都离不开网络，从出门打车、网上购物、在线学习到娱乐、旅游和远程办公等，都需要依靠网络来完成。我们使用的各种终端和 App 软件等，都会要求使用者提供部分的个人信息，而这些信息无疑是重要的信息资产，存在被非法利用和窃取的安全隐患。

除了对个人的威胁外，还有专门的组织发起针对企业的攻击，窃取企业的商业秘密和打击竞争对手。恶意的敌对势力会不时发起有计划的针对国家重要部门的攻击事件，比如媒体报道的白俄罗斯的大面积停电事故等。现在网络安全已经提升到国家安全的高度，与我们每一个网民、每一个企业、每一个组织都息息相关。

我国网络安全体系，特别是安全防护体系尚不健全。安全投入还是较少，信息化的发展并没有同步发展信息安全。再者安全技术人员匮乏，防护方式落后（入侵检测、防病毒、防火墙老三样占据主流），智能化、立体化的安全防护还有待发展。

密码技术无疑是增加网络安全保障的重要手段，良好的加密、认证等密码技术的使用可以使我们在网络中的资产得以保全，避免被非法篡改和泄露。了解密码技术可以让自己的网络生活更加“健康”和“幸福”。

2. 密码应用与社会经济

网络无处不在，影响到每一个人的生活。淘宝开店解决了很多人的就业，没有网络和信息化是不可能实现。网络与社会经济已经深度融合，网络安全问题已经影响到人们社会生活的很多方面。作为网络安全基石的密码技术与社会经济的关联无疑是核心焦点。现今密码技术的使用被比喻成网络虚拟世界的“身份证”和“保险箱”，它可以解决在网络中“你是谁”的问题，也可以解决数据不被坏人看到的问题。的确，密码技术与我们每个人都密切相关，员工可以通过办公 OA 软件登录个人账户完成工作；任何人都可以登录个人电子邮箱收发电子邮件；网上购物、网上报税等需要对网络身份进行验证。在网络虚拟世界中验证用户身份离不开密码技术的使用。很多信息化应用建设时就采用口令加密方法来验证身份，密码技术使用错误就可能造成口令泄露，引起假冒身份的安全问题。“网络身份”的假冒将会给人们带来非常严重的危害，轻则名誉受损，重则可能涉及侵权犯罪。企业的商用机密不能让外面的竞争对手知道，典型的保护方法就是加密，只有掌握密钥的人才能查阅，才能有效保证企业的利益。

网络应用中有一种业务是权限控制，即只有授予权限的人才能做某种操作或者查看某些数据。为了保障授权信息的安全性，通常要通过密码技术的完整性来实现，否则非法人员会通过越权访问得到不该得到的利益，造成不良后果，比如看到了合同金额、看到了商业机密等。银行大额资金提取业务需要另外的客户经理授权就是为了资金安全而设计的权限控制，否则就容易造成资金风险。

网络中还有一类业务除了对身份的验证和授权外，还需要保证数据的不可篡改和不可否认，比如签订一份合同或发起一个交易，可以采用电子签名。现在银行网银多采用 USBKey 的介质，内部存有用户的个人证书。关于数字证书，本书专门有一章来详细讲解，系统采用用户 USBKey 中的密钥对关键数据进行电子签名，然后将关键数据和签名信息一起发送，这样在随后的入库环节或争议环节中就可以进行验证签名，以保障数据在传输中没有被篡改和签名信息的不可否认性。这些都是电子世界中的交易安全保障措施，如果缺少了密码技术，将会造成严重的不信任伤害。

在密码技术的应用中，审计无疑也是非常重要的一个环节，也是事后分析的依据，而保障审计数据的安全是前提。在不使用密码技术的时候，审计数据大多采用多备份的方法保护，但这根本不能判定数据是否被篡改和被删除，只有使用密码技术，才能真正实现审计数据的完整性和篡改发现，保证在经济利益受到损失时可以有效举证。

信息技术发展到今天，随着万物互联、大数据时代的到来，任何一个应用都不可能不涉及数据。有了数据，就需要保护，因为数据本身就是有价值的资产。对数据的保护就涉及访问的身份认证问题、权限的分配问题、数据的泄露问题、数据的可靠性问题等方面，而真正解决数据安全问题的方法就是采用密码技术。用密码技术实现数据的保密、完整和操作的不可否认，但国外的密码算法不符合合规要求和安全性规范，信息系统的建设者首要应该考虑的应该是采用商用密码实现安全保护。所以在数据资产价值凸显的今天，用密码技术保证资产的安全性是非常重要的。

我国自主研发的密码算法从 2016 年开始陆续出台，尤其是 2020 年 1 月 1 日《中华人民共和国密码法》的实施，加速了商用密码算法的快速推进。银行业因为涉及千家万户的经济利益，是第一批开始进行商用密码算法应用的行业，目前后端密码机、前端的 ATM 等均已经部署了国产密码算法。

银行金融业最近对区块链与数字货币进行了大量的技术研究，这都是基于密码技术（特别是分布式的公钥基础设施技术）的，数字货币层面的推广必须架构在分布式的数字身份上，这和传统意义上的 PKI 体系区别很大，信任块的签名和验证方式也是分布的，不需要一个集中的信任权威。这无疑是密码技术和经济生活的又一次亲密接触。

随着《中华人民共和国密码法》的实施落地，政策驱动将进一步提升国产密码产品渗透率，我国密码行业发展迎来重大机遇。长期来看，大数据、物联网、区块链等领域的技术发展不断加快，万物互联的发展趋势将更快地推动密码技术的多样化应用，进一步扩大密码技术的应用空间。而等级保护、密评合规等政策的要求，会加快信息化系统采用商用密码技术的应用建设和改造的进程。随着无线互联网的普及，密码技术将来会更深地渗透到社会经济的方方面面。

1.2.4 密码应用与国防安全

密码技术是个古老的技术，几千年前就有采用各种保密措施来传递信息的方法。后来密码技术又因军事而得到巨大发展，所以密码技术与军事或国防安全有重要关联。

《中华人民共和国密码法》中给出了关于密码的分类管理机制：密码分为核心密码、普通密码和商用密码。核心密码、普通密码属于国家秘密。商用密码用于保护不属于国家秘密的信息，公民、法人和其他组织可以依法使用商用密码保护网络与信息安全。本书的所有内容均围绕商用密码展开。

国际社会对于密码技术的竞争从未停止，密码技术作为各国的核心技术机密和武器，受到最严格的保护和管控。国际密码算法虽然可用，但是有不透明的设计方法，而且会受到管制，比如密钥长度限制等。因此采用国产自主设计的密码算法才是真正安全可靠的基础，才不会受制于人。

我国坚持在密码技术上走自主创新之路，2006 年开始陆续制定了很多密码相关的标准和规范，这是国防安全的基石之一。

1.2.5 我国密码政策与标准

2006 年国家密码管理局组织研究商用密码算法和技术标准化相关的工作。2011 年 10 月，密码行业标准化技术委员会（简称“密标委”）成立，负责密码技术和密码产品的标准化工作。密标委于次年陆续发布了一些我国自主研发的密码算法和协议。

已经发布的标准可以在密标委官方网站（http：//www. gmbz. org. cn/）查看，也可以到全国信息安全标准化技术委员会网站（https：//www. tc260. org. cn/）查看。

截至 2021 年 1 月，国家密码相关的标准已经超过了 28 个，有涉及祖冲之算法(ZUC)、密码杂凑 SM3 算法、非对称的 SM2 算法和对称的 SM4 算法等多个应用于不同业务环境的密码算法，有涉及动态口令、电子签章、数字证书等多个密码技术或服务的标准，有基于 SSLVPN 和 IPSec VPN 的安全协议标准，有安全模块和密钥管理方面的标准要求和框架规范。

为了指导国内各行业对密码算法、协议及产品等标准的正确使用，密标委编制了 GM/Y 5001—2020《密码标准应用指南》，对已经发布的密码行业标准进行了分类阐述。用户在使用各种密码相关的技术或产品时，可以查阅指南中对应的标准，进行信息安全建设。继 SM2、SM3、SM9 之后，ZUC 序列密码算法也顺利成为 ISO/IEC 国际标准，标志着我国商用密码标准体系的日益完善和水平的不断提高，也再次为国际网络与信息安全保护提供了中国方案，贡献了中国智慧。下面列出一些在信息系统建设中常用的密码国家标准和行业标准见表 1-1。

表 1-1 常用密码国家标准和行业标准（截至 2021 年 1 月）

密码国家标准编号	密码国家标准名称	密码行业标准编号	密码行业标准名称
GB/T 33133. 1—2016	信息安全技术 祖冲之序列密码算法 第 1 部分：算法描述	GM/T 0001. 1—2012	祖冲之序列密码算法 第 1 部分：算法描述
GB/T 32907—2016	信息安全技术 SM4 分组密码算法	GM/T 0002—2012	SM4 分组密码算法
GB/T 32918. 1—2016	信息安全技术 SM2 椭圆曲线公钥密码算法 第 1 部分：总则	GM/T 0003. 1—2012	SM2 椭圆曲线公钥密码算法 第 1 部分：总则
GB/T 32918. 2—2016	信息安全技术 SM2 椭圆曲线公钥密码算法 第 2 部分：数字签名算法	GM/T 0003. 2—2012	SM2 椭圆曲线公钥密码算法 第 2 部分：数字签名算法
GB/T 32918. 3—2016	信息安全技术 SM2 椭圆曲线公钥密码算法 第 3 部分：密钥交换协议	GM/T 0003. 3—2012	SM2 椭圆曲线公钥密码算法 第 3 部分：密钥交换协议
GB/T 32918. 4—2016	信息安全技术 SM2 椭圆曲线公钥密码算法 第 4 部分：公钥加密算法	GM/T 0003. 4—2012	SM2 椭圆曲线公钥密码算法 第 4 部分：公钥加密算法
GB/T 32918. 5—2016	信息安全技术 SM2 椭圆曲线公钥密码算法 第 5 部分：参数定义	GM/T 0003. 5—2012	SM2 椭圆曲线公钥密码算法 第 5 部分：参数定义
GB/T 32905—2016	信息安全技术 SM3 密码杂凑算法	GM/T 0004—2012	SM3 密码杂凑算法
GB/T 36968—2018	信息安全技术 IPSec VPN 技术规范	GM/T 0022—2014	IPSec VPN 技术规范
GB/T 38636—2020	信息安全技术传输层密码协议（TLCP）	GM/T 0024—2014	SSL VPN 技术规范
GB/T 32915—2016	信息安全技术随机性检测规范	GM/T 0005—2012	随机性检测规范
GB/T 33560—2017	信息安全技术密码应用标识规范	GM/T 0006—2012	密码应用标识规范
GB/T 35276—2017	信息安全技术 SM2 密码算法使用规范	GM/T 0009—2012	SM2 密码算法使用规范
GB/T 35275—2017	信息安全技术 SM2 密码算法加密签名消息语法规范	GM/T 0010—2012	SM2 密码算法加密签名消息语法规范
GB/T 29829—2013	信息安全技术 可信计算密码支撑平台功能与接口规范	GM/T 0011—2012	可信计算 可信密码支撑平台功能与接口规范
GB/T 36639—2018	信息安全技术 可信计算规范 服务器可信支撑平台	GM/T 0012—2012	可信计算 可信密码模块接口规范
GB/T 29827—2013	信息安全技术 可信计算规范 可信平台主板功能接口	GM/T 0013—2012	可信计算 可信密码模块符合性测试规范

（续）

密码国家标准编号	密码国家标准名称	密码行业标准编号	密码行业标准名称
		GM/T 0014—2012	数字证书认证系统密码协议规范
GB/T 20518—2018	信息安全技术　公钥基础设施　数字证书格式	GM/T 0015—2012	基于 SM2 密码算法的数字证书格式
GB/T 35291—2017	信息安全技术　智能密码钥匙密码应用接口规范	GM/T 0016—2012	智能密码钥匙密码应用接口规范
		GM/T 0017—2012	智能密码钥匙密码应用接口数据格式规范
GB/T 36322—2018	信息安全技术　密码设备应用接口规范	GM/T0018—2012	密码设备应用接口规范
		GM/T 0019—2012	通用密码服务接口规范
		GM/T 0020—2012	证书应用综合服务接口规范
GB/T 38556—2020	信息安全技术　动态口令密码应用技术规范	GM/T 0021—2012	动态口令密码应用技术规范
		GM/T 0026—2014	安全认证网关产品规范
GB/T 37092—2018	信息安全技术　密码模块安全技术要求	GM/T 0028—2014	密码模块安全技术要求

在此仅仅列出了一部分标准，全部的标准清单请在全国信息安全标准化技术委员会网站和密标委官方网站查询。后面的实践示例中，还会提到上面的一些标准，让读者可以方便了解国家在商用密码标准方面的努力和发展情况。

总之，是时候开始采用国家商用密码算法与标准来建设或者改造项目了，这既是安全的需要，也是合规的要求。

1.3　密码通用架构

本节首先提出了一个通用的密码技术框架，从基础架构、产品架构和服务架构三个层面来实现密码应用安全保障。基础架构有各种基础算法和协议的实现，产品架构是经认证合规的商用密码产品，最上层就是通过密码产品的接口实现的各个密码应用系统。

1.3.1　密码应用技术框架

密码应用的技术框架，严格意义上是通用安全技术框架的一部分。密码技术是实现网络安全的基石，它是真正保证数据的加密、认证、完整的基础能力。分析清楚密码应用框架能从整体上把握密码应用的设计和实施，防止密码技术的误用和漏用。

实现密码的业务保护功能，需要密码应用技术的支撑。密码应用技术框架分为三层，包括基础密码架构层、密码产品架构层和密码服务架构层。密码应用技术架构如图 1-1 所示。

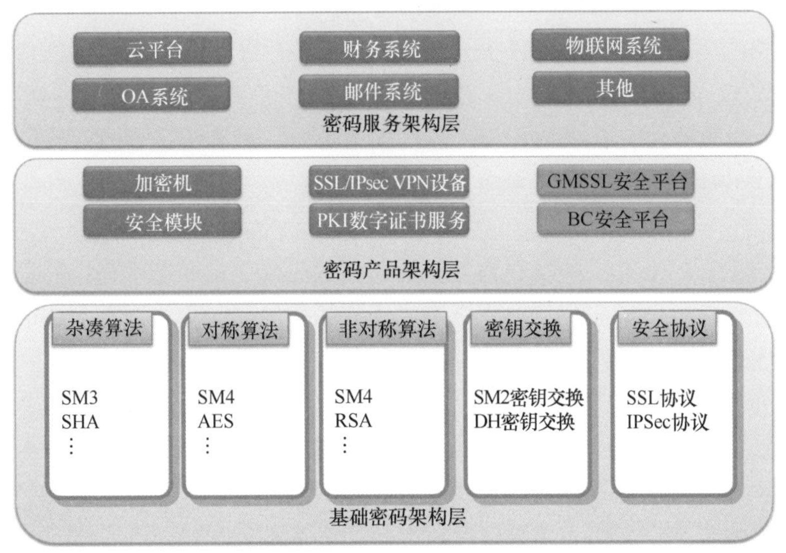

● 图 1-1　密码应用技术架构

基础密码架构层提供基础性的密码算法资源能力，底层实现了杂凑算法、对称算法、非对称算法、密钥交换和安全协议等基础密码算法。该层的密码算法、密钥交换和安全协议主要提供给上层的密码产品层，由产品层对算法、协议进行封装。

密码产品架构层使用下一层的算法，并对算法进行封装，调用基础密码算法的资源，该层主要由加密机（金融加密机、签名验签加密机、服务器加密机等）、安全模块、SSL VPN 设备、IPSec VPN 设备、PKI 数字证书服务、安全平台（GMSSL、BC）组成。

最上层密码服务架构层就是通过调用加密机、安全模块、服务和库提供的应用接口 API，对业务的加密、认证、真实性、完整性、不可否认性等进行实现，为应用系统的关键业务数据提供机密保护，比如财务系统的资金额，采用密码技术保障 OA 系统中个人信息数据、鉴权数据的防泄露，邮件系统提供主体身份认证能力和数据完整性保障能力，在云平台关键的业务操作中提供不可否认性（也就是抗抵赖的服务能力）。

该技术框架中并没有提及密钥管理，并不是密钥管理不重要，密钥管理的技术可以作为一个独立的组件来实现，提供从密钥生成到密钥销毁的全生命周期管理，而在现实中，绝大部分的密钥管理都通过加密机等密码产品来实现。在编者建设过的某大型央企的业务系统中，密钥管理系统就是作为独立于业务的离线系统存在，用来提供密钥的生成、罐装和分发等。

密码应用技术框架给密码技术的开发、密码产品的研制、密码服务的实现和密码应用的管理等都提供了清晰的方向，在实现密码应用的技术的选择和产品的研发上起到了重要的指引作用。

1.3.2 基础密码架构

基础密码架构类似于盖大楼的砖头，为密码建设提供了最基本的应用原材料。本书会专门用几个不同的章节讲解主流的、国家推荐的、安全可靠的密码基础资源，如杂凑算法 SM3、SHA 等，对称算法 SM4、AES 等，还实践了 SM2、RSA 等非对称算法，这些均是基础密码架构层提供的能力，是密码技术应用框架的基石。

1. 密码算法

简单来形容，算法就是一种特殊的类似数学函数的变化或变换规则，为了安全设计的需要，规则会加入非线性转换部分。把明文变成密文的是加密算法，把密文变成明文的是解密算法。算法是密码学的基础构建之一，好的密码算法是安全的前提。

根据前文介绍的密码分类，读者已经知道现代密码学把密码算法分成杂凑算法、对称算法和非对称算法三大类，而序列密码算法是对称密码算法的特殊形式。我国商用密码算法中推荐使用算法是杂凑算法 SM3，对称算法 SM1、SM4、SM7，非对称算法 SM2 与 SM9。在随后的章节中将对大部分主流的商用密码算法进行详细讲解和实践。

2. 密码协议

密码协议是指两个或者两个以上参与者使用密码算法，为达到加密保护或安全认证目的而约定的交互规则。这里的规则通常情况下是有限几步，方便参与方达成目标。

密码协议是将密码算法等应用于具体业务应用的重要密码技术之一，比如身份鉴别、密钥协商等，具有十分丰富的内容。

典型的密码协议，如我国商用密码标准定义的国产 IPSec 和 SSL 协议，可以用在身份鉴别、认证接入等安全环节。两个协议名称是 GM/T 0022—2014《IPSec VPN 技术规范》和 GM/T 0024—2014《SSL VPN 技术规范》，这两个协议在通信实体认证和通信保密等方面均有详细的要求，是实现安全合规的信息化系统的必备。

在随后的章节中会专门讲解商用密码要求的两个 VPN 规范，使得读者能在信息化建设中正确有效的使用，采购经过产品认证的密码产品，达到安全防护的目的。

3. 密钥管理

密钥是密码算法中的关键，也是安全的核心。1883 年，荷兰语言学家奥古斯特在其所著《密码学》一书中做了权威性的陈述：“一个密码系统的安全性不在于对加密算法进行保密，而仅在于对密钥的保密。”

密钥的全生命周期管理通常也是密评检查的一个必查项。主要从密钥生成、密钥存储、密钥分发、导入导出、密钥使用、备份恢复、密钥归档和密钥销毁八个方面进行密钥管理。

密钥管理既有技术上的要求，还要有管理上的要求，所以密钥技术框架中的三层均需要考虑密钥管理。在 GB/T 39786—2021《信息安全技术 信息系统密码应用基本要求》中每个层面都设有专门的密钥要求，具体内容可参考附录 B，密钥管理是至关重要的，要保证密钥（除公钥外）不被非法使用、泄露、删除和篡改。

在本书后面的密码应用方案设计章节会对密钥管理的设计和合规要求进行具体阐述，读者此处先初步了解密钥的重要性和密钥管理的八大方面内容即可。

1.3.3 密码产品架构

目前我国在密码产品层的产品已经非常丰富，国家对此也出台了很多个产品标准和规范，极大方便了信息化建设者构建安全的密码技术应用。

在实际构建信息系统时，大部分的密码使用都是在这一层，这样的好处是，开发人员不用关心下一层的算法细节，只熟悉接口调用即可。另一个好处是进行密码算法更换和升级时，只要接口是标准的，对应的变动就较小。

1. 硬件密码产品

硬件密码产品是密码产品中最多的大类，硬件的优点是明确了密码产品的边线，建立了物理边界。硬件的密码产品通常有更强的物理安全机制，防止非法拆解，能有效保护内部敏感的安全参数和密钥的非授权的访问。

硬件密码产品主要有服务器密码机（云服务器密码机）、金融数据密码机、签名/验签服务器、时间戳服务器、IPSec VPN 网关、SSL VPN 网关、安全认证网关（IPSec/SSL）。还有一些终端类的密码产品也表现为硬件形态，比如密码卡（PCI-E、MINI PCI-E、TF 卡）、智能密码钥匙（USBKey）、电子标签（智能 IC 卡）、读卡器、密码芯片等。随着信息安全建设的深入，这些硬件的密码产品大家已经不陌生了，越来越多的信息应用系统都在使用它们，例如网上银行应用中采用 USBKey 来提高安全性。

下面简单讲解几个典型的密码产品及其作用。

1）智能密码钥匙（USBKey）：主要提供签名验签、杂凑等密码运算服务，实现信息的完整性、真实性和不可否认性保护，同时提供一定的存储空间，用于存放数字证书或电子印章等用户数据。根据用途的不同，USBKey 又细分为身份鉴别 USBKey 和电子印章 USBKey。身份鉴别 USBKey 中存放标识用户身份的数字证书，主要用于对用户身份真实性的鉴别。电子印章 USBKey 中存放遵循 GM/T 0031—2014《安全电子签章密码技术规范》的电子印章数据，用于对电子公文进行签章，实现电子公文真实性和不可否认性的保护。

2）服务器密码机：主要为应用系统提供数据加/解密、签名验签、杂凑等密码运算服务，实现信息的机密性、完整性、真实性和不可否认性的保护，同时提供安全、完善的密钥管理功能，服务器密码机经常被用在后端服务器业务中。

3）SSL VPN 安全网关：主要用于在应用层网络上建立安全的信息传输通道，通过对数据包的加密和数据包目标地址的转换实现远程访问，进行加密通信。

4）IPSec VPN：提供通信前双方身份鉴别、通信数据传输机密性、完整性保护等功能，对设备在通信前进行双向身份鉴别，保证通信通道的机密性、完整性。

5）安全认证网关：采用数字证书为业务处理系统提供用户管理、身份鉴别、单点登录、传输加密、访问控制和安全审计等服务。

6）签名验签服务器：提供基于 PKI 体系和数字证书的数字签名、验证签名等运算功能，保证用户身份的真实性、完整性和关键操作的不可否认性。

2. 软件密码产品

软件密码产品并没有物理上的边界，它的形态可能是一个软件或者软件包，由应用程序调用后运行。软件密码产品在安全性上比硬件密码产品要有明显的软肋，容易被非法窥探、窃取和替换。

在 GB/T 37092—2018《信息安全技术　密码模块安全要求》中有明确规定，软件密码模块不能达到安全三级的要求，它能够达到的最大整体安全等级限定为安全二级。虽然安全级别不够，但移动终端中很适合采用软件安全模块。

综上所述，编者建议在重要的信息应用系统后端服务器建设中尽量采用硬件密码产品/模块来完成密码的应用。读者朋友可能会有疑问，把软件都封装在一个硬件盒子里面不可以么？这在一定程度上是可以提高安全性的，但在终端复杂化、万物互联的今天，全使用硬件密码模块不现实，例如智能手机就不太方便使用一个硬件，而软件模块是非常现实和方便的。

软件密码产品主要有电子签章软件、PKI 软件、密钥管理软件和智能移动终端软件安全模块等类的产品，具体介绍如下。

1）电子签章系统：为各级政务部门提供电子公章的签章、验章服务，有效保障电子文件的真实性、完整性和签章行为的不可否认性，是实现电子公文流转，部门协同办公的重要信任支撑。

2）密钥管理系统：提供安全、完善的密钥管理功能。确保密钥的生成、存储、分发、导入、导出、使用、备份、恢复、归档、销毁等全生命周期的安全。对于较少涉及密钥生成分发的系统，密钥管理通常可以考虑在加密机中进行。

3）智能移动端密码模块：主要提供签名验签、加密解密、杂凑等密码运算服务，实现信息的完整性、真实性和不可否认性保护，同时提供一定的存储空间，用于存放数字证书。

3. 混合密码产品

很显然，混合密码产品既有硬件也有软件形态，都是基于特别的应用需求而诞生的，为了方便部署和应用，软件部分可以部署在前端设备中，后端通常是硬件形态。一个典型的混合密码产品是身份认证网关，它由后端的一个硬件网关服务器和前端的认证组件构成，通过配合完成密码的使用，认证组件安装在客户端。

随着信息系统的平台化和云化，密码产品也会向平台化方向发展，比如 PKI/CA 平台，现在就已发展成一个证书相关的平台，它有自己的密管系统（KMS）、证书管理系统（CA）和证书申请和注册系统（RA），后端用加密机产生和保存密钥，前端用智能钥匙 USBKey 来保存证书，这都是混合密码产品的发展的结果，未来会有越来越多的混合密码产品，来综合完成对应用的保护。

1.3.4　密码服务架构

密码服务架构层就是通过调用密码产品、服务和库提供的应用接口，实现 OA 系统、邮件系统、云平台和财务系统等业务信息系统的数据加密、安全认证、数据完整性和操作的不可否认性等，为应用系统的安全保驾护航。

该层技术实现很少有固定的模式，因为用户的业务和保护的需求是不一样的，所以使用的密码技术手段的场景和方式也会有较大的区别。该部分的具体实现还需要单独分析各个业务的安全需求和数据保护要求。在本书后面的第 8 章中会谈到密码应用的方案设计方法与具体的设计指导，从物理和环境、网络与通信、设备与计算、应用与数据、密钥管理和安全管理等层面分别阐述业务的安全需求要点及其对应的应用设计实现方法。

另外，此处的密码服务还包括经过商用密码认证的电子认证服务，电子认证服务也是目前唯一有认证证书的密码服务。具体关于电子认证许可的内容，《电子认证服务密码管理办法》中要求有证书编号、服务提供者名称、证书有效期、发证日期和发证机构等内容。电子认证服务和 CA 系统不同，很多企业可以自建内部 CA 系统，但它不能对外提供服务。

第 2 章　密码技术实现基础

本章是后续实践章节的基础，通过 Java 密码技术实践环境的搭建，读者可以自己动手对算法进行验证，加深理解。此外，本章还介绍了密码算法信息获取的方法、安全随机数生成的技巧、密码关键数据表示方法、密钥的产生以及编码转换等算法中经常会用到的知识。通过本章的介绍，读者能更好地理解后续算法的编码技术和实践过程，建议读者仔细阅读本章内容。

2.1　密码技术实践环境

为什么用 Java 语言来构建本书的实践环境？编者主要从两方面来考虑：第一个原因是现今大部分的电子商务、网银和地图等互联网 App 使用 Java 开发；第二个原因是 Java 本身易于理解，熟悉 Java 之后，再去了解其他语言的实现不是难事。

Java 密码技术实践环境的搭建，主要涉及两个重要的框架，它们由 Java 开发工具集（Java Development Kit，JDK）提供。

第一个重要框架是 Java 密码体结构（Java Cryptography Architecture，JCA）。JCA 是一个平台，它设计了一种完美的 Provider 体系架构，任何第三方都可以利用 Provider 来实现自己的密码算法和协议。JCA 内置一组用于数字签名、消息摘要、证书管理与验证、数据加/解密和安全随机数及密钥生成等功能的实现方法；第二个重要框架是 Java 加密扩展（Java Cryptography Extension，JCE）。JCE 是 JCA 的功能扩展和具体算法实现。由于历史原因，早期 JDK 版本的 JCA 框架是不包含具体密码实现方法的，JCE 须作为单独的密码实现框架来安装。随着密码技术的发展和普及，JCE 已经可以自由获得，程序员可以轻松自由地整合密码功能提供给应用使用了。JDK1. 1 版本以后的 JCA 框架就包含 java. security、javax. crypto、javax. crypto. spec 和 javax. crypto. interfaces 等功能强大的密码实现软件包，这些软件包在后续章节会逐一进行介绍。

JCA 的安装非常重要，由于本书主要讨论我国商用密码技术的应用与实现，而目前商用密码算法在标准的 Java JDK 包中是不存在的，因此需要使用基于 JCA 框架的开源 Provider 实现库来实现。本书使用的是轻量级密码技术包（Bouncy Castle，BC），开源代码网址为 **http://www. bouncycastle. org/**，读者可到该网站自行下载。本书下载的文件名称和版本为“bcprov-ext-jdk15on-165. jar”。除了 BC 库外，该网站还提供用于数字证书的 PKI 包、用于实现端到端安全的 TLS 包和 OpenPGP 包等不同功能的密码专用包下载。

2.1.1 直接将 BC 库添加到 JRE 环境

JRE（Java Runtime Environment）指 Java 运行环境，是运行 Java 程序所必需的环境的集合。JRE 通常包含 Java 虚拟机和核心类库。常说的 Java 虚拟机（Java Virtual Machine，JVM）是整个 Java 实现跨平台的最核心部分。所有的 Java 程序首先被编译为 . class 类文件，这种类文件可以在虚拟机上执行。JVM 不能单独实现 . class 的执行，解释 . class 的时候 JVM 需要调用解释所有需要的类库 lib。在 JDK 下面的 jre 目录里有两个文件夹：bin 和 lib。可以认为，bin 文件夹里就是 JVM，lib 文件夹里则是 JVM 工作所需的类库，而 JVM 和 lib 合起来就称为 JRE。

直接将 BC 库添加到 JRE 环境的优点是应用代码不用添加 BC 显示引用，直接就可以用，应用的安装包更小。具体步骤如下。

1）找到 Java 运行环境中的 JRE 目录“ \ jre \ lib \ security \ ”，在该目录下有个配置文件“java. security”，用 Notepad ++ 等文本编辑工具打开该文件，找到安全服务提供者（security. provider）的位置。可以看到，security. provider 是按照顺序进行排列的。

```
# List of providers and their preference orders (see above):
#
security.provider.1=sun.security.provider.Sun
security.provider.2=sun.security.rsa.SunRsaSign
security.provider.3=sun.security.ec.SunEC
security.provider.4=com.sun.net.ssl.internal.ssl.Provider
security.provider.5=com.sun.crypto.provider.SunJCE
security.provider.6=sun.security.jgss.SunProvider
security.provider.7=com.sun.security.sasl.Provider
security.provider.8=org.jcp.xml.dsig.internal.dom.XMLDSigRI
security.provider.9=sun.security.smartcardio.SunPCSC
security.provider.10=sun.security.mscapi.SunMSCAPI
```

可以看到，当前 JDK 环境中的提供者 provider 的序号排到了第 10 号。在该段文字的后面添加上一行内容，使得 BC 密码库成为第 11 号 security. provider。配置完成后的结果如下。

```
security.provider.1=sun.security.provider.Sun
security.provider.2=sun.security.rsa.SunRsaSign
security.provider.3=sun.security.ec.SunEC
security.provider.4=com.sun.net.ssl.internal.ssl.Provider
security.provider.5=com.sun.crypto.provider.SunJCE
security.provider.6=sun.security.jgss.SunProvider
security.provider.7=com.sun.security.sasl.Provider
security.provider.8=org.jcp.xml.dsig.internal.dom.XMLDSigRI
security.provider.9=sun.security.smartcardio.SunPCSC
security.provider.10=sun.security.mscapi.SunMSCAPI
security.provider.11=org.bouncycastle.jce.provider.BouncyCastleProvider
```

2）将“bcprov-ext-jdk15on-165. jar”文件复制到“ \ jre \ lib \ ext”目录下。

3）使用 Eclipse Java 开发工具查看 JRE 环境库中 BC 库是否被成功加载，如图 2-1 所示。

注意：本节后面章节所有的实践代码均使用 Eclipse 开发工具编写，具体版本为eclipse-jee—2019-09-R-win32-x86_64。

• 图 2-1　Eclipse JRE 的系统库环境

如果在 Eclipse JRE 系统库中可以看到 BC 库的 jar 包，就表示 BC 库添加成功了。

2.1.2　在项目工程中引用添加 BC 库

在项目工程中引用添加 BC 库的好处是，在应用部署时不需对 Java 运行环境 JRE 做任何变动，项目的可移植性更好。具体步骤如下。

1）打开 Eclipse 开发工具，找到项目的 lib 目录。如果没有这个目录，需要自行建一个 lib 目录，并把“bcprov-ext-jdk15on-165. jar”文件复制到该文件夹下，如图 2-2 所示。

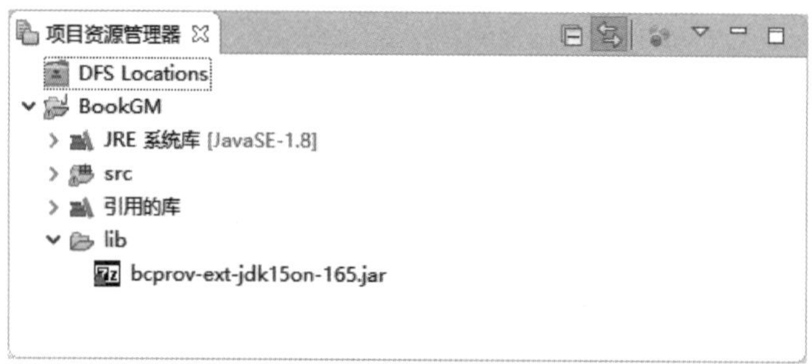

• 图 2-2　Eclipse 配置引用 BC 代码库

2）在 Eclipse 开发工具的包资源管理器的“bcprov-ext-jdk15on-165. jar”上右击，选择“构建路径”→“添加至构建路径”命令，如图 2-3 所示，将代码库添加到项目引用环境中。

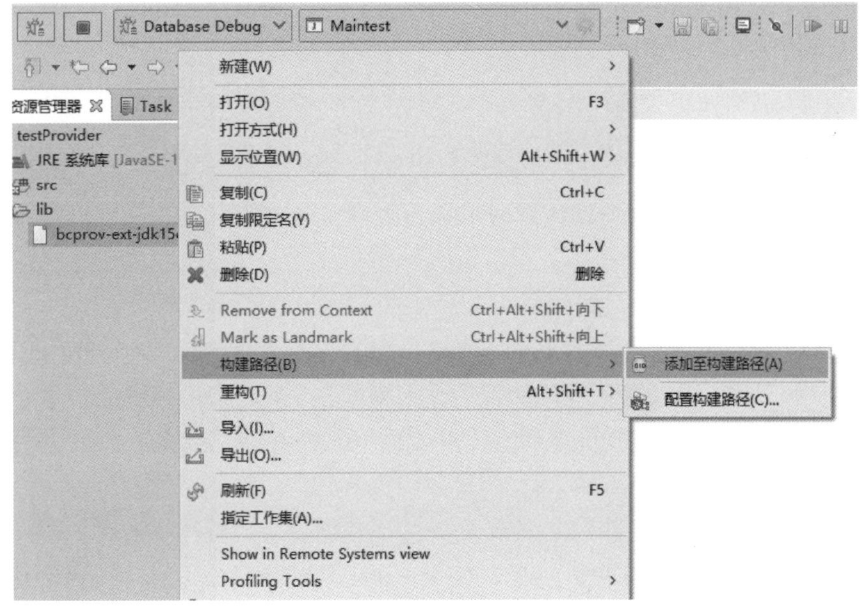

• 图 2-3　将代码库添加到项目引用环境

添加完毕后，在包资源管理器中就会出现一个“引用的库”的虚拟目录，如图 2-4 所示。

• 图 2-4　Eclipse 引用代码库虚拟目录

3）确认 BC 库是否添加成功。可以在“引用的库”的虚拟目录中看到“bcprov-ext-jdk15on-165. jar”，则表示已添加成功。

Java 密码技术实践环境搭建好后，就可以使用 JCA 结合 BC 库来开始代码实现了。在开始编写代码前，还有两个事项要特别说明：第一，出于更直观地展示核心密码算法的考虑，在本书后续章节的所有代码示例中不包含 import 语句，如果使用 Eclipse 开发工具，这些语句在 IDE 环境下很容易被自动添加；第二，代码示例中并没有处理任何异常，因为这不是本书关注的重点。密码算法很多语句都会要求处理异常，这也是代码健壮性的一个基本要求。在方法上，throws 抛出各种异常，如 CertificateException、NoSuchProviderException、IO-Exception 等，再用 try... catch 语句来处理可能出现的异常。这些读者可以自行用 Eclipse 工具添加完成。

2.2　Java 密码实践环境验证

搭建完 Java 密码实践环境后，需要验证 Java 环境中加密算法是否可用，以确保后续编码实践的顺利进行。

（1）实现步骤

1）通过 Security. getProviders( )取得系统中已安装了的所有的 security. Provider（返回值是一个数组对象），并依次打印，用来测试前面配置的 BC 库是否可以正常使用。

2）通过 security. Provider 对象的 entrySet( )提取所有的密码算法成员，用 for 循环把其成员依次打印出来。

3）由于每个 security. Provider 的 entry（条目）特别多，全打印需要上万行，因此在本实践例子中对输出进行了控制，每个 security. Provider 只打印三个条目。具体实现方法为程序循环每个 security. Provider 时，取得每个 security. Provider 时计数器（count）会初始化为 1，打印一个成员累加一次，当计数器（count）累计到 3 时退出循环（读者可以自己修改计数器观察效果）。

（2）实现代码

```
public class testProvider {
    public static void main(String[] args) {
    // 测试提供者 Provider
    for (Provider P:Security.getProviders ()) {
        System.out .println(P);
        int count =1;
        for (Map.Entry<Object,Object> entry:P.entrySet()) {
            System.out .println("\t"+ entry.getKey());
            count++;
            if (count>3) break ;
        }
    }
  }
}
```

（3）代码结果输出

```
SunJCE version 1.8
    Alg.Alias.Cipher.2.16.840.1.101.3.4.1.26
    Alg.Alias.KeyGenerator.TripleDES
    Alg.Alias.Cipher.2.16.840.1.101.3.4.1.25
... ...
BC version 1.65
```

```
Cipher.ARIARFC3211WRAP
Alg.Alias.Cipher.1.3.6.1.4.1.22554.1.1.2.1.22
Alg.Alias.AlgorithmParameters.SHA512withRSA/PSS
```

在输出的结果中如果可以看到 Java BC 库版本，密码算法环境验证就完成了。验证完 Java 密码算法环境后，接下来就需从应用建设与实践的角度考虑如何选用正确的安全算法、密码组件、安全套件，甚至是密码产品。Java BC 库可以与 JDK 完美组合提供国际密码算法服务，也可以提供我国商用密码的实现接口，是一个优秀的开源密码组件。实际上除了 BC 库外，业界还有很多其他非常好用的密码组件，OpenSSL 就是其中之一。OpenSSL 使用 C 语言开发，具备密钥管理、X. 509 证书管理等功能特性。由 OpenSSL 衍生的商用密码版本 GMSSL 组件已广泛地应用于各类重要系统。读者可以根据自己选择的开发语言使用不同的密码组件。

2.3 算法信息获取

在 Java 开发中，为提高运行效率，很多对象采用静态方法实例化。JCA 通过各种类的 getInstance 静态方法来返回密码算法实例化对象，开发者需要获得方法的正式名称作为参数才能完成实例化调用。因此在验证完 Java 密码技术实践环境有效后，开发者还需要提前获取当前 JCA 和 BC 库所支持密码实现方法的各种算法名称信息，以便后续为各种密码应用实现过程提供实例化调用。获取密码算法名称信息的方法有两种，即查询官网文档和通过代码获取。

查询官网文档的方法获取密码算法名称虽然比较简单，但是想要获得具体的算法仍需要仔细查找众多文档信息，比较耗时。在读者对算法不是足够熟悉的情况下，可以采用这种方法。因为多查阅官方文档是非常有好处的，一方面文档中给的信息更多，能全面了解算法；另一方面文档中有不少经典示例，可供开发者参考。

通过代码获取的方式，是通过调用 JCA 底层 security 类 getalgorithms 的方式来返回目前加密服务的所有可用算法信息。这种方法比较快捷，适合已有一定 Java 开发经验且对 JCA 非常熟悉的程序员使用。以下是两种方法的实现过程。

1. 官网或库文档获得算法信息

在官网的文档资料里面查询算法信息，比如 JCA、JCE 的官方文档，还有 BC 库的官方文档。网站地址如下：

```
https://docs.oracle.com/javase/8/docs/api/
http://www.bouncycastle.org/docs/docs1.5on/index.html
```

2. 通过代码获取所需算法信息

如果对算法足够了解，为了快捷开发，直接在程序中通过代码查询更方便。下面的实践就是针对代码查询的方法。本节以获取密钥生产类 KeyGenerator 算法信息为例，看看如何通过程序代码获得密钥生产类中包含的算法信息。

（1）实现步骤

1）直接用 Eclipse 开发工具新增加一个类 getAlgorithmsName，注意直接勾选 main 方法。本例就在这个类中用代码查询算法名字。

2）在 main 函数开头将常用的 BC 库添加到工程 Provider 列表中。

3）将 KeyGenerator 类中可以使用的算法名称输出，以便后续实例化对象。

4）使用 KeyGenerator 类 getInstance 静态方法来返回密码算法实例化对象，参数是前一步输出的算法名称。

（2）实现代码

```
public class getAlgorithmsName  {
public static void main(String[] args) {
    //在 main 函数开头加上如下两行，初始化 BC 库
    BouncyCastleProvider bcp = new BouncyCastleProvider();
    Security.addProvider(bcp);
    //将每个 KeyGenerator 类中可以使用的算法名称输出
    Security.getAlgorithms("KeyGenerator").forEach(System.out::println);}
    //采用 getInstance 静态方法来返回具体密码算法实例化对象,参数是算法名称
    KeyGenerator.getInstance("SM4-CMAC");
}
```

（3）代码结果输出

在编者的开发环境下，该行语句输出了三百多行，鉴于篇幅有限，截取部分输出结果展示如下：

```
RC6
SM4-CMAC
HMACSHA3-384
ZUC-128
ZUC-256
AES
SM4-GMAC
IDEA
TWOFISH
CAST6
SM4
BLOWFISH
DESEDE
DES
```

以上代码首先是用 JCA 的 Security 类的 getAlgorithms( ) 方法获取 KeyGenerator 类所支持的算法名称；再使用 KeyGenerator 的 getInstance( ) 方法返回密码算法实例化对象，最终完成对具体密码算法的功能调用。

Security. getAlgorithms(" KeyGenerator") 返回的是所有 “KeyGenerator” 类支持的算法名字，其返回值是个 set 集合对象，代码直接调用了 forEach 将集合中的每一个名字都打印出来。在编者的环境下，该行语句输出了三百多行，鉴于篇幅有限，输出截取一部分进行展示，可以看出对应产生对称密钥的"KeyGenerator"类有很多常用算法都可以使用。

KeyGenerator. getInstance("SM4-CMAC")是使用静态方法来返回具体密码算法实例化对象，完成算法功能调用。"SM4-CMAC"可以用获取的任何一个算法名字代替，如 KeyGenerator. getInstance("ZUC-128")、KeyGenerator. getInstance("BLOWFISH")等。如果算法名字输出太多，Eclipse 界面可能显示不完全，读者可以直接将输出通过文件接口输出保存到本地文件中，以备后续编码过程中查看。

下面请读者思考，接下来如何获取密钥对生成服务“KeyPairGenerator”类所支持的算法名称，并完成算法的实例化调用呢？实际上还是采用完全类似的步骤来实现。

1）获取算法名字。

```
Security.getAlgorithms("KeyPairGenerator").forEach(System.out::println);
```

2）完成算法实例化调用。

```
KeyPairGenerator.getInstance("ECDSA");
KeyPairGenerator.getInstance("DH")
```

以此类推，常用的各种算法输出方式如下。

```
Security.getAlgorithms("Cipher").forEach(System.out::println);
输出安全随机数算法的算法名字列表
Security.getAlgorithms("SecureRandom").forEach(System.out::println);
输出消息摘要算法的算法名字列表
Security.getAlgorithms("MessageDigest").forEach(System.out::println) ;
输出签名算法的算法名字列表
Security.getAlgorithms("Signature").forEach(System.out::println);
输出消息验证码算法的算法名字列表
Security.getAlgorithms("Mac").forEach(System.out::println);
输出密钥算法的算法名字列表
Security.getAlgorithms("Key").forEach(System.out::println);
输出密钥对算法的算法名字列表
Security.getAlgorithms("KeyPair").forEach(System.out::println);
输出密钥工厂生成算法的名字列表
Security.getAlgorithms("KeyFactory").forEach(System.out::println);
输出密钥协商算法的算法名字列表
Security.getAlgorithms("KeyAgreement").forEach(System.out::println);
输出算法参数类支持的算法名字列表
Security.getAlgorithms("AlgorithmParameters").forEach(System.out::println);
```

值得注意的是，在提供给算法的所有算法名字中，是不需要区分大小写的，“KeyFactory”和“keyfactory”都可以正常使用，而且都能查询出算法列表名字，但还是强烈建议按照通常的书写规范进行，这样方便以后的代码阅读和规范化。

读者不要对众多的算法名字产生恐惧，随着后续章节对各种密码算法的具体深入介绍，读者对算法名称也会越来越熟悉，毕竟商用密码算法的标准类型不是太多，多练习几次就记住了。

2.4 安全随机数

安全随机数在密码技术中非常重要，它可以决定保密信息是否能被破解。计算机中的安全随机数通常是指随机的熵够高的、不是单纯通过时间生成的伪随机数。本小节从实践的角度分析了如何简单生成安全度更好的随机数的方法，包括客户端生成随机数的方法和服务器端生成随机数的方法。

2.4.1 伪随机数与真随机数

随机数是指一种不可预知、没有规律的数值。众所周知，由于单纯计算机因素产生的随机数是有规律可以分析的，很难实现真正意义上的随机，这也是这种随机数被称为伪随机数的原因。真正的随机数是需要环境或者人的配合才能产生的。

在随机数检测国家规范中有详细的检测标准，需要从频率、游程、连续性和信息熵等方面进行评估，还会进行二进制矩阵测试、傅里叶变换测试和普通统计测试等多种测试验证方法，经过综合分析来判断随机数的合格性。

在密码应用方面，随机数是保证密码算法安全、生成密钥的主要组成。通过代码实现安全随机数（Secure Random）生成是一个非常重要的问题。针对这个问题，根据项目实践环境的不同，结合编者多年来的工程编码经验，此处提出两种足够安全且方便实施的安全随机数生成方案，供读者在项目实践中参考。

第一种方案，适用于需要在客户端应用环境中生成安全随机数的场景。可采用提取鼠标位置来作为随机因子，然后把该随机因子作为原始数据提交给杂凑函数，生成最终的杂凑值作为安全随机数在密码技术中使用；第二种方案，适用于在服务器端生成安全随机数的场景。由于服务器端通常无界面无鼠标，可采用 CPU 利用率、温度、内存使用等环境噪声数据作为原始随机种子，再进行杂凑来生成安全随机数。在我国商用密码相关 VPN 产品技术等密码技术标准中，有“随机数应由多路硬件噪声源产生”的要求。本书采用 CPU 利用率、温度、内存生成安全随机数的思路，就是应用软件对标准的一个软件代码实践。

密码技术对于使用随机数的安全还有很多其他要求，由于篇幅所限本书不再展开细谈，有兴趣且数学功底不错的读者可以参考标准 GM/T 0005—2021《随机性检测规范》获取更详细信息。

下面几个小节通过代码示例的方式向读者展示客户端和服务器端产生安全随机数的方法。当然最可靠便捷的获得随机数的方式还是通过密码设备，并且该密码设备获得了密码管理部门的认证检测。

2.4.2 安全随机数产生

随机数在很多算法和协议中都有着非常重要的作用，而后面的很多算法中也要用到随机数来生成各种参数值，比如分组加密中可能要用随机数作为初始化向量 IV 等。Java 开发工具包 JDK 中提供了一个随机数类 java. security. SecureRandom 产生随机数生成器（RNG）。但是 SecureRandom( ) 使用伪随机序列作为随机种子生成的方法，没有利用多路噪声源，因此生成的随机数是伪随机数，并不符合 GM/T 0005—2021《随机性检测规范》的要求。

(1) 实现代码

```
public static void main(String[] args) {
    // 测试安全随机数,生成安全随机数对象
    SecureRandom sr = new SecureRandom();
    //产生 16 字节的随机数
    byte[] rand = sr.generateSeed(16);
    //打印随机数长度
    System.out .println("随机数长度:"+rand.length);
    //把随机数当成大整数来打印
    System.out .println(new BigInteger(rand).toString());
}
```

(2) 程序运行效果

因为是随机，所以读者运行的结果和本书肯定不同。

```
随机数长度:16
-142026417114982655113786524324085462538
```

注意：上面代码中的 BigInteger 是大整数类，是密码算法中经常用到的一个类，读者可自行查找其用法，此处不再详述。

读者发现了前面用大整数打印出来的数还有符号，此处是个负数，而在密码技术中用的密钥、杂凑结果、大素数等都是无符号数，多用十六进制进行展示或使用，所以本书此后的代码会使用十六进制的输出方法。

2.4.3 客户端安全随机数产生实践

客户端安全随机数生成的实现方案是通过获取客户端鼠标坐标位置作为噪声源产生随机种子后，再输入到 MessageDigest 对象中进行 digest 杂凑运算，并将输出的杂凑结果作为随机数。这种方案的优点是生成随机种子的环境噪声源比较安全。

(1) 实现步骤

1) 构建 double2bytes()方法，用于将一个 double 值的数转换成字节数组。

首先用 Eclipse 添加一个类，类名字定为 SecRandom，为了方便可以直接选择 main()方法选项。在类中添加一个成员方法 double2bytes()，并编写如下的代码，这个方法将一个 double 值的数转换成字节数组返回。

```
public static byte[] double2bytes(double d) {
    long value = Double.doubleToRawLongBits(d);
    byte[] bytes = new byte[8];
    for (int i = 0; i < bytes.length; i++) {
        bytes[i] = (byte)((value>>8* i) &0xff );
    }
    return bytes;
}
```

该方法内部使用 Double 类的 doubleToRawLongBits()方法将 double 转换成 long，再定义

一个 8 字节的 byte 数组，然后把 long 的每个字节填充到 byte 数组中，最后返回这个字节数组。

在类的 main( )方法（如果没有，可以手动添加）中添加如下代码：

```
BouncyCastleProvider bcp = new BouncyCastleProvider();
Security.addProvider(bcp);
```

这两行是添加 BC 的 provider 代码库到工程中，因为此处代码中使用的 Hex 类就是来自 BC 库中的类，而且这里使用 SM3 杂凑算法（杂凑算法在随后的章节会进行详细讲解）也在 BC 代码库中。

2）获取鼠标坐标作为随机种子。通过鼠标包装类 MouseInfo 的 getPointerInfo( )方法返回位置类对象，然后通过位置类对象 pi 的 getLocation( )方法来获得鼠标位置点并存在 Point 类对象 p 中，最后通过 getX( )和 getY( )分别返回鼠标位置点的 X 坐标和 Y 坐标。

```
PointerInfo pi=  MouseInfo.getPointerInfo();
Point p = pi.getLocation();
double mx = p.getX();
double my = p.getY();
```

把 X 坐标和 Y 坐标通过方法 double2bytes( )转换成字节数组。因为杂凑方法的参数接收的是字节数组而不是 double。

```
byte[] pointx= double2bytes(mx);
byte[] pointy= double2bytes(my);
```

用两个坐标的字节数组连接起来形成一个长的字符串 myRandom，它作为调用杂凑的原始数据。为了算法使用，需要再将原始数据的形态转换成字节数组 data。

```
String myRandom = new String(pointx)+ new String(pointy);
byte[] data = myRandom.getBytes();
```

3）构建 SM3 算法实例。输入随机种子进行 SM3 杂凑运算后，获得杂凑结果。

声明一个杂凑类 MessageDigest 的对象 sm3，通过调用它的静态方法 getInstance( )，参数传递算法名称“SM3”，所以内部是使用该算法对 data 数据进行运算。

```
MessageDigest sm3 = MessageDigest.getInstance("SM3");
```

通过 sm3 对象的 update( )方法将数据 data 输入进去，启动运算的状态。接着直接调用 digest( )方法开始进行杂凑运算，并将结果值返回到 out 字节数组中。

```
sm3.update(data);
byte[]out = sm3.digest();
```

4）打印输出随机数。将杂凑的结果，也就是示例需要的“随机数”打印输出，这个随机数在安全性上要比直接用 Java 类生成的更强壮。

```
System.out.println("随机值:"+Hex.toHexString(out));
```

程序运行后的结果如下：

```
随机值:0f1d7fac2dc24ce6af87a04e0c3b1775af08c61f88ea435f80dcd488474b7a34
```

(2) 实现代码

```
public class SecRandom {

    public static byte[] double2bytes(double d) {
        long value = Double.doubleToRawLongBits(d);
        byte[] bytes = new byte[8];
        for (int i = 0; i < bytes.length; i++) {
            bytes[i] = (byte)((value>>8* i) &0xff);
        }
        return bytes;
    }
    public static void main(String[] args) throws Exception {
        BouncyCastleProvider bcp =new BouncyCastleProvider();
        Security.addProvider(bcp);

        PointerInfo pi=MouseInfo.getPointerInfo();
        Point p = pi.getLocation();
        double mx = p.getX();
        double my = p.getY();
        byte[] pointx= double2bytes(mx);
        byte[] pointy= double2bytes(my);

        String myRandom = new String(pointx) + new String(pointy);
        byte[] data = myRandom.getBytes();
        MessageDigest sm3 = MessageDigest.getInstance("SM3");
        sm3.update(data);
        byte[]out = sm3.digest();
        System.out.println("随机值:"+Hex.toHexString(out));
    }
}
```

2.4.4 服务器端安全随机数产生实践

在客户端生成安全随机数的方案中，可以使用鼠标位置作为一个随机的种子，但在服务器端这种没有鼠标的环境中要怎么办呢？这里给大家提供一个思路和简单的做法。在工程项目中通常可以将两个因子揉在一起作为随机种子，比如可以将 Random 类和 UUID 类产生的两个结果进行糅合，再通过杂凑函数进行单向运算后，将生成的杂凑结果作为随机数使用。

下面的方法是提取服务器的 CPU 使用百分比和 UUID 两个因素产生的结果进行揉合作为随机种子，再输入到杂凑 SM3 进行运算，把杂凑结果当成随机数使用的实践过程。服务器通常 24 小时运行着业务系统的各种后台服务，CPU 时刻都在运算当中，百分比也在不停地变化。UUID 是个全球唯一的标识，它由时钟、MAC 地址等关键信息进行计算而来。

(1) 实现步骤

1) 构建 serverGetRandom 类，实现服务器端计算机 CPU 使用百分比的提取功能。在

Eclipse添加一个类 serverGetRandom，在类中添加一个方法 getCpuLoadPercentage( )来获取 CPU 的使用百分比，由于编者使用的是 Windows10 的环境，所以该方法依赖于 Windows 系统，根据这一思路，如读者在 Linux 或 UNIX 平台提取 CPU 百分比会更简单，可以查阅 top 命令的使用方法，这里关键是理解这种思路。

通过 Runtime 类的 getRuntime( )方法获取一个运行时的实例，然后使用该实例对象的 exec( )方法执行一个命令，此示例是在 Windows 平台执行，所以采用了 wmic 命令，命令参数为“wmic cpu get LoadPercentage”。命令的执行结果通过进程对象 process 返回。

接着调用了进程对象的 getInputStream( )方法返回一个输入流 is，最后通过这个输入流构造一个输入流读取对象 InputStreamReader，再将输入流对象作为参数构造一个缓冲区读对象 BufferedReader，以便对读取的内容进行处理。

```
Process process=Runtime.getRuntime().exec("wmic cpu get LoadPercentage");
InputStream is = process.getInputStream();
BufferedReader br = new BufferedReader(new InputStreamReader(is, "GBK"));
```

根据反馈的格式进行处置，通过 readLine( )把标题和空行读取出来，然后再读取百分比内容，将结果保存在字符串对象 percentageLine 中。

```
br.readLine(); //舍弃标题行
br.readLine(); //舍弃标题行下空行
String percentageLine = br.readLine();
```

最后对百分比进行判断，如果读取出错，就返回 0，否则就把结果转换成 double 类型返回给调用者。

```
if (percentageLine == null) {
    return 0;
}
return Double.parseDouble(percentageLine.trim());
```

2）使用 serverGetRandom 方法和 UUID 的方法生成随机种子，验证 CPU 使用百分比提取功能的效果。在类 serverGetRandom 中添加 main 方法。添加如下两行代码，为工程使用 BC 库中的 SM3 方法提供支持环境。

```
BouncyCastleProvider bcp = new BouncyCastleProvider();
Security.addProvider(bcp);
```

调用前面定义的 serverGetRandom 方法，把方法的返回值保存在变量 cpuPercent 中。然后通过 String 类的 valueOf 方法把 double 类型转换成字符串类型。通过 UUID 类的随机产生 UUID 的方法 randomUUID( )生成唯一的标识，然后用 toString( )将标识转换成字符串，最后再用字符串类的 getBytes( )生成字节数组 myRandom。

```
double cpuPercent= serverGetRandom.getCpuLoadPercentage();
String strCpu = String.valueOf(cpuPercent);
byte[] myRandom = UUID.randomUUID().toString().getBytes();
```

3）构建 SM3 算法实例，输入随机种子进行 SM3 杂凑运算后，获得杂凑结果。定义杂凑对象 SM3 的实例对象，通过调用其静态方法 getInstance，然后将前面得到的 UUID 变量 myRandom 和 CPU 百分比的字节数组形式 strCpu. getBytes( ) 都传递给杂凑对象的 update( ) 方法，做杂凑计算的数据准备工作。

```
MessageDigest sm3 = MessageDigest.getInstance("SM3");
sm3.update(myRandom);
sm3.update(strCpu.getBytes());
```

调用杂凑对象的 digest( ) 方法生成结果杂凑值，并把结果返回到变量 output 中，最后把结果转换成十六进制形式输出，它就是示例生成的安全随机数。

```
byte[]output = sm3.digest();
System.out.println("随机值:"+Hex.toHexString(output));
```

（2）实现代码

```
public class serverGetRandom {
    private static double getCpuLoadPercentage() throws IOException {
        Process process = Runtime.getRuntime ().exec(
        "wmic cpu get LoadPercentage");
        InputStream is = process.getInputStream();
        BufferedReader br = new BufferedReader(new
        InputStreamReader(is,
        "GBK"));
        br.readLine(); // 舍弃标题行
        br.readLine(); // 舍弃标题行下空行
        String percentageLine = br.readLine();
        if (percentageLine == null ) {
            return 0;
        }
        return Double.parseDouble (percentageLine.trim());
    }
    public static void main(String[] args) throws Exception {
        // 服务器端获得随机数
        BouncyCastleProvider bcp =new BouncyCastleProvider();
        Security.addProvider (bcp);

        double cpuPercent= serverGetRandom.getCpuLoadPercentage ();
        String strCpu = String.valueOf (cpuPercent);

        byte [] myRandom = UUID.randomUUID ().toString().getBytes();

        MessageDigest sm3 = MessageDigest.getInstance ("SM3");
        sm3.update(myRandom);
        sm3.update(strCpu.getBytes());
        byte []output = sm3.digest();
        System.out .println("随机值:"+Hex.toHexString (output));

    }
}
```

（3）代码结果输出

```
随机值:0a222ac636dc340dfe632f2006353043e6823302b740798578cb4cd0764cbf31
```

2.5 密码关键数据的表示方法

在第 2.4.2 小节安全随机数类 SecureRandom 的实现中，代码示例的输出结果用的是大整数 BigInteger 类。大整数 BigInteger 类是一种符号的类，常用于超大整数指数计算等涉及超大整数数学运算的场景中。在密码应用实现过程中所使用的参数和结果输出通常情况下是无符号的非文本数值，存储在数据库中的结果也多是采用十六进制方式，因此十六进制输出更为常用。本例就实践十六进制的转换方法。

```
public static void main(String[] args) {
    // 测试十六进制展示方法
    SecureRandom sr = new SecureRandom();
    byte[] rand = sr.generateSeed(16);
    //打印随机数十六进制
    System.out.println("HEX类十六进制是:"+Hex.toHexString(rand));
    System.out.println("大整数十六进制是:"+new BigInteger(rand).toString(16));
}
```

这个示例中采用了两种方法：一个是用 org. bouncycastle. util. encoders. Hex 中的 toHexString( ) 方法，另一个是用 java. math. BigInteger 的大整数按照十六进制打印的 toString( ) 方法。两者的输出均一样，运行结果如下：

```
Hex类十六进制是:691d40c377958fbe1cb92770e58f0028
大整数十六进制是:691d40c377958fbe1cb92770e58f0028
```

2.6 密钥和参数生成

在现代密码学和密码应用中，一切安全保证的根基就是密钥，而密钥的随机性和安全性决定了密钥的强壮性，本节将介绍密钥的生成。准备密钥材料后，就可以通过对应的密码算法来生成密钥了。密钥生成包括对称密钥生成、非对称密钥生成和密码算法参数生成等。

2.6.1 对称密钥生成

本小节是对称密钥的生成实践，首先是国际算法的对称密钥生成，接着进行商用密码算法的密钥生成。本小节的实践内容对于第 4 章的对称算法实践加/解密有较强的铺垫，建议读者仔细阅读并进行代码试验。

1. 国际对称算法（AES）——对称密钥生成

（1）密钥生成步骤

1）构建密钥生成器。使用 javax. crypto 包中 KeyGenerator 类的静态方法 getInstance( )产生密钥生成器实例 kg，传递的参数是密码算法名称，例如本例是“AES”（算法名称可以参考 2. 3 小节算法信息获取），这是个对称密码算法，中文是高级加密标准（Advanced Encryption Standard，AES），在以后章节会具体进行讲解。

2）初始化密钥生成器。输入密钥材料，调用 kg 的 init( )方法，初始化密钥产生器，并传递一个安全随机数作为参数输入。

3）生成对称密钥。调用密钥生成器 kg 的 generateKey( )方法产生密钥，返回值是 SecretKey 的一个对象。

4）提取对称密钥。使用 SecretKey 的 getEncoded( )方法，从密钥对象中提取密钥，并转换成字节数组。最后通过前面实践中的十六进制方法打印出来。

（2）完整代码实现如下

```
void keyg() throws NoSuchAlgorithmException{
    SecureRandom sr = new SecureRandom();
    KeyGenerator kg = KeyGenerator.getInstance ("AES");
    kg.init(sr);
    SecretKey seckey = kg.generateKey();
    byte[] b=seckey.getEncoded();
    System.out .println("密钥十六进制值:"+Hex.toHexString (b));
```

（3）代码结果输出

```
密钥十六进制值:d02ec3495a06f042b65edac4928d8ce6
```

注意：因为随机数的原因，每次运行都会不同，所以读者的运行结果和本例输出肯定也不一样。如果读者想使用 192 位长的 AES 密钥，可以使用 init( )的重载方法，用第一个参数来指定长度。如 kg. init（192，sr）。

2. 商用密码对称算法（SM4）——对称密钥生成

根据商用密码应用安全性评估（以下简称“密评”）相关标准的要求，我国密码算法标准中推荐使用 SM4 对称密码算法，修改前面代码，将代码中的“AES”换成“SM4”，具体如下代码所示：

```
KeyGenerator kg = KeyGenerator.getInstance("SM4");
```

如果再次运行程序时，编译环境出现了如下错误提示：

```
java.security.NoSuchAlgorithmException: SM4 KeyGenerator not available
……
```

说明项目中的 BC 代码库没有引用或者引用错误。请按前面第二种引用 BC 库的方法配置实践环境。然后在前面的代码中增加如下两行语句（标黑体的两句）：

```
void keyg() throws NoSuchAlgorithmException{
    BouncyCastleProvider bcp = new BouncyCastleProvider();
```

```
        Security.addProvider(bcp);

        SecureRandom sr = new SecureRandom();
        KeyGenerator kg = KeyGenerator.getInstance("SM4");
        kg.init(sr);
        SecretKey seckey = kg.generateKey();
        byte[] b=seckey.getEncoded();
        System.out.println("密钥十六进制值:"+Hex.toHexString(b));
    }
```

最后，再次运行该代码应该可以顺利产生密钥了。

前面产生了对称密钥，读者肯定下一步想了解非对称密钥是如何产生的。像 DSA、RSA、SM2 等算法都是非对称的密码算法，它们的密钥都是成对出现的，一个是公钥另一个是私钥。下一个例子就是完整产生非对称密钥对 keypair 的实例。

2.6.2 非对称密钥生成

使用对称密码算法生成的密钥的长度，决定了密钥空间大小，对其安全性也会有影响。著名的 DES 算法就是因为密钥长度只有 56 位，在计算机算力增长的今天是不安全的，所以才被 AES 算法所替代。对称密钥的随机性选择非常重要，所以在项目建设时鼓励使用专用的密码产品来产生密钥。但非对称算法的机制是基于数学难题解决机制，如 RSA 是大素数因式分解、SM2 是椭圆曲线的离散对数。所以非对称密钥并没有随机性的要求，它是和算法参数选择密切相关的，选择了参数就等于决定了密钥，所以非对称密钥的长短和对称密钥也完全不同，读者千万不要横向比较。因为非对称密钥的选择和数学密切相关，所以其就需要数学上的计算和推导，因此非对称算法也称为计算密集型的算法。

与对称密钥生成不同，非对称密钥的生成不需要输入随机数因子，算法参数的选择由包装好的类内部完成，如素数的选择、曲线的选择等，可以直接使用而不用了解内部数学细节。

1. 国际非对称算法（DSA）密钥对生成

（1）实现步骤

1）构建密钥对生成器。调用 KeyPairGenerator 类的静态方法 getInstance()来获得一个密码对生成器实例 kpg。

2）初始化密钥对生成器。调用密码对生成器 kpg 的 initialize()方法初始化 1024 位长度的密钥环境。

3）生成密钥对。调用密码对生成器 kpg 的 genKeyPair()方法产生密钥对，返回 KeyPair 对象的一个实例 keys。KeyPair 对象有 getPullic()和 getPrivate()两个方法，很显然它们是获得密钥对的公钥对象和私钥对象。

4）提取密钥对。调用 keys. getPullic()返回的是 PublicKey 对象，再调用该 PublicKey 对象的 getEncoded()方法，返回一个字节数组，这个字节数组就是公钥。调用 keys. getPrivate()返回的是 PrivateKey 对象，再调用该 PrivateKey 对象的 getEncoded()方法，返回一个字节数组，这个字节数组就是私钥。最后使用十六进制的打印方法输出公、私钥。

（2）实现代码

```
public static void main(String[] args) throws NoSuchAlgorithmException {
    // 产生密钥对的实例
    KeyPairGenerator kpg = KeyPairGenerator.getInstance ("DSA");
    //初始化
    kpg.initialize(1024);
    //产生密钥对
    KeyPair keys = kpg.genKeyPair();

    byte[] b =keys.getPublic().getEncoded();
    System.out .println("公钥是:"+Hex.toHexString (b));
    b =keys.getPrivate().getEncoded();
    System.out .println("私钥是:"+Hex.toHexString (b));
    }
```

（3）代码结果输出

```
    公钥是:308201b73082012c06072a8648ce3804013082011f02818100fd7f53811d75122952df-
4a9c2eece4e7f611b7523cef4400c31e3f80b6512669455d402251fb593d8d58fabfc5f5ba30f6cb9b556-
cd7813b801d346ff26660b76b9950a5a49f9fe8047b1022c24fbba9d7feb7c61bf83b57e7c6a8a6150f0-
4fb83f6d3c51ec3023554135a169132f675f3ae2b61d72aeff22203199dd14801c70215009760508f152-
30bccb292b982a2eb840bf0581cf502818100f7e1a085d69b3ddecbbcab5c36b857b97994afbbfa3aea-
82f9574c0b3d0782675159578ebad4594fe67107108180b449167123e84c281613b7cf09328cc8a6e-
13c167a8b547c8d28e0a3ae1e2bb3a675916ea37f0bfa213562f1fb627a01243bcca4f1bea8519089a88-
3dfe15ae59f06928b665e807b552564014c3bfecf492a03818400028180 6e19274d213f7106d362730-
dadca5a90b03a374f98413083d2de4c63c2df972e54f63d71c3403d49e165a3c8fa6798dcc37a1b12d8-
94e513152e15bae9d82e1243c72420e259667645c8c4bf8b3319197c195df0a2985efe697ac68fdf0a869-
d87be601940b50ad3c25c3004ae4cfb8062a94b7be7bc4f65644702c706ecb6f6
    私钥是:3082014b0201003082012c06072a8648ce3804013082011f02818100fd7f53811d7512-
2952df4a9c2eece4e7f611b7523cef4400c31e3f80b6512669455d402251fb593d8d58fabfc5f5ba30f6c-
b9b556cd7813b801d346ff26660b76b9950a5a49f9fe8047b1022c24fbba9d7feb7c61bf83b57e7c6a8a-
6150f04fb83f6d3c51ec3023554135a169132f675f3ae2b61d72aeff22203199dd14801c70215009760 5-
08f15230bccb292b982a2eb840bf0581cf502818100f7e1a085d69b3ddecbbcab5c36b857b97994afbbf-
a3aea82f9574c0b3d0782675159578ebad4594fe67107108180b449167123e84c281613b7cf09328cc-
8a6e13c167a8b547c8d28e0a3ae1e2bb3a675916ea37f0bfa213562f1fb627a01243bcca4f1bea851908-
9a883dfe15ae59f06928b665e807b552564014c3bfecf492a041602146818ffa8d59316e28bde04501bf-
09d42c4c6441e
```

从上面的展示可以看出，DSA 的密钥对是公钥长、私钥短。也就是说验签慢，生成签名快。这也是 DSA 算法一直没有 RSA 使用次数多的原因之一。毕竟签名就一次，而验证签名可能会有很多次。

再次修改，把前面代码中的“DSA”换成“RSA”。而输出部分为了节省篇幅，只打印密钥长度，代码做如下修改：

```
KeyPairGenerator kpg = KeyPairGenerator.getInstance ("RSA");//该句修改
//System.out.println("公钥是:"+Hex.toHexString(b));
System.out .println("公钥长度是:"+b.length); //
b =keys.getPrivate().getEncoded();
```

```
//System.out.println("私钥是:"+Hex.toHexString(b));
System.out .println("私钥长度是:"+b.length); //
```

再次运行代码，看看 RSA 的密钥对的情况，输出结果如下。

```
公钥长度是:162
私钥长度是:636
```

可以看出 RSA 密钥对和 DSA 正好相反，公钥短、私钥长。这样的公、私钥对于签名一次、频繁地验签将带来帮助。而且 RSA 基于大素数因式分解，易于理解和实现。所以目前大多数跨国的权威证书发布机构的证书多采用 RSA 算法。到目前读者可能有个疑惑，本例的 RSA 使用 1024 位长度来初始化，但是生成的两个密钥的长度都不是 1024 位，这是因为非对称 RSA 的 1024 不是指密钥长度，它是数学上两个大素数的乘积的模数，在第 5 章的非对称算法会具体进行介绍和分析，到时候读者再详细学习，这里只要明白公、私钥的长度情况即可。

有一个关键点需要提醒读者，在编者的密评工作中，2048 位以下的 RSA 密钥环境是被定为高风险项的，如果读者发现有老系统还在使用短密钥，需要尽快整改。

2. 商密非对称算法（SM2）密钥对生成

我国密码算法标准中推荐使用的非对称密码算法是 SM2 算法。再次对本实例前面的代码进行修改。

代码前添加如下两行，添加引用 BC 的 Provider 库，SM2 只在 BC 库中。

```
BouncyCastleProvider bcp =new BouncyCastleProvider();
Security.addProvider(bcp);
```

创建密钥对生成器的语句进行如下修改：

```
//产生密钥对的实例
KeyPairGenerator kpg = KeyPairGenerator.getInstance ("EC","BC");
```

这里 getInstance( ) 静态方法有两个参数：“EC”表示使用椭圆曲线算法，“BC”表示使用 BC 库里的算法。

当然，SM2 的椭圆曲线算法生成的密钥对素数域是 256 位的，它也不是密钥的长度，初始化语句把 1024 换成 256，最终修改成如下所示。

```
kpg.initialize(256);
```

再次运行程序，产生了 SM2 算法的密钥对，输出结果如下：

```
公钥长度是:91
私钥长度是:150
```

可看出 SM2 的密钥比 RSA 的要短，效率更高。而 RSA 的密钥长度 2048 是最低要求，根据目前的硬件算力，低于 2048 位的 RSA 密钥已经不推荐使用。所以使用 SM2 替代 RSA 是有优势的。而且商用密码应用安全性评估也有相关要求，除非是跨国等原因，否则都应该使用国家商用密码 SM2 或 SM9 算法。具体算法内容在第 5 章会详细介绍。

2.6.3 密码算法参数生成

在前面小节非对称密钥生成中，介绍到它们是基于某个数学难题的，比如 RSA 基于因式分解，而密钥生成和素数的选择是密切相关的，这里的素数就是 RSA 算法的参数之一。密码算法依赖于很多底层数学方法和参数，而这些数学上的参数选择在 Java 中已经被完美地包装成了算法参数类，本小节就介绍算法参数类的使用。读者在生成密钥的同时可以把这些算法参数保存下来，以备后续调试使用，而且加密 Cipher 类也和参数类密切相关。

（1）实现代码

```
public static void main(String[] args) {
    //生成非对称算法参数
    AlgorithmParameterGenerator apg =
        AlgorithmParameterGenerator.getInstance("DSA");
    apg.init(1024);
    AlgorithmParameters app = apg.generateParameters();
    byte[] bb= app.getEncoded();
    System.out.println("DSA 参数:"+new BigInteger(bb).toString(16));
    //生成对称算法参数
    app =AlgorithmParameters.getInstance("DES");
    app.init(new BigInteger("19050619766489163472469").toByteArray());
    bb= app.getEncoded();
    System.out.println("DES 参数:"+new BigInteger(bb).toString(16));
    //生成椭圆曲线算法参数
    app =AlgorithmParameters.getInstance("EC");
    app.init(new ECGenParameterSpec("secp256k1"));
    bb= app.getEncoded();
    System.out.println("EC 参数:"+new BigInteger(bb).toString(16));
}
```

本段代码表面看有点复杂，实际上是三个算法参数的综合，第二行出现的类是 AlgorithmParameterGenerator 类。该类的静态方法 getInstance( ) 用来生成 DSA 非对称算法的参数实例。

接下来调用 AlgorithmParameterGenerator 类对象 apg 的 init( ) 方法，传递的参数是算法的模长度 1024。

然后调用 generateParameters( ) 函数生成参数对象 app，是 AlgorithmParameters 类的实例。

接下来的语句就是对参数进行编码，调用函数 getEncoded( )，生成字节数组，方便通信传递或者存储该参数。

最后通过 println( ) 进行屏幕输出。

关于对称密码参数部分的语句不复杂，其中调用 init( ) 方法时选择带有 byte[ ] 参数的重载方法，参数的长整数是经过 ASN. 1 规范编码的结果值，可以查阅 JDK 文档进一步了解。

关于椭圆曲线算法的生成参数规范类 ECGenParameterSpec，该类指定用于生成椭圆曲线（EC）域参数的参数集。使用标准（或预定义）名称 stdName 创建用于生成 EC 参数的参数规范，以便生成相应（预计算）椭圆曲线域参数。本处指定椭圆曲线称为 secp256k1，如果读者不清楚这个曲线，那也应该听说过比特币这个概念，比特币采用的椭圆曲线算法就是 secp256k1。其他可能常用的曲线还有 secp256r1。

读者也不用记忆这些曲线名称，只要熟悉了程序的编写方法即可，到时候可以到网上查询各个曲线的标准名称。本书后面也会有这些曲线的进一步介绍。

本例程序如果不能完全理解也没关系，后面的算法加密、解密、签名、验签过程的实践，还会涉及这些参数的应用。本书学习完后再回头对应复习，应该就能完全理解了。

本例中的参数类 AlgorithmParameters，在项目建设中意义很大，它通常用在 Cipher 类的 init( )方法中，作为第三个参数来构建一个密码算法实体类。

```
Cipher.init(int opmode, Key key,AlgorithmParameters params)
```

（2）输出结果

```
DSA 参数:3082011e02818100d78eaca39928… …
DES 参数:408bc756f1ccdaf9e55
EC 参数:6052b8104000a
```

2.6.4 密钥工厂与密钥封装

非对称密钥在使用中会有多种标准编码规范，需要对其进行规范和封装，本节将集中介绍密钥工厂与密钥封装的实现方法，具体如下。

为了解决大量对象创建的问题，引入简单工厂设计模式。将密钥的创建和使用分开，密钥工厂负责创建密钥，使用者直接调用即可。

（1）实现代码

```
public static void main(String[] args) {
    // 产生 2048 位的 RSA 密钥对
    KeyPairGenerator keyPairGen =KeyPairGenerator.getInstance ("RSA");
    keyPairGen.initialize(2048);
    KeyPair keypair = keyPairGen.generateKeyPair();
    //根据私钥密钥获得密钥规范
    byte[] bPriv = keypair.getPrivate().getEncoded();
    PKCS8EncodedKeySpec pkcs8 = new PKCS8EncodedKeySpec(bPriv);
    //创建工厂实例,利用密钥规范从工厂中获得私钥
    KeyFactory kf = KeyFactory.getInstance ("RSA");
    Key privatekey = kf.generatePrivate(pkcs8);
    bPriv=privatekey.getEncoded();
    System.out .println("私钥:"+new BigInteger(bPriv).toString(16));
    //根据公钥密钥获得密钥规范,通过工厂产生公钥
    byte[]bPub = keypair.getPublic().getEncoded();
X509EncodedKeySpec pkcs =new X509EncodedKeySpec(bPub);
    Key publickey = kf.generatePublic(pkcs);
    bPub = publickey.getEncoded();
```

```
        System.out .println("公钥:"+new BigInteger(bPub).toString(16));
    }
```

实例中的 KeyPairGenerator 类，在前面的实践例子中已经出现，它用 2048 位进行了初始化，产生了安全的 RSA 密钥对。initialize( ) 和 generateKeyPair( ) 两个方法分别初始化密钥环境和产生密钥对，较容易理解，此处不再解释。

PKCS8EncodedKeySpec 类是私钥包装的规范类。用该规范，工厂可以生产出符合 PKCS8 标准要求的 Key 类的实例对象，此处仅在其构造函数中传递了密钥对的私钥字节数组。

密钥工厂类 KeyFactory 是设计模式的优秀典范，后面还会遇到算法工厂类。此处调用了 KeyFactory 的静态方法 getInstance( ) 来实例化该对象，参数就是算法名称“RSA”。

随后调用了工厂类的 generatePrivate( ) 方法，参数就是前面私钥包装过的规范类实例 pkcs8，它返回 Key 对象的一个实例，这里是个私钥对象。

接下来两行很容易理解，私钥的 getEncoded( ) 方法将编码转换成字节数组，然后通过 println( ) 打印出十六进制标识的私钥。

公钥规范采用不同的规范类 X509EncodedKeySpec，与前面的私钥类似，在构造函数中传递公钥的字节数组。

这里需要理解工厂设计模式的用意：工厂模式。它主要是用来实例化有共同接口的类，可以动态决定应该实例化哪一个类，也就是工厂可以生成很多种“产品”。此处密钥工厂准许根据给定的密钥规范（PKCS8EncodedKeySpec、X509EncodedKeySpec）构建不透明的密钥对象，或者用统一恰当的格式来表述底层的密钥材料。密钥工厂还可用于兼容密钥规范之间的转换。所以读者对该实例可以反复体会，对深入理解很有帮助。

（2）结果输出

```
私钥:308204bc020100300d06092a864886……
公钥:30820122300d06092a864886f70d01……
```

2.7 安全时间戳

在这个示例中主要是展示安全时间戳能力，安全时间戳（Time Stamp Authority，TSA）在一些对时间敏感的业务中非常有必要，比如交易业务和合同业务。TSA 简单说是采用了数字证书技术的数字签名来产生数据，所以本实例中涉及了证书相关的内容。但很容易理解，后面也有专门的章节介绍数字证书。

（1）实现代码

```
public static void main(String[] args) {
    //证书工厂加载证书
    CertificateFactory cf = CertificateFactory.getInstance ("X509");
    FileInputStream in=new FileInputStream("E:\\test.cer");
    Certificate c=(Certificate) cf.generateCertificate(in);
```

```
        //构建证书路径
        CertPath cp = cf.generateCertPath(Arrays.asList (c));
        //生成时间戳
        Timestamp t = new Timestamp(new Date(), cp);
        // 输出带 TSA 的时间戳
        System.out .println(t.toString());//输出带 TSA 的时间戳
        in.close();
    }
```

代码首先定义了一个证书工厂类 CertificateFactory 变量 cf，证书工厂类主要用来包装证书。首先调用了它的 getInstance( )静态方法获得一个实例，参数是 X509。

第二行就是传统的 Java IO 类 FileInputStream，用它来打开本地的一个证书文件。关于如何产生一个证书，后面会有专门的章节进行讲解，读者现在也可以在网上申请或下载一个，方便自己练习验证该段代码。

第三行调用工厂的 generateCertificate ( ) 方法，参数是前面的文件实例，返回一个 Certificate 对象实例，目前读者先不用管它，后面涉及证书环节时会进一步用实例展示。

有了证书再次调用证书工厂类的 generateCertPath( )构建证书路径的方法，参数传递刚产生的证书实例数组（转成数组是因为证书可能是多个形成证书链）。

有了证书路径 cp，就可以构建时间戳实例了，第一个参数给时间对象，第二个参数就是证书路径对象。

```
new Timestamp(new Date(), cp)
```

最后将这个时间戳打印输出。由于内容较长，为了节省篇幅，只显示开头部分。

（2）结果输出

```
(timestamp: Fri Jun 26 10:47:39 CST 2020TSA: [
[
  Version: V3
  Subject: CN=GlobalSign, O=GlobalSign, OU=GlobalSign Root CA - R3
  Signature Algorithm: SHA256withRSA, OID = 1.2.840.113549.1.1.11
……．
```

读者可能会问，时间戳在工程项目里面怎么用呢？下面就给读者开阔下思路，补充一些代码签名的知识。

有了时间戳，可以对代码进行签名。这里就会引入了 CodeSigner 类，该类比较简单，方法较少。它的构造函数需要时间戳和证书路径。示意代码如下：

```
CodeSigner cs = new CodeSigner(cp, t);
boolean same = cs.equals(new CodeSigner(cp, t));
```

如果再深入讨论，CodeSigner 类本身构建完成后就是一个不可修改类。它可以用在其他更高层次的判断中。这就引入了 CodeSource 类，该类扩展了代码基（codebase）的概念，不仅封装了位置（URL），还封装了用于验证源自该位置的签名代码的证书链。

```
codeSource = CodeSource.getCodeSigners();
```

Java 的 SDK 中还为此专门提供了一个工具 jarsigner，读者可以在命令行状态下用它来对代码进行签出或者验证。由于这些内容和密码技术关系不是很大，此处不再展开，有兴趣的读者可以按照前面的提示自己进行专项研究。

2.8 编码转换

编码转换在通信中非常有用，主要是因为两点：一是通信两端的计算机体系结构可能不同，存在大端和小端的问题；二是传输协议可能不支持二进制传输。有不少 IT 人员认为编码是密码技术的一种，实际上是错误的。本书在这里明确地告诉读者朋友，编码不是密码技术，Base64 编码方法也不是密码算法，它只是数据的不同表示方法。编码和密码协议在很多情况下要互相配合，所以本小节将讨论常用的编码方法。

2.8.1 Base64 编码

首先来实践 Base64 编码，该编码非常普遍，原理不再描述，直接实践。

```
public static void main(String[] args) {
        // 测试 Base64 编码和解码
        String str = "Base64 编码示例";
        System.out .println("原文是  :" + str);
        byte[] indata = str.getBytes("GBK"); //字符编码如 UTF-8

        byte[] data = Base64.encode(indata);
        System.out .println("编码之后:"+ new String(data));
        byte[] fdata = Base64.decode(data);
        System.out .println("解码之后:"+ new String(fdata));
    }
```

在使用基于邮件、网页等应用的时候，都会遇到 Base64 编码的情景。甚至很多人把该编码作为一种加密手段来对待。如图 2-5 所示。

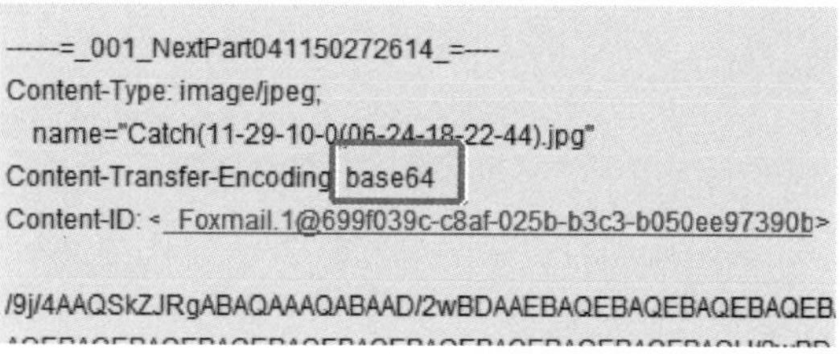

```
------=_001_NextPart041150272614_=----
Content-Type: image/jpeg;
  name="Catch(11-29-10-0(06-24-18-22-44).jpg"
Content-Transfer-Encoding: base64
Content-ID: <_Foxmail.1@699f039c-c8af-025b-b3c3-b050ee97390b>

/9j/4AAQSkZJRgABAQAAAQABAAD/2wBDAAEBAQEBAQEBAQEBAQEB
```

• 图 2-5　Base64 编码的邮件

事实上它和密码无关，只是为了方便通信传输而进行的编码，没有涉及密钥，任何人都可以对其进行解码。

代码很简单，首先定义一个字符串 str。通过 getBytes()来转换成字节数组，注意这里最好指定一个转换规则，在本段代码中采用的是 GBK，其对中文很友好。

接着代码中调用了 Base64. encode()对字节数组进行编码，参数是待编码的原文字节数组，返回值是编码后的结果，之后通过 println()打印输出结果。

最后通过调用 Base64. decode()方法对编码之后的字节数组进行解码，参数是待解码的字节数组，返回值是解码后的原文，通过 println( )把结果打印输出。

整个过程简单清晰。运行代码之后的结果输出如下：

```
原文是  :Base64 编码示例
编码之后:QmFzZTY0ILHgwuvKvsD9
解码之后:Base64 编码示例
```

2.8.2 URLBase64 编码

Base64 可以将二进制转码成可见字符以方便进行 HTTP 传输，但是 Base64 转码时会生成“+”“/”“=”这些被 URL 进行转码的特殊字符，导致两方面数据不一致。而通过 HTTP 进行传输时，“/”是一种有含义的字符。所以在用网页的 get( )方法进行数据通信时，地址中的编码就不能只用 Base64，而要采用 UrlBase64 编码。下面就来实践该编码。

```
public static void main(String[] args) {
    // 测试 UrlBase64 功能
    String str = "https://baidu.com";
    System.out .println("原来文本:"+ str);
    byte [] indata = str.getBytes("GBK"); //编码 UTF-8

    byte [] data = UrlBase64.encode (indata);
    System.out .println("编码文本:"+ new String(data));
    byte [] output = UrlBase64.decode (data);
    System.out .println("解码文本:"+ new String(output));
}
```

而 BC 库中的 UrlBase64 对此进行了包装。具体实例代码和前面的 Base64 编码非常相似。直接使用类 UrlBase64 的静态方法 encode(byte[ ])和 decode(byte[ ])对数据进行编码和解码，两种方法都直接返回字节数组。

注意，如果读者不是采用 JRE 环境配置 BC 库，请在代码中添加如下两行，以正确编译和使用 UrlBase64 类。

```
BouncyCastleProvider bcp = new BouncyCastleProvider();
Security.addProvider(bcp);
```

本书后面在代码实例中如果使用了 BC 库中的类，也用该种方法进行引用，不再特别说明。

运行代码产生如下结果：

```
原来文本:https://baidu.com
编码文本:aHR0cHM6Ly9iYWlkdS5jb20.
解码文本:https://baidu.com
```

第 3 章　数据完整性保护与杂凑算法

本章带领读者进入第一个算法领域——杂凑算法，该算法主要用来实现数据完整性场景。杂凑算法中有不包含密钥的，也有包含密钥的，还有通过对称算法生成的杂凑值。同时，本章的最后给出了完整性应用的场景。

3.1　杂凑算法

在密码学中，杂凑算法也称杂凑函数或哈希函数，是指将计算给定消息的摘要，用作检验数据的完整性的同一类密码算法。这类算法的主要特点是把任意长的输入消息串变化成固定长的输出串，而对原消息的任何微小的修改都能造成完全不同的摘要值结果，找到两个生成完全一样摘要值的不同消息是非常困难的。

国际标准中常见的杂凑算法有 MD5 消息摘要算法、SHA-1 安全哈希算法等。出于安全考虑，这两种算法现在已经不再被推荐使用，并逐步被 SHA-2 和 SM3 等更安全的算法替代。杂凑算法的设计原理和构造方式基本相同，目前很多信息系统还未完成新旧算法的更新替换，MD5 等算法还在广泛使用。为便于读者了解并用好杂凑算法，下面对包括 MD5、SHA-1 等在内的杂凑算法的历史和原理进行介绍。

3.1.1　杂凑算法原理

MD5 和 SHA-1、SHA-2 算法都采用的 M-D 结构，其特点是先对数据进行分组，然后再压缩，由压缩函数进行一轮轮的循环，最后一个压缩结果就是最终杂凑值。我国商用密码算法推荐使用的 SM3 算法也采用的 M-D 结构，SM3 算法在前文实践随机数的示例代码中已用到。

M-D 架构是 Merkle-Damgard 结构的简称，它是非常常用的杂凑算法的构造方式。M-D 架构首先对经过填充的信息进行均匀分组，然后把分组后的信息按照顺序进入压缩函数 F。而压缩函数 F 先使用初始化向量进行初始化，结合第一个信息分组完成压缩，F 的输出信息块和第二个信息块进行结合再输入 F 进行压缩，然后传递到下一次的分组信息，如此循环操作，最后一个压缩函数的结果将作为最终的杂凑值返回。杂凑原理示意如图 3-1 所示。

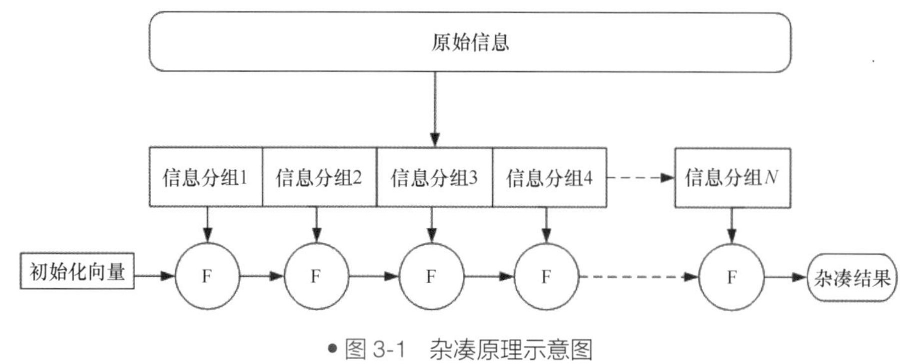

● 图 3-1　杂凑原理示意图

随着商用密码标准化和密评工作的推进，SM3 算法必将成为我国应用系统中未来使用的主流杂凑算法。我们非常有必要深入了解 SM3 算法，并在项目的建设中用它实现完整性保护。由于第一个被广泛使用且影响面最大的是 MD5 算法，所以下面先从 MD5 算法开始分析。

1. MD5 算法原理

MD5 算法即消息摘要算法（Message-Digest Algorithm），是一种被广泛使用的密码杂凑函数，可以产生一个 128 位（16 字节）的散列值（Hash Value），用于确保信息传输或存储的完整一致。MD5 由美国密码学家罗纳德·李维斯特（Ronald Linn Rivest）设计，于 1992 年公开，用以取代 MD4 算法。这套算法的程序在 RFC 1321 标准中被加以规范。

MD5 算法可以将不同长度的原始数据进行运算和压缩，生成统一的 128 位的散列结果，而且能保证原始数据的极小变化带来较大的散列结果的变化。MD5 算法的原理可简要地叙述为：以 512 位分组来处理输入的信息，且每一分组又被划分为 16 个 32 位子信息分组，经过了一系列的处理后，算法的输出由 4 个 32 位分组组成，将这 4 个 32 位分组级联后生成一个 128 位的散列值。

MD5 算法的杂凑函数原理上的确对应无数多个信息原文，但因为 MD5 杂凑结果是有限多个的，也就是说，杂凑一共有 2^{128} 种可能结果，大概是 3.4×10^{38} 个。读者可以思考，原文可以是无数多个，杂凑结果虽然很大但是有限多个，如果把世界上可以被用来进行杂凑的原文都杂凑一遍，肯定存在杂凑结果一样的原文，这就是杂凑的碰撞。但这同样是个根本不可能实现的任务，没有人能把所有的信息都杂凑一遍，计算和存储上均不可行。因此，以某种意义上来说，在算力和存储有限的情况下，想简单构建杂凑值与原文的一一对应关系也是不可能的任务。

但如果限制了 MD5 原文的长度和类别就会变得不一样。1996 年后，MD5 算法的缺陷在学术上被证实存在，而且可以针对其缺陷加以破解。2004 年，我国著名密码学家王小云证实了 MD5 算法无法防止碰撞（Collision），并通过模差分比特分析法破解了该算法，因此它不再适用于安全性认证和完整性保证，SSL 公开密钥认证或是数字签名等用途已经剔除了该算法。

在密评工作中如果发现有采用 MD5 杂凑算法来建设应用，将会被定为高风险项，所以在项目建设中应该杜绝使用该算法。对于 MD5 算法只了解即可，对于需要杂凑算法保护的业务系统，一般建议使用其他杂凑算法。

2. SHA 算法大家族

安全散列算法（Secure Hash Algorithm，SHA）是被 FIPS（联邦信息处理标准）认证的安全散列算法。作为美国的政府标准杂凑算法，SHA 由美国国家安全局（NSA）所设计，由美国国家标准与技术研究院（NIST）发布。实际上，SHA 是一个密码散列函数家族，目前包含 5 个算法实现，分别是 SHA-1、SHA-224、SHA-256、SHA-384 和 SHA-512。通常将 SHA-224、SHA-256、SHA-384 和 SHA-512 并称为 SHA-2 系列算法。

SHA-1 算法的杂凑结果比 MD5 算法的杂凑结果长 32 位，别小看这多出来的长度，它可以使得碰撞的概率下降为原来的几十亿分之一，是很惊人的。当然，SHA-1 算法比 MD5 算法在性能上也有所下降，所以随后又推出几个杂凑值更长的变体算法，它们更安全。下面会给出更具体的介绍。

3. SHA-1 算法原理

SHA-1 在许多安全协定中被广泛使用，包括 TLS、SSL、PGP、SSH、S/MIME 和 IPSec，曾被视为是 MD5 的后继者。但 SHA-1 的安全性被密码学家严重质疑，我国著名密码学家王小云于 2005 年公布了该算法的缺陷和攻击方法，宣布该算法已经不安全，SHA-1 将要退出舞台。SHA-1 可将一个最大 2^{64}位的信息原文转换成一串 160 位元的信息摘要。算法的架构采用的是 M-D。SHA-1 设计时基于和 MD4 相同的原理，并且模仿了 MD4 算法。2001 年 5 月，NIST 宣布 FIPS180-2 标准，SHA-1 和 SHA-2 开始走入公众视野。

对于任意长度的原文，SHA-1 首先对原文进行分组，使得每一组的长度为 512 位，然后对这些分组后的原文反复循环处理，使其通过 32 位的字操作。和 MD5 类似，SHA-1 明文总长度是模 512 同余 448，不足的则在明文后先填充一个 1 再填充足够的 0，使得总长度达到 448 位，最后再串联上明文长度表示的 64 位，448+64=512 位，即构造出 512 倍数的分组。具体原理细节这里不在展开，有兴趣的读者可以阅读密码学相关书籍。虽然算法名字叫作安全哈希算法，SHA-1 却是密评中的高风险算法之一，在信息系统建设中，应该避免使用该算法。

4. SHA-256 算法原理

SHA-2 是 SHA-1 的升级版，该算法是由 NSA 和 NIST 两个机构在 2001 年提出的一个杂凑标准算法。虽然 SHA-2 和 SHA- 1 都使用 M-D 架构，但 SHA-2 加入了很多的变化，增加了其安全性。SHA-2 支持 224、256、384、512 四种密钥长度，目前还没有发现对 SHA-2 的有效攻击。在 SHA-2 四种杂凑长度的算法实现中，224 长度算法并不在 JCE 内实现，但 BC 库已经提供了该长度算法的实现。2004 年 2 月，NIST 将 SHA-224 作为额外的算法加入到 FIPS PUB 180-2 的变更中，主要是为了符合双密钥 DESEDE 所需的密钥长度而专门定义，后面章节将会对 DESEDE 有更详细的讲解，这里读者只要知道 DES 算法密钥是 56 位，DESEDE 密钥长度是 112 位即可，2×112 =224，这并不是巧合，用哈希来产生安全密钥是很常用的做法。

SHA-256 作为安全散列算法 SHA-2 算法的实现之一，其摘要长度为 256 位，即 32 字节。SHA-256 算法在很多的数字证书应用中被采用，而且比特币挖矿算法中的杂凑算法也是

SHA-256，研究区块链技术的人员更是无法避开 SHA-256 杂凑算法。

SHA-256 与 MD4、MD5 以及 SHA-1 等杂凑算法的操作流程类似，原文在进行杂凑计算之前首先要进行两个步骤：首先对原文进行填充和分组，然后按顺序送入压缩函数中进行逐一运算。经过这两步之后输出定长的杂凑结果。

5. SM3 算法原理

商用密码杂凑算法 SM3 标准于 2012 年被发布为行业标准，标准号是 0004，具体名字为 GM/T 0004—2012《SM3 密码杂凑算法》，并于 2016 年升级为国家标准，具体名字为 GB/T 32905—2016《信息安全技术　SM3 密码杂凑算法》。该算法于 2018 年 10 月被正式发布为国际标准算法。

SM3 对输入的消息长度要求是不大于 2^{64} 位。该算法的原文分组是 512 位，不足 512 位的，要在尾部根据一定的规则进行填充。分组之后要对每一个 512 位的分组进行扩展，经扩展后的数据再送入压缩函数中进行迭代。最后输出的一个压缩函数结果就是 256 位的杂凑值。

与 MD5、SHA 相同，SM3 也是采用的 M-D 架构。但由于其设计更复杂，且新增了 16 步全异或操作、消息双字介入、对压缩函数也进行了安全提升、单次迭代过程中包含 64 轮压缩重复等特性，因此能够抵御目前已知的所有攻击方法，没有发现明显的安全弱点。在工程项目实现上，SM3 具备算法效率高、使用灵活方便、跨平台实现兼容性好等特点，其安全强度和效率与 SHA-256 相当。特别是在 PKI 双证书要求支撑国密的情况下，SM3 杂凑算法显得愈加重要。本书后面的实践中会重点讨论该算法。

在商用密码体系中，SM3 主要用于数字签名及验证、消息认证码生成及验证、随机数生成等，其算法公开并国际化。建议在项目建设中采用杂凑算法 SM3 进行安全实现。

有关信息填充方法、初始化向量选择方法等 SM3 算法的原理细节，请参考 GM/T 0004—2012《SM3 密码杂凑算法》，本书不再展开。下面介绍杂凑算法实践。

3.1.2　杂凑算法实践

本小节就通过编写代码来体现杂凑的结果。目前，主流的非密钥的杂凑算法有 SHA-2 和商用密码算法 SM3，本节将对这两个算法进行实践。

1. SHA-256 算法实践

作为目前使用最多、应用最广泛的杂凑算法，SHA-2 系统在国际性的网站和跨国的电子证书系统等众多跨国性应用中使用。为了让读者在项目建设的过程中对密码算法的使用更加游刃有余，本书在此重点实践 SHA-256 算法。如果是跨境使用的信息化系统，可以继续采用 SHA-256 这类国际密码算法，但如果信息系统只在国内使用，建议用 SM3 算法进行替代。

（1）实现步骤

1）准备原始信息。先定义 path 字符串，选择一个文件路径；然后实例化一个 FileInputStream 对象，实例化对象后相当于打开了这个文件，进行读取准备；接下来构建 DigestInputStream 对象，包含两个参数，一个是前面的输入流对象，另一个是 SHA-256 的摘要对象。

2）输入原始信息。接下来的语句就是定义一个 1024 字节的缓存区（buffer），然后开始读取文件信息，正常情况下，read 返回读取的字节数，当返回值是-1 时表示文件的读取结束，退出读取循环操作，然后关闭流（dis）。

3）构建杂凑函数实例，执行杂凑运算。接下来通过调用 dis 对象的 getMessageDigest( ) 方法，返回实例化的对象 MessageDigest。再通过它的 digest( )方法返回杂凑值的字节数组。

4）获取杂凑结果并输出。程序的最后三句在前面的示例实践过，就是把杂凑结果转换成十六进制并输出。

（2）实现代码

```
public static void main(String[] args) {
    // 消息摘要 SHA-256 编码测试
    // *  用于校验文件的 SHA-256 值
    String path = "E:\\ASCII.jpg";
    // 构建文件输入流
    FileInputStream fis = new FileInputStream(new File(path));
    // 初始化 MessageDigest,并指定 SHA-256 算法
    DigestInputStream dis = new DigestInputStream(fis,
        MessageDigest.getInstance ("SHA-256"));
    // 流缓冲大小
    int len = 1024;
    // 缓冲字节数组
    byte[] buffer = new byte[len];
    // 当读到值大于-1 时就继续读
    int read = dis.read(buffer, 0, len);
    while (read > -1) {
        read = dis.read(buffer, 0, len);
    }
    // 关闭流
    dis.close();
    // 获得 MessageDigest
    MessageDigest md = dis.getMessageDigest();
    // 摘要处理
    byte[] b = md.digest();
    // 十六进制转换
    String mdhex = Hex.toHexString (b);
    System.out .println("SHA-256 值为:"+ mdhex);
    System.out .println("SHA-256 字节长度:"+md.getDigestLength());
}
```

（3）结果输出

```
HA-256 值为:5f41f634d5f66647b1932392b… …a0b1fd4cf8
SHA-256 字节长度:32
```

2014 年，NIST 发布了 FIPS202 的草案“SHA-3 Standard：Permutation-Based Hash and Extendable-Output Functions”。2015 年 8 月 5 日，FIPS 202 最终被 NIST 批准。所以 SHA-3 算法也已经正式推出。该系列有 SHA3-224 算法、SHA3-256 算法、SHA3-384 算法、SHA3-512 算法、SHAKE128 算法和 SHAKE256 算法等 6 个实现。和前面的 SHA-1 和 SHA-2 不同，SHA-3

体系采用了“海绵”结构。

虽然 SHA 系列杂凑算法使用非常广泛，但其不是自主研发的算法。而 SM3 算法是由我国自主研发的商用密码杂凑算法。根据密评相关标准要求，建议我国信息化工程除了银行国际结算等有跨境互通需求的业务外，其余系统应采用 SM3 算法完成杂凑功能的实现与应用。下面实践商用密码杂凑 SM3 算法。

2. SM3 算法实践

SM3 算法是国家密码行业标准、国家标准和国际标准，目前已经在很多应用中开始使用。

```
public static void main(String[] args) {
    // SM3 杂凑算法实例
    BouncyCastleProvider bcp = new BouncyCastleProvider();
    Security.addProvider (bcp);

    byte[] data = "test sm3 ".getBytes();
    MessageDigest sm3 = MessageDigest.getInstance ("SM3");
    sm3.update(data);
    byte[]out = sm3.digest();
    System.out .println("SM3 摘要值:"+Hex.toHexString (out));
    System.out .println("SM3 摘要字节长度:"+sm3.getDigestLength());
}
```

SM3 的实践示例代码与前面的 SHA-256 实践杂凑算法并没有太大的区别，这就是 BC 库封装的好处，少量修改代码就可以完成密码算法的替换。在 JCA 优秀的框架下，对算法细节进行了完美的封装，使得应用开发人员使用代码算法上能保持一致。

代码的开头两行是加载 BC 开源库到应用项目中。否则会出现不能发现算法 SM3 异常的情况。其他语句不再解释，和前面的例子语句一样。程序输出的结果如下。

```
SM3 摘要值:84fa3746e910bf… …6782c59792edf3d2af3
SM3 摘要字节长度:32
```

从前面的运行结果输出可以看出，摘要的长度是 32 字节，即 256 位。由于 SM3 是我国推荐使用的算法之一，也是合规要求的标准算法。

在商用密码体系中，SM3 被用于和 SM2 算法一起完成数字签名及验证签名、消息认证码生成及验证、随机数生成等，其算法是公开的，读者可以查找前面的标准文件了解细节。网络上也有不少算法代码实现，有 C 语言，也有 Java 语言。读者朋友有兴趣的可以下载代码研究。另外，GMSSL 和 BC 都是非常好的学习的例子，强烈建议读者在有精力的情况下去阅读这两个开源加密包的代码，更能加深对算法的理解。

GMSSL 是一个有历史来源的开源的密码工具集，使用 C 语言开发，从 OpenSSL 演变而来，支持商用密码的 SM2/SM3/SM4/SM9/ZUC 等算法，本部分的 SM3 算法在该开源库里面就有源码的实现。其网址是 http：//gmssl. org/。到 2021 年 3 月为止，OpenSSL 1. 1. 1 版本之后也加入了 SM2/SM3/SM4 等算法。

本书并不想带领读者对算法本身进行深入分析，而重点在于带领读者使用密码算法完成项目建设中的安全需求，做到业务信息的机密性、完整性、真实性和不可否认性。下面再继续通过代码例子展示杂凑算法在 HMAC 等方面的实际应用。

3.2 消息验证码

消息验证码是杂凑中的另一个分类，它含有密钥。本小节先简单介绍消息验证码，然后介绍 HMAC 的典型实践，在小节最后实践对称算法 SM4 完成消息验证码的程序代码。

3.2.1 消息验证码原理

消息验证码（Message Authentication Code，MAC），又译为消息认证码、信息认证码，是通过某种形式对消息应用秘密密钥而派生的一种身份验证机制。MAC 可以用来检查在消息传递过程中是否被更改，也可以作为消息来源的身份验证，确认消息的来源。

对称密码和杂凑算法都可用于 MAC 的生成，MAC 的基本类型包括散列 HMAC、CBC-MAC 和 CMAC 3 种。利用杂凑算法生成的消息验证码是应用中经常采用的方式，因此这种技术被称为 HMAC。基于对称密码算法生成的消息验证码称为 CBC-MAC，这种 MAC 生成时一般对消息使用 CBC 模式进行加密，取密文的最后一个分组作为消息验证码。但需要注意的是，使用 CBC 模式生成 MAC 时，不能使用初始向量（初始向量为全 0），而且消息长度需要双方预先约定。密码型消息身份验证代码（Cipher-Based Message Authentication Code，CMAC）是 CBC-MAC 的一种变体，主要是为了解决 CBC-MAC 存在的一些安全问题。CMAC 提供与 CBC-MAC 相同类型的数据源身份验证和完整性，但在数学上更为安全，它通常与 AES 和 3DES 一起使用。

循环冗余校验（Cyclic Redundancy Check，CRC）也是通信中常见的一种编码技术，主要用来校验数据传输或者保存后可能出现的错误。通常 CRC 工作在通信网络中的较低层，用于标识数据包从一台计算机传送到另一台计算机时的传输受损情况，但无法检测出被攻击者恶意伪造的报文。消息验证码技术（HMAC 、CBC-MAC 和 CMAC）通常工作在通信网络中的较高层，不仅可以标识数据传输错误（意外的错误），而且可以检测数据来源的真实性，攻击者在没有获得密钥的情况下是无法伪造通信数据的，这意味着消息验证码技术能够实现数据在传输过程中的防篡改功能。

本小节专门介绍它的基础原理，因为基于 MAC 可以生成很多适用于完整性和真实性场景的算法变形。

我国国家标准 GB/T 15852. 2—2012《信息技术 安全技术 消息鉴别码 第 2 部分：采用专用杂凑函数的机制》对基于 MAC 的算法进行了规范和定义。关于采用分组密码和泛杂凑函数的 MAC 产生机制有标准是 GB/T 15852. 1—2020《信息技术 安全技术 消息鉴别码 第 1 部分：采用分组密码的机制》和 GB/T 15852. 3—2019《信息技术 安全技术 消息鉴别码 第 3 部分：采用泛杂凑函数的机制》。如果读者自己要实现 MAC，请查阅这些标准文件。

使用 MAC 验证消息完整性的典型过程：假设通信双方 A 和 B 共享密钥 K，A 用消息认证码算法将 K 和消息 M 计算出消息验证码 Mac，然后将 Mac 和 M 一起发送给 B。B 接收到 Mac 和 M 后，利用 M 和 K 计算出新的验证码 Mac *，若 Mac * 和 Mac 相等则验证成功，证明消息未被篡改。由于攻击者没有密钥 K，攻击者修改了消息内容后无法计算出相应的消息验证码，因此 B 就能够发现消息完整性遭到破坏。

接下来继续详细介绍基于密钥的消息验证码 HMAC。

3.2.2 带密钥的杂凑函数

只靠消息验证码或者杂凑值并不能真正实现完整性，因为可以修改原始数据，然后再重新计算一个验证码或杂凑。而带密钥的消息验证码无疑可以解决这个弊端，这也是 HMAC 的最大用处，它可以真正实现数据完整性，当数据被篡改后，是可以被发现的。

1. 带密钥的杂凑函数（HMAC）原理

杂凑算法本身不使用任何密钥，只能用在简单的完整性保护中。HMAC 更安全些，跟杂凑有点像，有人称它为“带密钥的杂凑”。既然有了验证或者认证的功能，那就需要有个要素可以识别认证实体，这和前面的杂凑算法不一样。

安全上很容易想到，由于杂凑很容易算出，而且每个人都可以用原始数据计算出杂凑值。如果有人想替换掉消息，就可以根据这个消息重新生成一个杂凑。单纯的杂凑不能防止数据被篡改，只能在一定程度上进行完整性校验，比如用在日志文件的完整性备份保护中。

而 HMAC 需要的那个额外要素就是密钥，只有用密钥对消息进行处理，生成的结果才具有防篡改的能力。因为不知道密钥的人，生成不了正确的结果。当然通过 HMAC 就可以确认生成 HMAC 人身份，也就是说，信息的确是密钥的持有人计算并发布的，这样 HMAC 就同时具有了防篡改和身份认证的两重功能。

本书后面会继续讨论并实践数字签名算法，签名也同时具有防篡改和身份认证的两重功能。两者的区别就在于密钥的使用上，HMAC 算法的生成和验证都是一个密钥，是对称密钥的范畴，而签名需要一对密钥，私钥用来签名，公钥用来验证签名。所以 HMAC 的发送方和接收方必须共享一个对称密钥，而数字签名是用的两个密钥（一对密钥），验证者只需要公钥即可。本书后面谈到非对称算法时还会详细实践这部分内容。

考虑到大部分读者有可能是非密码学相关专业，对于密码学上的压缩和转换过程与描述方法涉及不是很多，这里就简单说明下 HMAC 的计算过程，具体如下：

$$\mathrm{HMAC}(K,M)=H(K\oplus X\mid(H(K\oplus Y\mid M))$$

右边 M 是消息或者数据，K 是密钥，Y 和 X 分别是填充物，根据算法不同，填充方式会有区别。先用密钥 K 和填充数 Y 进行异或操作，再和 M 串接上，对这个串接值进行 H 运算，H 是指某一种哈希函数。

同时密钥和填充物 X 进行异或操作，把这个操作结果和右面的哈希函数结果再次串接，然后将这个串接值再次进行 H 运算，最终生成了 MAC 值。

因为 HMAC 运算中主要用到了哈希函数 H，所以这种 MAC 通常情况下被称之为 HMAC。

因此 HMAC 简单理解就是一个接收两个参数（一个是密钥、一个是消息），然后生成一个消息摘要作为输出的特殊杂凑算法，这种算法在基于设备的认证中使用较为广泛。

在我国商用密码标准中 SSL VPN 和 IPSec VPN 的协议中均将 HMAC 函数作为消息完整性和数据来源身份鉴别的主要方法。

2. 带密钥的杂凑函数（HMAC）实践

介绍完带密钥的杂凑函数原理，接下来就来介绍如何通过算法实践生成 HMAC，这里分成 HMAC-SHA224 和 HMAC-SM3 两个算法来实践。

（1）HMAC-SHA224 实践

前面的小节详细介绍了 MAC 和 HMAC 的原理，接下来将给出代码实践，并对示例代码进行解释和说明。由于本书接下来的代码实践例子功能会越来越复杂，考虑让读者在阅读和练习例子时能够轻松明白，所以在代码中去除了所有无关的内容，并对代码进行了拆解，逐个分析用法，聚焦在核心功能。

其实现步骤如下。

1）定义消息原文和密钥。定义 HMAC 输入。

首先定义两个变量，作为 HMAC 的原始输入信息，通过名字很容易知道，第一个变量用来作为密钥，另一个作为消息。

```
static byte[] keyBytes = "passwd!".getBytes();
static byte[] message = "this is a test for hmac!".getBytes();
```

2）构造 HMAC 对称密钥密钥对象。加载 BC 库（代码前两行）。

把密钥字节数组和算法名称作为参数，通过 SecretKeySpec( )构造出密钥规范对象。

3）构造 HMAC-SHA224 函数实例。通过调用 Mac 类的静态方法 getInstance( )，（传入参数一个是算法名称 hmacName，另一个是 Provider 名称 BC）完成 Mac 对象实例化。

4）初始化 HMAC-SHA224 函数实例，输入消息原文。调用 Mac 对象的 init( )方法（输入参数是前面的密钥规范对象）完成初始化。调用 Mac 对象的 reset( )方法，对准备好的密钥参数“按下”准备就绪的指示，也就是说可以传入消息了。

调用 Mac 对象的 update( )方法，传入消息数据。注意，当有较多数据时，这个方法可以反复调用多次。

5）最后完成的 HMAC 运算，并输出打印出来。通过调用 Mac 对象的 doFinal( )方法完成 HMAC 运算，并输出打印出来。

其实现代码如下。

```
public static void main(String[] args) {
    // 测试 "HMac-SHA224"
    BouncyCastleProvider bcp =new BouncyCastleProvider();
    Security.addProvider (bcp);
//定义两个变量,第一个变量用来作为密钥,另一个作为消息
byte[] keyBytes ="passwd".getBytes();
byte[] message = "this is a test for hmac!".getBytes();
//准备密钥规范
    String hmacName="HMac-SHA224";
```

```
    SecretKey key = new SecretKeySpec(keyBytes , hmacName);
    // 启动 MAC 运算
        Mac mac = Mac.getInstance (hmacName, "BC");
        mac.init(key);
        mac.reset();
        mac.update(message , 0, message .length);
        byte[] out = mac.doFinal();
        //打印输出结果
        System.out .println("key 长度:"+key.getEncoded().length);
        System.out .println("HMAC 值 : " + new String(Hex.encode (out)));
}
```

代码结果输出如下。

```
key 长度:7
HMAC 值 : 41bad9215d761fd5863fcc5e9954679f0ba4530afb85aad042b234be
```

可以看到，输出结果是56个十六进制字符，用十六进制进行编码时，一个字符代表四位，所以最终运算输出的信息长度是224位，符合SHA-224算法特征。

在上面的代码中，使用了指定的字符串“passwd”作为HMAC运算的对称密钥，实际上这种密钥的生成方式是不安全的。通常在信息系统建设中会采用主密钥协商出工作密钥（KeyGenerator）的方法生成HMAC运算所需的对称密钥，完成HMAC运算后，把运算结果序列化到文件中保存或者通过网络传递到通信对端。具体随机密钥实现已在第2.6.1节展示。下面就对HMAC-SHA224实践代码再进行一些修改，使用KeyGenerator生成密钥，让程序具备自动生成随机密钥的能力。

```
public static void main(String[] args) {
// 测试 "HMac-SHA224"
    BouncyCastleProvider bcp =new BouncyCastleProvider();
    Security.addProvider (bcp);
    String hmacName="HMac-SHA224";
        KeyGenerator kGen = KeyGenerator.getInstance (hmacName, "BC");
        SecretKey secretKey = kGen.generateKey();
        Mac mac = Mac.getInstance (hmacName, "BC");
        mac.init(secretKey);
        mac.reset();
        mac.update(message );
        byte[] out = mac.doFinal();

        System.out .println("key 长度:"+secretKey.getEncoded().length);
        System.out .println("HMAC 值 : " + new String(Hex.encode (out)));
}
```

可以看到在代码中用KeyGenerator的静态方法getInstance( )来生成实例对象，传递的参数就是算法名字“HMac-SHA224”和Provider的名字“BC”。后面的所有程序语句前面示例中都出现过，不再解释。

为了展示update( )方法，在这段代码中没有调用三个参数，而是调用了一个参数的同名方法，效果是相同的，读者可以根据自己需要编写。编者建议还是用三个参数的update( )更安全，因为可以自己控制消息位置和消息长度。运行结果输出如下。

```
key 长度:28
HMAC 值 :deab4d443f882eb9813552873d48f5a739d48465f248390985ef661a
```

可以看出 key 长度变成了 28 字节，正好 224 位。而 HMAC 值每次运行都是不同的，因为密钥在每次运算时都是随机产生的，这样更有利于密钥的安全性。

（2）HMAC-SM3 实践

本书前面多次提到，SM3 算法是国家自主研发的杂凑算法，其安全性和 SHA-256 完全一样，而且已经升级为国家和国际标准，所以采用该算法来生成 HMAC 是很自然的一个选择。

在 SSL VPN 技术规范和 IPSec VPN 技术规范的定义通信协议中均用到了 HMAC，主要提供数据完整性保护和数据来源的身份鉴别。基于 SM3 的 HMAC 中，消息分组的长度是 512 位，最终生成的杂凑结果的长度是 256 位。

但是，HMAC-SM3 目前还没有正式的发布商用。但 OID 已经定义了 1.2.156.197.1.401.2（OID 是 Object Identifier 的缩写，对象标识符）。据了解，HMAC-SM3 会随着基于口令的密钥派生函数（Password-Based Key Derivation Function，PBKDF2）一起发布，就和其他的算法使用上完全一致了。在 BC 代码库里面已经有技术专家完成了 SM3 算法的实现，实现 HMAC 是非常简单的。在 BC 库中定义了接口 Mac，HMac 是 Mac 接口的实现类，第一种方法就用 HMac 来实现 HMAC-SM3 的生成。

用 BC 库来产生基于 SM3 算法的 HASH 消息验证码代码的步骤与 HMAC-SHA224 基本相同。其实现步骤如下。

本示例代码还是比较容易理解的，前两句依然是引用 BC 库，在当前环境添加 Provider。

1）定义消息原文和密钥。定义两个变量 keyBytes 和 message，分别代表密钥和消息原文。

2）产生密钥参数和杂凑对象。定义 KeyParameter 对象，并用 keyBytes 初始化。关于参数对象，前面的实践例子中已经使用过算法参数对象。用参数来实例化一个不透明的密钥对象还是非常方便的。

实例化一个 SM3Digest 对象，该类是 BC 库中封装好的摘要类之一。

3）构造 HMAC-SM3 算法实例。把 SM3Digest 对象作为参数传递给 HMac 类来构造生成 HMac 对象实例 hmac。

4）初始化 HMAC-SM3 算法实例，输入消息原文。与前面代码中的 Mac 示例类似，通过调用 HMac 对象的 init( ) 方法传递进密钥（这里是密钥参数对象），再通过 HMac 对象的 update( ) 方法传递消息原文，完成 HMAC 运算初始化。

5）完成最终的 HMAC 运算，并输出打印出来。与 Mac 示例语句有差别的是 HMac 的 doFinal( ) 方法，而且这个区别容易被错用。Mac 类中 doFinal( ) 方法无参数，通过方法来返回结果。而 HMac 类的 doFinal( ) 方法必须有参数，第一个参数是返回值要填充的字节数组，第二个参数是数组的起始位置。在本例中 result 是定义好的返回字节数组，从 0 开始。定义返回数组 result 的长度使用 getMacSize( )方法提取，如果空间太短，该方法会抛出异常。

其实现代码如下。

```
public static void main(String[] args) {
    // 用 BC 库来实现 HMAC-SM3
    BouncyCastleProvider bcp =new BouncyCastleProvider();
    Security.addProvider (bcp);
    //定义密钥和消息原文
    byte [] keyBytes = "Passw0rd".getBytes();
    byte [] message = "abc".getBytes();
    // 产生密钥参数和杂凑对象
    KeyParameter keyParameter =new KeyParameter(keyBytes);
    SM3Digest sm3digest =new SM3Digest();
    // 产生 HMac 对象并进行杂凑计算
    HMac hmac =new HMac(sm3digest);
    hmac.init(keyParameter);
    hmac.update(message,0,message.length);
    byte [] result = new byte [hmac.getMacSize()];
    hmac.doFinal(result, 0);

    System.out .println("HMAC-SM3 值为:"+Hex.toHexString (result));
}
```

代码结果输出如下。

```
HMAC-SM3 值为:db1ab0dda0aafbdcd53cbda95b7ecdee4a50586f92696616ab052aceea106212
```

从上面结果可以看到，HMAC-SM3 运算结果是 256 位长度的值，符合 SM3 算法输出特征。在这里特意选用密钥“Passw0rd”和消息明文“abc”，包含有另一个意图，就是来核实本程序编写结果的正确性。在本书前面多次提到过 GMSSL 开源安全工具库，它是用 C 语言开发的库，已经使用在很多的信息系统中，GMSSL 开源工具包也可以生成 HMAC-SM3 的结果值。在网址 http：//gmssl. org/docs/sm3. html 的示例中也是选择用了密钥“Passw0rd”和消息明文“abc”两个参数来进行杂凑计算。两个程序从运算结果上看是完全一致的，这也证明 BC 库算法示例使用的正确性。

鉴于 SM3 是我国自主研发并推荐使用的商用密码标准算法，所以本书再介绍第二种实践示例。类似前面例子中 HMac-SHA224，使用 Mac 对象 getInstance( )方法指定“HMAC-SM3”算法名字 Mac. getInstance("HMAC-SM3","BC")。但目前编者写这段文字时 BC 库还没有实现 HMAC-SM3 算法，所以使用 Mac 会抛出算法没有的异常。接下来就引导读者自己添加实现这个算法，顺便也可以进一步熟悉 BC 库的包装框架。

要实现该功能，第一步就是必须在工程项目中引用 BC 库而不能直接把库添加到 JRE 环境中，具体配置见 BC 库环境准备小节。读者可能有疑惑，为什么把“bcprov-ext-jdk15on-165. jar”文件直接引用到 eclipse 项目中？这是因为如果在 JRE 环境中添加 BC 开源库，Provider 会因为开源库中的方法覆盖自定义的方法而产生冲突，导致程序运行出错。因为在 BC 库中已经有了完整的 SM3 算法的实现，如果在实践程序中再自定义实现一个 SM3 类，在类加载的时候就会有冲突，所以必须调整 class load 加载顺序为一起在应用空间加载。读者可以阅读关于 Java 的 class 加载顺序的资料来加深理解。

实现 HMAC-SM3 的具体方法是，从 BC 库源代码中把俩文件复制出来，一个文件是"SM3. java"，另一个文件是"DigestAlgorithmProvider. java"，把它们粘贴到 eclipse 已经建好的工程中。只需要修改下"SM3. java"即可。

首先重构类名，改成 SM3x，防止冲突报错。

在构造函数下添加如下两个静态内部类：

```
/* *
*  SM3x HashMac begin by xuyanbai 2020
* /
public static class HashMac extends BaseMac {
  public HashMac() {
    super(new HMac(new SM3Digest()));
  }
}

public static class KeyGenerator extends BaseKeyGenerator {
  public KeyGenerator() {
    super("HMAC-SM3", 256, new CipherKeyGenerator());
  }
}
```

第一个静态内部类是扩展于 BaseMac，构造中调用父类的 HMac 构造出一个 SM3Digest 对象。第二个静态内部类定义的是密钥产生器，基于基本密钥产生器 BaseKeyGenerator 的构造函数来实例化密钥生成器对象，第一个参数"HMAC-SM3"指出算法名称，第二个参数指出密钥长度 256 位，第三个参数是密钥产生器对象实例。

下一步将静态内部类中 configure( )方法进行如下修改：

```
public void configure(ConfigurableProvider provider)
{//为了防止和 BC 库中的 SM3 冲突,添加算法修改成 SM3x
    provider.addAlgorithm("MessageDigest.SM3x",PREFIX + "$Digest");
    provider.addAlgorithm("Alg.Alias.MessageDigest.SM3x", "SM3x");
    provider.addAlgorithm("Alg.Alias.MessageDigest.1.2.156.197.1.402","SM3");
    provider.addAlgorithm("Alg.Alias.MessageDigest.1.2.156.10197.1.402","SM3");
    //xuyanbai add it 2020 for hmac-sm3 next two lines
    addHMACAlgorithm(provider, "SM3",PREFIX + "$HashMac", PREFIX +
    "$KeyGenerator");
    addHMACAlias(provider, "SM3", GMObjectIdentifiers.hmac_sm3);
}
```

本段代码中利用了商用密码算法的 OID 号码 1. 2. 156. 197. 1. 402。代码修改部分已经完成。接下来再编写一段测试代码，并判断修改好的代码能否正常工作。

用 eclipse 添加一个新的类文件，勾选生成 main( )函数，作为此处的验证用例类，类名字为 HMACSM3_Test，文件生成后，同样定义两个类静态变量，一个是密钥，一个是消息。

```
static byte[] keyBytes = "Passw0rd".getBytes();
static byte[] message = "abc".getBytes();
```

在类中添加一个方法 test_HMacSM3，hmac 的名称就是一个 String 类型参数。方法的代码非常容易理解，读者翻看下前面的 HMAC-SHA224 实践实例，对比可以看出代码完全类似，这就是 JCE 框架封装的好处。以下代码就是测试 HMAC-SM3 的具体代码实现。先定义一个方法 test_HMacSM3，参数就是算法名称 HMAC-SM3。

```
public void test_HMacSM3(String hmacName) throws Exception {
    SecretKey key =new SecretKeySpec(keyBytes , hmacName);
    byte[] output;
    // HMAC-SM3
    Mac mac = Mac.getInstance (hmacName, "BC");
    mac.init(key);
    mac.reset();
    mac.update(message , 0, message .length);
    output = mac.doFinal();
    System.out .println("HMAC 的值为:"+Hex.toHexString (output));
}
```

最后添加 main( )方法完整调用 test_HMacSM3，具体代码如下。

```
public static void main(String[] args) throws Exception {
    BouncyCastleProvider bcp =new BouncyCastleProvider();
    Security.addProvider (bcp);
    new SM3x.Mappings().configure(bcp);
    //生成测试类实例,执行测试方法
    HMACSM3_Test hmactest =new HMACSM3_Test();
    hmactest.test_HMacSM3("HMAC-SM3");
}
```

前两句是 JCE 框架添加 provider 的常用方法。代码是通过静态内部类的配置方法，将 BouncyCastleProvider 实例化的对象 bcp 传递到 Security 对象的 addProvider( )方法中。接下来实例化 SM3x 类，直接通过映射类的配置方法把 provider 传递进去，内部通过 addAlgorithm( )和 addHMACAlgorithm( )等方法将 SM3 相关的算法环境添加完成。最后两行就是生成测试类 hmactest 并调用 test_HMacSM3( )来完成测试，生成 HMAC 值。该示例主要想说明，有了 SM3 算法实现，再实现 HMAC-SM3 将非常简单。由于借助了框架的包装，所以读者可能对前面的代码不是很理解，不用担心，也许下一个版本的 BC 库就已经实现了算法，读者直接使用即可，本书主要介绍密码技术。

本示例程序的运行结果如下：

```
HMAC 的值为:db1ab0dda0aafbdcd53cbda95b7ecdee4a50586f92696616ab052aceea106212
```

3.2.3 基于对称算法的消息验证码

采用分组密码算法产生消息验证码在现今项目建设中使用得非常广泛，特别是金融行业，在各个金融终端上（如 POS 机）均有采用分组密码生成 MAC 的实现。这些消息验证码算法可以用来作为数据完整性检验，检测交易数据是否被非授权修改。这些消息验证码还可以用来保证消息来源的合法性，因为这些 MAC 通常由硬件完成计算。

由于采用的是分组密码算法（常见的分组算法有 DES、DESEDE、AES、SM4 等）来生成消息验证码 MAC，所以 MAC 算法的强度和安全性依靠的是分组算法的强度和安全性。分组密码第一个最需要关注的点就是密钥的机密性，分组密码都是一个密钥的算法，密钥泄露相当于没有任何安全性。第二个关注点是密钥长度，对算法安全性也有较大的影响，商用密码的 SM4 算法，分组长度是 128 位，密钥长度也是 128 位，非线性迭代轮数是 32 轮。在安全性上目前的分析认为 SM4 和 AES-128 相当，而 SM4 在算法实现上更简单。

基于对称算法构建 MAC 包括两种模式，即 CMAC 和 CBCMAC。

CMAC 是 NIST SP 800-38B 中指定的基于分组密码的 MAC 算法，CMAC 功能上相当于 HMAC。如果分组密码算法比哈希函数更容易获得（如在某些 POS 设备或智能卡芯片中通常都有对称密码算法芯片），可以使用 CMAC。CMAC 接受可变长度的消息（与 CBC-MAC 不同）。下面的例子就是用的 SM4-CMAC 算法进行消息验证码的实现。

CBCMAC 或 CBC-MAC 这也是我国的国家标准 GB/T 15852. 1—2020《信息技术 安全技术 消息鉴别码 第 1 部分：采用分组密码的机制》提到的，而且在金融行业用得比较多，大多数技术规范参考的是 ANSI-X9. 9-MAC 的文档。这个消息鉴别码有三种填充方法、两种转变方法和三种输出方法，具体细节本书不再展开，有兴趣的读者可以查阅该标准。在此代码示例仅关注的是如何使用该算法。

1. SM4-CMAC 实践

用 eclipse 添加一个类文件，本示例称之为 testSM4CMAC，在新生成的类文件中添加两个类成员变量，一个是密钥，另一个是消息。

```
static byte[] keyBytes = " passwd! passwd! HH".getBytes();
static byte[] message = "this is a test for cmac!".getBytes();
```

需要说明的是，由于 SM4 密钥长度是 128 位，也就是 16 字节，密钥长度不是 16 字节时程序会出错。CMAC 的消息长度是可变的，这里就随意选择了一个消息。

```
public static void main(String[] args) {
    // 测试 对称加密的 CMAC
    BouncyCastleProvider bcp =new BouncyCastleProvider();
    Security.addProvider (bcp);
    ///CMAC 的全称是 Cypher-Based Message Authentication Code
    Mac mac = Mac.getInstance ("SM4CMAC", "BC");
    SecretKey secretKey =new SecretKeySpec(keyBytes , "SM4");
        mac.init(secretKey);
        mac.update(message , 0, message .length);
        byte[] out = new byte[mac.getMacLength()];
        mac.doFinal(out, 0);
        System.out .println("SM4CMAC 值：" + new String(Hex.encode (out)));
}
```

与前面出现的例子比较，并没有太多复杂的地方，在 main( ) 方法的第三句第一个参数是“SM4CMAC”标准算法名称，这样生成的 Mac 对象就是基于 SM4 的 CMAC 算法了；第四句用密钥规范产生密钥对象，规范构造方法第一个参数就是静态变量定义的 16 字节的密钥，必须是 16 字节，否则会报错，第二个是算法名字“SM4”。

其余的代码前面示例中均已经出现过，此处不再解释。程序运行后的结果输出如下：

```
SM4CMAC 值：a0b310a011f5e403b1a4994c20e94d7c
```

当然，如果读者觉得组装 16 字节的密钥太麻烦，可以用如下两句由密钥生成器来帮助快速生成密钥，在实际生产环境中密钥通常是存在密码设备里面，比如密码机或者安全模块中，或者使用临时协商出的工作密钥。

```
KeyGenerator kGen = KeyGenerator.getInstance("SM4", "BC");
SecretKey secretKey = kGen.generateKey();
```

2. SM4-CBCMAC 实践

下面再来试验下 CBC-MAC，这也是我国的国家标准 GB/T 15852. 1—2020《信息技术 安全技术 消息鉴别码 第 1 部分：采用分组密码的机制》提到的，而且在金融行业用得比较多，大多数技术规范参考的是 ANSI-X9. 9-MAC 的文档。这个消息鉴别码有三种填充方法、两种转变方法和三种输出方法，具体细节本书不再展开，有兴趣的读者可以查阅该标准。在此代码示例仅关注的是如何使用该算法，以下为其实践实例：

```
public class testCBCMAC {
    static byte[] keyBytes = "passwd! passwd! HH".getBytes();
    static byte[] message = "this is a test for cbcmac!".getBytes();

  public static void main(String[] args) {
    BouncyCastleProvider bcp =new BouncyCastleProvider();
    Security.addProvider (bcp);
    BlockCipher bc =new SM4Engine();
    CBCBlockCipherMac mac =new  CBCBlockCipherMac(bc);
    KeyParameter keyparam =new KeyParameter(keyBytes );
    mac.init(keyparam);
        mac.update(message , 0, message .length);
        byte[] out = new byte[mac.getMacSize()];
        mac.doFinal(out, 0);
        System.out .println("CBCMAC 值：" + new String(Hex.encode (out)));
    }
}
```

代码开头还是最熟悉的两个定义：一个是密钥，另一个是消息。注意，密钥长度要和使用的对称密码 SM4 算法匹配，算法需要 128 位的密钥，即 16 字节。

main()方法的第三行创建了一个算法引擎 SM4Engine，并把它赋值给分组加密接口 BlockCipher 接口引用，第四行就用该 bc 对象作为参数构造出 CBC 模式的分组加密的 mac 对象，这里可能部分读者并不了解 CBC 模式是什么，这里先简单解释下。CBC 模式类似于把明文循环变换成密文的方式，类似揉面，把白面和玉米面用不同的揉面机搅拌均匀形成面团。模式是分组算法的细节之一，在后面章节谈到对称加密算法时，会详细分析算法模式。

有了 mac 对象，下一行代码就是构造 KeyParameter 密钥参数对象，作用是把定义好的密钥材料 keyBytes 传递进去。

接下来调用了 mac 对象的 init( )方法，进行算法的初始化工作，使用刚生成的密钥参数对象作为参数完成初始化。

最后通过 update( )传递消息给算法对象，通过 doFinal( )方法计算最后的 mac 结果值。代码后面几行和前面示例的计算摘要的代码一致。程序运行后的结果输出如下。

```
CBCMAC 值：49512b2f10853677
```

3.3 典型完整性应用场景

完整性密码应用的场景，也常是测评的重点检查点，实现起来并不复杂，可以采用 SM3 算法，参考前面实践的例子进行实现，或者购买加密机产品通过调用接口来实现完整性保护。实现机制和实现场景如下。

3.3.1 完整性实现机制

现实生活中使用完整性的地方要多于使用机密性。完整性就是保护信息免受恶意的非授权的篡改或者替换，也保护信息在传输或者存储过程中的无意损坏。

实现完整性通常有两种机制：第一种也是最容易实现的方式就是访问控制实现法，比如把重要的信息放入防止未授权的人访问的地方，这样可以对原始信息起到完整性保护作用；第二种完整性实现机制是采用修改检测法。在互联网刚刚诞生时，TCP/IP 就采用了简单的 CRC 完整性校验技术，当数据在通信中遭受损坏或者恶意修改时，上层协议就可以通过 CRC 校验判断出来，启动数据的丢弃重发功能，当然在不安全的场合下靠 CRC 这种技术是不可靠的，需要采用消息验证码 MAC 或者数字签名机制来实现完整性保护。

在数据源可靠的情况下，比如提供数据下载的系统，客户可以通过下载数据的完整性文件来保证下载数据是完整全面的。如果在数据源不可靠的情况下，仅靠完整性是不安全的，这时候必须采用共享密钥的 MAC 或者非对称密钥签名技术来保证既完整又来源可靠真实。

总之实现完整性要根据业务信息的具体安全要求来选择实现，实现技术在下面实现场景中再进一步阐述。

3.3.2 完整性实现场景

在密码技术的实现机制中，本书只考虑前面小节介绍的第二种实现机制（访问控制机制与密码关系不大），具体采用的场景主要可以分成两大类。

采用消息验证码 MAC 的实现场景，通常是在使用对称密码或者 CPU 卡的环境中，很多金融加密机都采用 MAC 机制实现完整性。

采用数字签名实现场景，通常是在使用 CA 数字证书的环境中，比如通信双方均有公、私钥对，一方进行签名，另一方进行验签来判定信息的完整性。

当然，在特殊应用中，如果不涉及不可控的网络环境（如无互联网），在确保使用杂凑时能不被非法修改，也可以直接使用杂凑算法来保护信息的完整性。

完整性实现的典型应用场景主要考虑以下几个方面。

- 物理机房监控视频的完整性保护场景。
- 机房出入电子门禁记录的完整性保护场景。
- 重要应用日志记录的完整性保护场景。
- 重要应用访问控制信息保护场景。
- 应用身份鉴别信息的完整性保护场景。
- 计算环境中的重要程序和配置文件的完整性保护场景。
- 通信中重要信息的通信完整性保护场景。

3.3.3 完整性实现案例

采用完整性技术来实现信息的保护能力，所有的信息化应用中都会涉及。本书就举几个典型的行业应用案例，供大家参考。

第一个应用案例就是使用 HMAC 完整性功能完成金融业交易系统的交易安全保护。由于加密有两个缺点：第一是交易效率影响，第二是密文对统计查询带来不便。在金融交易系统中由于涉及资金的交易时间、账户、金额等交易信息，这些数据在一定范围内不需要保密，但是绝不能出现丝毫错误或被篡改；此外，互联网金融和手机银行业务的普及，对于交易的效率和实时性要求都非常高。这些需求都是加密技术无法满足，需要使用密码的完整性保护功能来实现解决的。在实际解决方案中，通常在客户端通过收银 POS 机或者 ATM 等渠道进行账务处理时，使用密码键盘中的加密模块完成对交易记录完整性计算后，再将整个报文加上完整性信息，一起送后端用加密机进行报文验证，最终实现交易数据的完整性保护。

另一个典型的功能应用场景是使用非对称密码技术完整性功能实现海关报关业务数据的完整性保护。每个报关员或者报关操作员均采用 IC 卡认证身份，在填写完成报关信息后，每个通关报文要进行数字签名，用报关员 IC 卡中的私钥签名后附加在报文的后面，上报电子口岸系统，后端通过对接 CA 系统对报文和报文中的数字签名信息进行验证，通过证书中对应报务员的公钥完成验签工作，来对完整性进行验证。

前面曾经提到，在保证杂凑不会被篡改的情况下，也可以直接用杂凑算法来实现完整性。比如在做日志完整性保护时，采用直接杂凑算法计算杂凑值，并将其送入日志系统和备份系统，不涉及远程传输，而且有多份数据；另一个典型的只使用杂凑算法的案例是下载网站，每个可下载文件再跟着一个杂凑值，文件下载后，可以通过杂凑算法计算文件杂凑值来判定文件是否下载完整或者下载过程中是否有错误。

第4章　数据加密保护与对称密码算法

本章主要从信息数据保密性角度来介绍对称密码算法，首先介绍对称密码的原理，然后介绍一种在移动通信中使用的特殊形式序列算法。本章将重点介绍基于分组的算法，如DES、AES和SM4。通过对本章的学习，读者既可以了解对称密码算法的加密模式，还可以熟悉机密性的应用场景。

4.1　对称加密简述

在密码技术的发展历史中最早出现的就是对称密码算法。在本书第1章讲到密码学的历史被分成古典密码学、机械密码学和现代密码学三个阶段。实际上古典密码和机械密码都是对称密码的简单实现。古典密码的密钥可以理解成字母替换的一个罗盘或特定木棍，所以在现代没有使用价值和应用场景，古典密码现在已经不安全；机械密码学在第二次世界大战时期发展起来，需要特定的机械初始状态和转子等，目前也仅应用于特定领域；在信息化高速发展的今天，最需要关注的是现代密码学技术，本章将介绍的对称算法也都是在现代密码学基础上发展而来的。

公钥密码算法是20世纪70年代才产生的（DSA、RSA、SM2等常见的公钥密码算法将会在下一章详细介绍），对称密码算法历史相对更悠久。对称加密算法的对称可以简单理解成单个密钥的算法，单个密钥的优点是算法简单、易于理解。从古典密码的简单置换和移位中可以看到，加密和解密的处理方式是统一的，缺点也很明显，即密钥需要保护好，一旦泄露，系统就没有任何安全可言了。

对称密码算法的基本流程如图4-1所示，用户通过加密算法把密钥和明文糅合成密文，

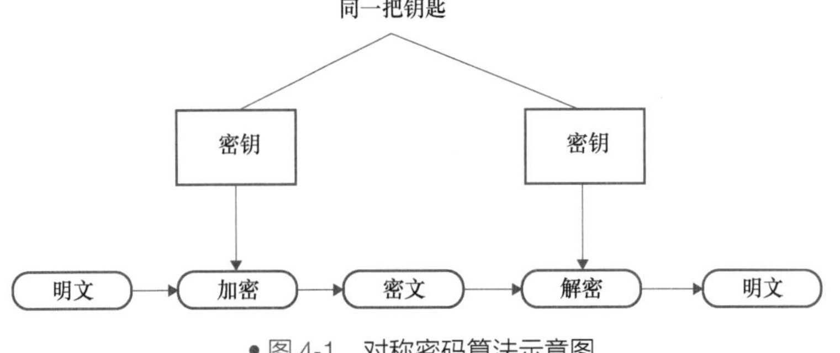

● 图4-1　对称密码算法示意图

发送给接收者，接收者采用同一个密钥解密密文，得到明文。

对称密码算法目前分为两大类：一类是序列密码，也称为流密码（Stream Cipher）；另一类是分组密码或块密码。比较出名的序列密码算法是 RC4、SNOW 等，还有我国自主研发的国标祖冲之算法（ZUC）。比较出名的分组密码算法有 DES、3DES、AES 等，还有我国自主研发的国标算法 SM4。

序列密码算法对大部分读者来说实际使用的并不太多，算法的特点是密钥长度和明文长度一样，算法是通过将密钥和明文进行异或运算产生密文的。产生一个与明文一样长还可以复现的密钥流不是一件可以简单完成的事，关键是密钥还要有一定的随机性。

国际上通用的分组密码算法非常多，比如我们熟知的 DES 算法。数据加密标准（DATA Encryption Standard，DES）是现代密码学中第一个被广泛使用的对称密码算法，由 IBM 公司于 1972 年研发，该算法中首次加入了非线性因子 S 盒技术。DES 在金融领域有非常悠久的使用历史，后来因为密钥长度不够，DES 算法被高级加密标准（Advanced Encryption Standard，AES）替代。我国分组密码的商用密码算法的典型代表是 SM4，算法同样使用我国自主研发的 S 盒技术，安全性更高。

4.2 序列算法

本小节介绍在移动通信中使用比较广泛的序列算法，首先介绍算法的原理，然后讲解商用密码算法的典型——祖冲之算法。此外，本小节还将对祖冲之算法的加密/解密和完整性能力进行实践。

4.2.1 序列算法原理

序列密码算法，也称为流密码（Stream Cipher），具有实现简单、便于硬件实施、加/解密处理速度快、没有或只有有限的错误传播等特点，非常适合用在语音类的通信保护中。在实际应用中，序列密码在移动通信和军事领域通信中保持着优势，典型的应用领域包括运营商网络通信、外交通信。

1949 年，香农（Shannon）证明了一次一密的密码体制具有“完善保密性”，这给序列密码技术的研究以强大的原理支持。序列密码技术方案正是通过改造一次一密体制而发展起来的，或者说“一次一密”的密码技术方案是序列密码的雏形。如果序列密码所使用的是真正随机的、与消息流长度相同的密钥流，则此时的序列密码就是一次一密的密码体制。若能以一种方式产生一随机序列（密钥流），这一随机序列在未来还可以重新复现，则利用这样的序列就可以进行加密，即将密钥、明文表示成连续的数据流，将两者进行逐位异或，生成密文流。通信对端解密时同样产生该密钥流，再和密文流进行逐位异或，生成明文流。

序列密码转换速度快、传播错误低、硬件实现电路更简单的优点使其在通信领域取得了成功；但其低扩散（意味着混乱不够）、插入及修改不敏感等缺陷也限制了其在信息化领域的应用和普及。序列密码算法在实践中通常是通过线性反馈移位寄存器（Linear Feedback Shift Register，LFSR）来产生足够的密钥流。通常在最初会给移位寄存器一个种子和初始状态，后续通过移位反馈运算，就可以循环重复起来，产出足够长的密钥流。所以线性移位寄存器在种子确定的时刻起就已经确定了随后的输出序列，密钥流输出决定于两大因素：一个是种子，另一个是寄存器的状态。移位寄存器的输出在一定长度内是重复的（存在循环周期），所以在选择流密码的关键部件时，要采用数学上的本原多项式，尽可能地让这个重复的密钥流周期变得足够长。

上面说到线性移位寄存器在种子和状态规定的情况下，随后的密钥流顺序就固定了，也就是说这个密钥不是真正随机产生的，虽然移位寄存器产生不了真正的随机数，但移位寄存器结构简单，运行速度快，而且容易用硬件实现，实用的密钥流产生器大多基于移位寄存器，移位寄存器原理也成了现代流密码体制的基础。线性反馈移位寄存器的应用包括生成伪随机数、伪随机噪声序列、快速数字计数器，还有扰频器。线性反馈移位寄存器在硬件和软件方面的应用都非常普遍。循环冗余校验中用于快速校验传输错误的数学原理，就与线性反馈移位寄存器密切相关。序列密码涉及大量的原理知识，提出了众多的设计原理，也得到了广泛的分析，但许多研究成果并没有完全公开，这也许是因为序列密码目前主要应用于军事和外交等机密部门的缘故。

祖冲之序列密码算法（ZUC）作为我国自主设计的算法，是商用密码标准推荐使用算法之一。祖冲之序列密码算法可以用于数据加密和完整性保护，密钥长度是 128 位。祖冲之序列密码算法的标准化有三个文件：GM/T 0001. 1—2012《祖冲之序列密码算法　第 1 部分：算法描述》、GM/T 0001. 2—2012《祖冲之序列密码算法　第 2 部分：基于祖冲之算法的机密性算法》和 GM/T 0001. 3—2012《祖冲之序列密码算法　第 3 部分：基于祖冲之算法的完整性算法》。该算法在 2011 年 9 月的第三代合作伙伴关系计划（3GPP）系统架构大会上，成了 4G 移动通信密码算法的国际标准。5G 时代的移动通信，该算法或者它的升级版应该还会继续为广大民众提供安全服务。关于祖冲之序列密码算法的结构和原理，本书不展开讲解，有兴趣的读者请看前面的三个标准文件。

2020 年 4 月 24 日，在第 60 次国际标准化组织、国际电工委员会第一联合技术委员会信息安全分技术委员会（ISO/IECJTC1SC27）工作组会议上，含有我国祖冲之序列密码算法的 ISO/IEC18033-4：2011/AMD1：2020《信息技术　安全技术　加密算法　第四部分：序列密码　补篇 1：ZUC》获得一致通过，成为 ISO/IEC 国际标准，进入标准发布阶段。继 SM2、SM3、SM9 之后，祖冲之序列密码算法再次顺利成为 ISO/IEC 国际标准，标志着我国商用密码标准体系的日益完善和水平的不断提高，也再次为国际网络与信息安全保护提供了中国密码方案，贡献了中国智慧。

祖冲之序列密码算法作为我国商用密码算法体系的重要组成部分，主要用于数据的机密性和完整性保护，是实现网络空间安全的基础密码技术和算法，算法包括祖冲之算法、加密算法 128-EEA3 和完整性算法 128-EIA3。祖冲之序列密码算法由 3 个基本实现部分组成，分别为：①比特重组；②非线性函数 F；③线性反馈移位寄存器（LFSR）。具体原理读者可以查询算法的规范标准。

4.2.2 祖冲之序列密码算法实践

介绍完序列算法的原理，本小节就商用密码算法中的祖冲之序列密码算法进行实践，根据标准，从加/解密和完整性两个方面分别进行实践。

1. 用祖冲之序列加密算法实现加/解密

首先要实践的是加密算法 128-EEA3 的功能，通过本小节的实践，读者可以熟悉 BC 库中的祖冲之序列密码算法引擎类 Zuc128Engine 的具体用法，熟悉序列算法的加/解密过程。

（1）实现步骤

1）准备密钥和初始向量材料。本示例代码开头定义了两个变量：一个是 KEY128 表示密钥，32 个十六进制数，共 128 位；另一个是 IV128 表示初始化向量，也是 32 个十六进制数，共 128 位。

2）准备待加密信息，构造祖冲之序列密码算法实例。在 main( )方法中，前两行仍然是加载 BC 代码库。

重点是接下来的一句代码，定义一个 Zuc128Engine 的对象 zuc，而 Zuc128CoreEngine 是它的基类。该算法引擎对象 zuc 就是实现该算法的主角。

接下来的代码行定义了一个待加密的字符串 myData，并把它转换成字节数组。根据字节数组的大小，生成一个临时数组，用来保存加密后的密文。很显然明文和密文是一样的长度，符合流密码异或每位的特点。

3）生成密钥和初始化向量，初始化祖冲之序列密码算法实例。紧接着是定义并实例化密钥参数 KeyParameter 对象 myKey，把密钥 KEY128 解码后传递进去。将初始化变量解码成字节数组复制给字节数组变量 myIV。有了 myKey 和 myIV，就可以定义出 ParametersWithIV 类的一个对象 myParms。

至此，所有的准备工作已经完成了，就可以通过 zuc 的 init( )方法启动算法准备工作，第一个参数是否加密，这里选择 true 表示需要加密。第二个参数就是上面构造好的带有初始化变量和密钥的参数对象 myParms。

4）输入待加密数据，开始加/解密运算。最后就可以调用 zuc 对象的 processBytes( )方法。第一个参数是明文字节数组。第二个参数是字节数组的起始位置，本例从起始位置开始，所以此处是 0。第三个参数是字节数组的长度。第四个参数是密文输出的字节数组。第五个参数是输出字节数组的起始位置，我们从起始位置开始，所以此处是 0。

5）输出打印加/解密运算结果。

（2）实现代码

```
public class testZUCCipher {
    private static final String KEY128 ="00000000000000000000000000000005";
    private static final String IV128 = "00000000000000000000000000000000";
    public static void main(String[] args) {
        BouncyCastleProvider bcp =new BouncyCastleProvider();
```

```
            Security.addProvider(bcp);
            //生成祖冲之序列密码算法对象
            Zuc128CoreEngine zuc =new Zuc128Engine();
            final byte[] myData =  "this is a test for zuc!".getBytes();
            byte[] myOutput = new byte[myData.length];
            final KeyParameter myKey = new KeyParameter(Hex.decode(KEY128));
            final byte[] myIV = Hex.decode(IV128);
            ParametersWithIV myParms =new ParametersWithIV(myKey, myIV);
            zuc.init(true, myParms);
            zuc.processBytes(myData, 0, myData.length, myOutput, 0);
            System.out.println("ZUC 加密:"+ new String(Hex.encode(myOutput)));
            //解密
            byte[] myOutput2 = new byte[myData.length];
            zuc.reset();
            zuc.processBytes(myOutput, 0, myOutput.length, myOutput2, 0);
            System.out.println("ZUC 解密:" + new String(myOutput2));
        }
    }
```

(3) 结果输出

```
ZUC 加密: bde1fa49dd40bdec402eca77b1c559021795a0e53e62eb
ZUC 解密: this is a test for zuc!
```

由于篇幅所限，以上代码把解密也写在了一起，特别容易理解，异或的结果，再次异或就是明文。首先调用 zuc 的 reset 方法，初始化算法引擎。然后再次调用 processBytes 方法，就将密文解密成明文了。祖冲之序列密码算法在移动通信领域用得较多，而且是国际标准算法，从事运营商安全信息建设的读者应该熟悉该算法的使用。

2. 用祖冲之序列密码算法实现 MAC

在第 3 章中，我们介绍了基于 SM4 算法的消息验证码实践方法。实际上使用祖冲之序列密码算法也可以完成 MAC 的生成，具体实现消息验证码的实践如下。

(1) 实现步骤

实现步骤和前面的基于 SM4 算法的消息验证码实现基本类似。

1) 准备密钥和初始向量材料。定义了两个变量：一个是 KEY128 表示密钥，32 个十六进制数，共 128 位；另一个是 IV128 表示初始化向量，也是 32 个十六进制数，共 128 位。

2) 构造 Zuc128Mac 算法实例，准备 MAC 运算的信息。

定义并实例化了一个祖冲之消息检验码对象 myMac。

接着通过调用 myMac 的 getMacSize( ) 方法取得长度，用该长度定义一个字节数组 myOutput 来保存算法的结果。

定义了一个待加密的字符串 myData，并把它转换成字节数组。

3) 准备 Zuc128Mac 对象参数。使用 KeyParameter 类和 ParametersWithIV 类来构造算法使用参数。与祖冲之序列密码算法的加密示例中一样，用初始化向量和密钥联合构造出密钥参数对象。

4) 输入消息原文，完成 MAC 运算，并输出打印出来。先做状态初始化 init( )，然后通过 update( )方法将明文数据传递进去，最后调用方法 doFinal( )来返回算法结果 Mac 值。

（2）实现代码

```
public class testZUCMac {

    static final String KEY128 ="00000000000000000000000000000005";
    static final String IV128 = "00000000000000000000000000000000";

public static void main(String[] args) {
        BouncyCastleProvider bcp =new BouncyCastleProvider();
        Security.addProvider (bcp);

        Zuc128Mac myMac = new Zuc128Mac();
        byte[] myOutput = new byte[myMac.getMacSize()];
        byte[] myData = "this is a test for zucMac!".getBytes();

        KeyParameter myKey =new KeyParameter(Hex.decode (KEY128));
        byte[] myIV = Hex.decode (IV128);
        ParametersWithIV myParms =new ParametersWithIV(myKey, myIV);

        myMac.init(myParms);
        myMac.update(myData, 0, myData.length);
        myMac.doFinal(myOutput, 0);
        System.out .println("ZUCMac: " + new String(Hex.encode (myOutput)));
  }
}
```

（3）结果输出

```
ZUCMac: 2bdf6cdf
```

可以看到程序运行后的结果输出是 32 位的杂凑值。

4.3 分组算法

第 4.2 节是分组算法的特殊形式，分组是一个字节，本节接着介绍分组算法的块分组形式，首先介绍分组加密的加密模式，然后介绍典型分组算法的原理，最后对分组算法进行实践，并给出典型的机密性应用场景。

4.3.1 分组加密模式

对称密码采用对明文进行分组的方法，这就会产生对分组如何加密的问题，分组之间要不要有关联，还是可以独立运算并输出，这些就是加密模式所决定的。我国于 2021 年发布了关于分组加密模式的最新国家标准 GB/T 17964—2021《信息安全技术 分组密码算法的工作模式》，在标准中规定了分组密码可以采用的工作模式，标准中把加密模式主要分为 7 种。

本书只介绍几个经典的、常用的加密模式。

（1）电码本模式

电码本模式（ECB）将整个明文分成若干段相同的小段，然后对每一小段进行加密。优点是操作简单、易于实现，分组独立、易于并行，误差不会被传送。缺点是掩盖不了明文结构信息，难以抵抗统计分析攻击。ECB 加密模式示意图如图 4-2 所示。

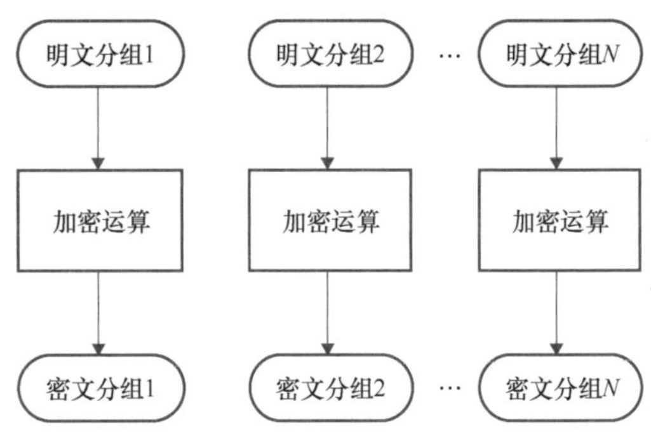

• 图 4-2 ECB 加密模式示意图

（2）密文分组链接模式

密文分组链接模式（CBC）先将明文切分成若干小段，然后每一小段与初始块或者上一段的密文段进行异或运算后，再与密钥进行加密。优点是能掩盖明文结构信息，保证相同密文可得不同明文，所以不容易遭受统计攻击，安全性好于 ECB，适合传输长度长的报文，是 SSL 和 IPSec 标准采用的加密模式。缺点是①不利于并行计算，②传递误差——前一个出错则后续全错，③第一个明文块需要与一个初始化向量 IV 进行异或运算，初始化向量 IV 的选取比较复杂。CBC 加密模式示意图如图 4-3 所示。

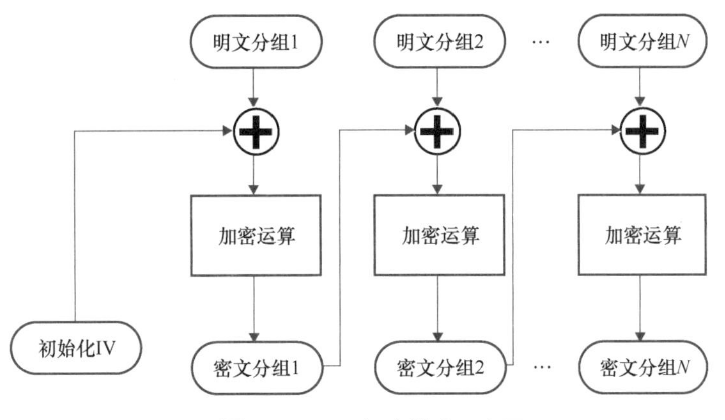

• 图 4-3 CBC 加密模式示意图

初始化向量 IV 的选取方式：固定 IV，计数器 IV，随机 IV（只能得到伪随机数，用得最多），瞬时 IV（难以得到瞬时值）。

CBC 模式还有一个重要的功能，就是生成消息验证码，本书在杂凑章节用对称密码来生成 MAC 例子中已经提到过的 CBC-MAC，它就是使用最后一个分组来作为 MAC 值，起到完整性和来源真实性的验证能力。MAC 的 CBC 与加密的 CBC 有一个不同之处：**IV 不能随机，必须全是零**。

（3）计数器模式

计数器模式（CTR），也称 Counter 模式。在 CTR 模式中，每个分组对应一个逐次累加的计数器，并通过对计数器进行加密来生成密钥流。最终的密文分组是通过将计数器加密得到的序列与明文分组进行异或运算得到的。CTR 加密模式示意图如图 4-4 所示。一个经常用到 CTR 模式的软件是 SSH 软件。

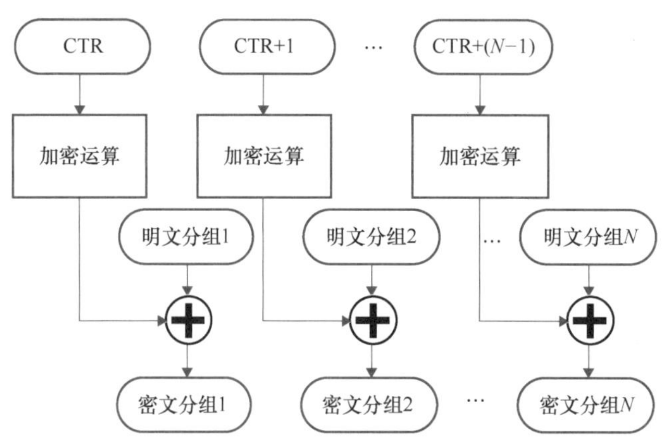

• 图 4-4 CTR 加密模式示意图

计数器模式优点是不需要填充、可事前进行加/解密的预备，加/解密运用相同结构、对包含某些错误位的密文进行解密时，只是明文中相对应的位会出错，错误不会传递，容易支持并行计算。缺点是主动攻击者改变密文分组中的某些位时，明文分组中相对应的位也会被改变，容易遭受统计差分攻击。

本书只介绍最常用的三个模式，读者可以查找密码的原理书籍或者密码国家标准规范学习其他的模式。除了前面提到的三种外，还有输出反馈模式（OFB）、密文反馈模式（CFB）、分组链接模式（BC）、带非线性函数的输出反馈模式（OFBNLF），有兴趣的读者可以查阅第 1.2 节提到的国标文件 GB/T 17964—2021。

在我国国标文件 GB/T 36624—2018《信息技术 安全技术 可鉴别的加密机制》中规定了一个模式，称为可鉴别的加密模式（Authenticated Encryption Mechanism，AEM），该文件定义了包括 CCM 和 GCM 等模式，其中 GCM（Galois Counter Mode）是一种有大吞吐能力的加密认证模式。有兴趣的读者可以查阅该标准文件了解模式细节。

讲解完加密模式，下面将介绍几个主流算法的具体原理和实践。

4.3.2 分组算法原理

分组加密算法无疑是数据机密性中最常用的一类密码算法，了解它们的使用原理对于编码实践会有更好的理解。本小节并不能把所有分组密码算法都谈到，只选择了三个非常重要的来分析，第一个是 3DES 算法，其是历史最为悠久，至今在金融领域使用还很广泛的算法；第二个是 AES，它是目前美国和欧洲使用最广泛的分组密码算法；第二个是 SM4，它是我国商用密码算法中分组密码的典型代表。

1. 3DES 原理

DES 算法作为对称密码体制中最早被大量推广使用的算法，光环仍未褪去，目前还有很多的信息系统仍然在使用 DES 算法。虽然 DES 很优秀，当年也获得了标准化，但 DES 算法的出台却不太顺利，由于该算法的发明者是德裔美国人，且密码算法在美国信息安全中非常重要，因此很多人反对采用该算法作为加密标准，经过多年的分析论证，确认算法没有问题后才被推荐为美国国家标准。DES 算法出台后就取得巨大成功，是之后很长一段时间内金融领域使用最广的加密算法。DES 算法明文按 64 位进行分组，使用密钥虽然长 64 位，事实上只有 56 位参与 DES 运算（第 8、16、24、32、40、48、56、64 位是校验位，校验位使每个密钥都有奇数个 1）。分组后的明文组和 64 位的密钥（含 8 个校验位）按位替代或交换的复杂变化形成密文分组。具体 DES 算法的流程如图 4-5 所示。

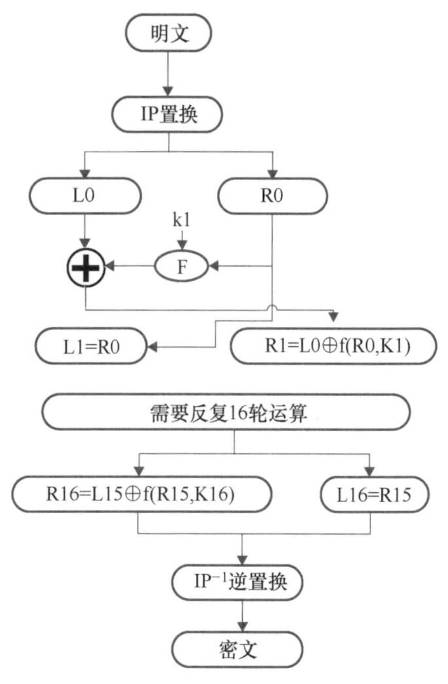

• 图 4-5　DES 算法流程示意图

DES 算法把 64 位的明文输入块变为 64 位的密文输出块，它所使用的密钥也是 64 位（8 位是校验位）。从图 4-5 中可以看到，算法把输入的 64 位数据块按位重新组合，并把输出分为 L0、R0 两部分，每部分各长 32 位，经过置换规则表的变换。这里的函数 f 是一个 Feistel 型轮函数，是可逆的函数。在经过 16 轮的运算后，生成左右的各 32 位结果，再执行逆置换 IP^{-1}，完成密文输出。

DES 算法的缺陷是密钥太短，有效密钥 56 位，造成密钥空间太小，随着计算机算力的增强，暴力破解成为可能。在沙米尔（Shamir）发现了差分分析后，该算法的攻击分析开始公布，其实早在 DES 算法成为加密标准时，IBM 的研究人员就已经发现了差分攻击，但这种方法被保密了将近 20 年，差分分析法可以大大提高 DES 破解的速度。其实随着硬件算力的提升，对 DES 最中肯的批评还是它的密钥空间太小了。实际上，随着硬件技术和互联网技术的发展，其被破解的可能性越来越大，而且破解所需要的时间越来越少。现今使用经过特殊设计的硬件并行处理几个小时就可以破解 DES 密钥。

3DES 算法（Triple Data Encryption Algorithm，TDEA），又称为 DESede、Triple DES 算法，是 DES 算法的升级版本。该算法的产生主要是由于当时 DES 算法在金融领域的应用非常广泛，直接替换该算法将会带来极大的成本，密码学家为了提高 DES 的安全性，又想充分使用已有的算法密码软件和硬件芯片，就想到了 3DES 这个折中的过渡方案。3DES 算法相当于是对每个数据块应用三次 DES 加密算法。所以说 DESede 不是一种全新的分组密码算法，而是对 DES 算法的重新组合，目的就是为了扩展密钥空间。1999 年，NIST 将 3DES 指定为过渡的加密标准，现今很多金融公司还在使用该算法保护交易的安全。3DES 算法包括 3 种运行模式：DESEEE3，使用 3 个不同的密钥进行加密，数据被加密、加密、再加密；DESEDE3，使用 3 个不同的密钥进行加密，数据被加密、解密、再加密（这种常用）；DES-EDE2，与 DESEDE3 相同，但只使用了两个密钥，第一个和第三个加密过程中使用的相同的密钥。后续描述的3DES算法都是指DESEDE3模式。

本书之所以提到该算法，是因为3DES目前在很多金融领域的终端和安全设备上还存在着，很多金融业务还在使用。3DES的具体实现过程是这样的，先定义Ek( )和Dk( )代表DES算法的加密和解密过程，K_1、K_2、K_3代表3DES算法使用的密钥，M代表明文，C代表密文。

3DES加密过程：$C=EK_3(DK_2(EK_1(M)))$。

3DES解密过程：$M=DK_1(EK_2(DK_3(C)))$。

这里，K_1、K_2、K_3可以是三个不同的密钥，也可以是$K_1=K_3$，所以该算法的密钥长度可以是112，也可以是168。前面在实践SHA-224算法时，提到SHA的“224长度是因为DESede而产生的”，可以看到224是112的两倍，这不是巧合。

2. AES原理

3DES是DES向高级加密标准（Advanced Encryption Standard，AES）过渡的加密算法。AES作为目前主流的国际对称算法，我们有必要进一步详细了解它的历史。1997年1月2日，NIST开始了遴选DES替代者的工作，该替代者被命名为高级加密标准，即AES。1997年9月12日发布了征集算法的正式公告，公告要求AES算法具有128位的分组长度，并支持128、192、256位的密钥长度，而且该算法在全世界可以免费使用。

1999年8月，5个算法入选为候选算法，它们是RC6、MARS、Rijndael、Serpent和Twofish。2000年10月，Rijndael算法被最终选择为高级加密标准。2001年3月NIST宣布关于AES的联邦信息处理标准的草案供公众讨论，并在2001年的年底记录为FIPS 197标准公布。所以高级加密标准，有时又称Rijndael加密算法，但两者还是有细微的区别。

AES算法从很多方面解决了令人担忧的问题，如密钥空间问题。实际上，攻击数据加密标准DES的那些手段对于高级加密标准AES算法本身并没有效果。如果采用真正的128位甚至256位加密技术，蛮力攻击要取得成功需要耗费相当长的时间。

AES算法结构不同于它的前任标准DES，AES使用的是置换-组合架构，而非Feistel架构。AES在软件及硬件上都能快速地加/解密，相对来说较易于实现，且只需要很少的存储器。作为一个新的加密标准，AES目前正逐渐替换DES算法。AES加密过程是在一个4×4的字节矩阵上运作，这个矩阵又称为“状态（State）”，其初值就是一个明文区块（矩阵中一个元素大小就是明文区块中的一个Byte）。AES中选取的约化多项式为不可约多项式$m(x)=x^8+x^4+x^3+x+1$，这样就构造了$GF(2^8)$域。因此可以把$GF(2^8)$中的元素和字节位数对应起来，将字节运算定义为$GF(2^8)$中的元素之间的运算。如在$GF(2^8)$中将十六进制数57（二进制是0101 0111）和83(1000 0011)所表示的元素之间的乘积等于十六进制数C1所表示的元素的计算过程显示如下：

$$
\begin{aligned}
&(x^6+x^4+x^2+x+1)\cdot(x^7+x+1)\\
&=(x^{13}+x^{11}+x^9+x^8+x^7)\oplus(x^7+x^5+x^3+x^2+x)\oplus(x^6+x^4+x^2+x+1)\\
&=x^{13}+x^{11}+x^9+x^8+x^6+x^5+x^4+x^3+1\\
&\equiv(x^7+x^6+1)\bmod m(x)
\end{aligned}
$$

结果多项式表示成二进制是 1100 0001，也就是十六进制的 C1。

由于 AES 采用有限域上的计算方法，这从安全性上就远强于 DES 算法。AES 的分组长度是 128 位，密钥长度有 3 种，分别是 128 位、192 位和 256 位，所以也比 DES 更灵活。信息行业也多用 AES128、AES192 和 AES256 来表示 3 种密钥长度的算法。当然，随着密钥长度的不同，三者的加密轮数也不一样，分别是 10、12、14。AES128、AES192 和 AES256 的另外一个差别就是在密钥扩展方法上。因为本书并不聚焦原理，重点在于算法的使用，对 AES 算法读者只要明白了有限域多项式的基础知识即可，此处不再展开。

AES 算法加密过程涉及 4 种操作，分别是字节替代、行移位、列混淆和轮密钥加。解密过程分别为对应的逆操作。由于每一步操作都是可逆的，按照相反的顺序进行解密即可恢复明文。加/解密中每轮的密钥分别由初始密钥扩展得到，具体算法细节不再展开，AES 历史也比较久，网上资料非常丰富，读者可以查阅算法公开资料或者实现代码了解这 4 种操作。

3. SM4 原理

SM4 分组算法是我国自主研制并正式发布的商用密码分组算法之一。SM4 算法于 2006 年公开发布，当时是为了配合 WAPI 无线局域网标准的推广应用，并由国家密码管理局于 2012 年 3 月 21 日发布为行业标准，相关标准名称为 GM/T 0002—2012《SM4 分组密码算法》，2016 年 8 月转化为国家标准 GB/T 32907—2016《信息安全技术 SM4 分组密码算法》。

SM4 算法是我国商业密码推荐使用算法，也是商用密码应用与安全性评估的合规性要求算法之一。在商用密码体系中，SM4 主要用于数据加/解密，分组长度与密钥长度均为 128 位，加密算法与密钥扩展算法都采用 32 轮非线性迭代结构，S 盒为固定的 8 位输入 8 位输出。对于这些算法新特性，此处不再展开讨论，有兴趣的读者可以查阅专业的密码学资料。

从算法迭代轮数上看，SM4 算法比 AES 要多很多，前文在介绍 AES 算法时提到了 128 位密钥长的算法只有 10 轮迭代，而 SM4 算法是 32 轮迭代。SM4 还有一个特点，加密和解密的算法结构完全一致，在用硬件芯片进行加/解密时，可以使用一个硬件完成。

SM4 算法内部主要分为密钥扩展算法和加密算法两个部分。因为有 32 轮迭代，每一轮都要用到一个轮密钥，很容易理解 128 位的原始密钥需要进行扩展运算，生成 32 轮用到的轮密钥。而加密算法的核心部件之一就是 4 个 8 位输入 8 位输出的 S 盒，它可以提供算法的非线性转换，增强安全性。

SM4 算法有较大的优点：首先，它和同类的 AES128 在安全性上是相当的；其次，该算法实现了资源重用，在密钥扩展和加密上采用类似的过程；第三，它在加密和解密上只有轮密钥的顺序相反，其他都是一致的，软件和硬件实现很容易；第四，该算法非常适合使用 32 位处理器来实现。

SM4 算法的流程图如图 4-6 所示。

SM4 算法密钥的长度为 128 位，表示为 MK = （MK0，MK1，MK2，MK3），其中，MKx 为 32 位，轮密钥表示为（rk0，rk1，…，rk31），其中的每个 rk 均为 32 位。

轮变换函数是假设 128 位明文输入为（X0，X1，X2，X3），每个 X 是 32 位，则轮变换函数的变换方式为

$$F=(X0, X1, X2, X3, rk) = X0 \oplus T(X1 \oplus X2 \oplus X3 \oplus rk)。$$

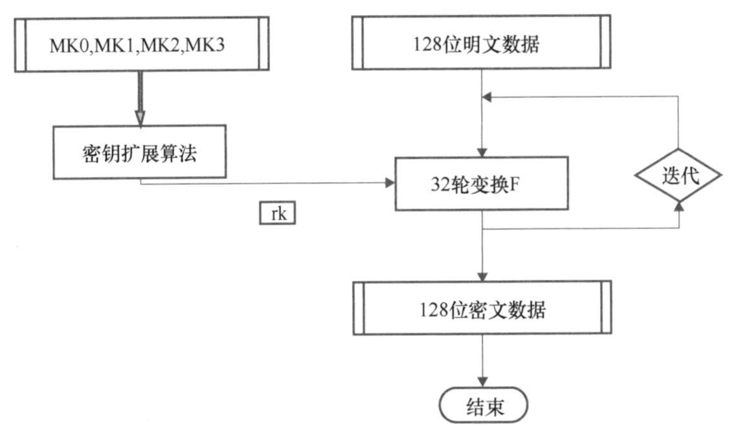

• 图 4-6　SM4 算法流程示意图

算法中的合成置换 T 函数是一个可逆变换，由一个非线性变换函数和线性变换复合而成，其中非线性变换与 AES 的设计原理类似。

非线性变换由 4 个并行的 S 盒构成，设输入为 A=(a0，a1，a2，a3)，输出为 B=（b0，b1，b2，b3)，其中 ai 和 bi 为 8 位。每个 S 盒的输入都是一个 8 位的字节，将这 8 位的前四位对应的十六进制数作为行编号，后四位对应的十六进制数作为列编号，然后用相应位置中的字节代替输入的字节。

线性变换的输入就是 S 盒的输出，即 C=L(B)=B ⊕（B<<<2）⊕（B<<<10）⊕（B<<<18）⊕（B<<<24)，线性变换的输入和输出都是 32 位的。

经过了 32 轮的迭代运算后，最后再进行一次反序变换即可得到加密的密文，即密文 C=(Y0，Y1，Y2，Y3)=R(X32，X33，X34，X35)=(X35，X34，X33，X32)。

SM4 算法的解密流程和加密流程一致，只不过轮密钥的使用顺序变成了(rk31，rk30，…，rk0)，所以在使用硬件芯片进行加密和解密时可以用一套。

关于密钥扩展方式和 S 盒的定义，标准规范里面有具体表示和常量矩阵使用，读者可以查询相关标准规范，标准文件的名称在本小节前面已经说明。

4.3.3　分组加密实践

本小节集中实践常用的分组密码算法，首先实践的算法是 3DES，其至今还在金融业广泛使用，接着实践的是国际加密标准 AES 算法，最后实践的算法是商用密码算法 SM4，对称密码算法在大量数据的机密性保护方面有着巨大的优势，建议读者仔细阅读并反复试验掌握本小节内容。

1. 3DES 算法实践加/解密

前面小节已经阐述了 3DES 的算法原理和历史渊源，因为 DES 有效密钥长度只有 56 位，在当前超强的计算能力下，已经不够安全，所以才有了该增强版算法。该算法相当于对 DES 运算了三次，用两个不同的密钥。

现在国外已经开始使用 AES 算法来替代 3DES，因为前者更安全且更高效，但考虑到 3DES 的算法应用还是非常广泛，接下来还是要示例该算法的实现。

（1）实现步骤

本代码示例中的主角是加密 Cipher 类，它是 JCE 框架中非常重要的一个类，也是功能最为强大的类之一。通过该示例，读者可以熟悉 JCE 对称加密类和使用方法，为下一步实践其他算法打下基础。

1）生成密钥，构建 DESede 算法实例。代码首先又遇到了老朋友 KeyGenerator 类，在产生对称加密密钥示例中已经讲解过该类。通过调用 KeyGenerator 类的 generatekey( )方法，返回一个对称密钥。当然此处代码指定的对称算法是“DESede”，因此返回的是该算法的专用密钥。

通过 Cipher 类的静态方法 getInstance( )获得一个密码算法对象 cipher，调用对象的 init( )方法对密钥进行包裹，注意，参数是 WRAP_MODE。

2）打包密钥对象。调用 cipher 的 wrap( )方法打包密钥。打包后返回的是密钥的字节数组。

既然有包裹，就有对应的解包裹。两者有类似的语句，只是在调用 init( )方法时，第一个参数是 UNWRAP_MODE。而解包裹的方法是 unwrap( )，第一个参数是密钥的字节数组，第二个参数是算法名称，第三个参数是常量 SECRET_KEY，解包返回的是一个 Key 密钥对象。

虽然本示例中打包和解包并不是必需的，而且打包和解包与“DESede”密码算法本身关系不大，但密钥对象和字节数组之间的转换在代码编写中还是非常灵活好用的。在互联网发达的今天，很多密钥可能需要通过网络传输，密钥对象转换成字节数组更易于处理，方便通过网络传输，读者能做到多种技术综合使用是非常有帮助的。

3）初始化 DESede 算法对象，执行加密运算。接下来代码还是用 cipher 对象来实现加密，首先还是调用 init( )方法准备加密环境，第一个参数是 ENCRYPT_MODE，第二个参数是包裹了的密钥对象 key。

然后通过调用 cipher 对象的 doFinal( )方法来加密明文数据“3Des DATA”，参数需要把明文转换成字节数组，返回值是密文的字节数组。

4）执行解密运算。解密和加密语句差别主要在 init( )方法的参数上，解密参数用 DECRYPT_MODE。紧接着还是使用 doFinal( )方法把密文作为参数传递进去，返回值就是解密后的明文字节数组。

整体代码还是非常容易理解的，加密和解密的使用基本类似，关于 DESede 分组密码算法的示例就完成了。

（2）实现代码

```
public class testCipher {
//javax.crypto.Cipher,本代码中删除了异常处理代码
    public static void main(String[] args) {
        //Cipher 类,JCE 中的功能最强的类之一
```

```
        KeyGenerator kg = KeyGenerator.getInstance ("DESede");
        SecretKey seckey = kg.generateKey();
        Cipher cipher = Cipher.getInstance ("DESede");
        //密钥包裹
        cipher.init(Cipher.WRAP_MODE , seckey);
        byte[] k = cipher.wrap(seckey);
        //密钥解包裹
        cipher.init(Cipher.UNWRAP_MODE , seckey);
        Key key = cipher.unwrap(k, "DESede", Cipher.SECRET_KEY );
        //加密
        cipher.init(Cipher.ENCRYPT_MODE ,key);
        byte[] input = cipher.doFinal("3Des DATA".getBytes());
        System.out .println("密文：" + new String(Hex.encode (input)));
        //解密
        cipher.init(Cipher.DECRYPT_MODE , key);
        byte[] output = cipher.doFinal(input);
        System.out .println("明文：" + new String(output));
        }
}
```

（3）结果输出

```
密文：3a5cd052dc0ea69dbaa3f07ab1e8d92c
明文：3Des DATA
```

2. AES 算法实践加/解密

AES 算法是美国联邦政府采用的一种分组密码算法标准，它是 DES 算法的替代者，现在在国际上广为使用。AES 算法有三种密钥长度，128、192 和 256，128 位是默认的。

（1）AES 运算环境准备

在接下来的环境准备中读者需要验证 256 位密钥的 AES 算法是不是可以正确使用。

1）解除算法限制。各国对涉及密码算法的软硬件产品要求非常严格，有些国家对密码算法密钥长度都做了限制，而且有的算法在某些国家还存在专利使用问题。比如 AES 的 256 位密钥长度的算法在有些环境下不提供支持，所以读者首先要确认实践的 JCE 环境是否支持 AES 的更长的密钥。JDK8 的加密策略存在限制版本和无限制版本。从 Java 1.8.0_151 和 Java 1.8.0_152 开始，为 JVM 启用无限制强度管辖策略，启用之后才能使用 AES-256。

具体配置和检测方法是，在 jre/lib/security 文件夹中查找文件“java.security”，现在用文本编辑器打开“java.security”文件，在文件中找到定义 java 加密策略定义 crypto.policy 的所在行，它可以有两个值 limited 或 unlimited。这里设置成 unlimited。

```
crypto.policy=unlimited
```

下面启动 eclipse，建一个测试类，在 main( ) 方法里面写上如下四行代码，来测试验证刚刚的配置是否生效。

```
// 测试 JCE 的出口限制的配置措施
KeyGenerator kg = KeyGenerator.getInstance("AES");
kg.init(256);
```

```
SecretKey seckey= kg.generateKey();
System.out.println("十六进制是:"+Hex.toHexString(seckey.getEncoded()));
```

如果能正确输出十六进制的密钥值，说明开发环境可以使用密钥长度更长的算法。这时就可以用这些长密钥算法来构建一个更安全的密码技术应用了。

2）定义算法名称、加密模式和填充方法。环境配置完成后，接下来用 eclipse 添加一个新类，类名字叫作 AESCipher，在类中先添加一个静态不修改的类成员变量 ALGORITHM 来指明算法名称，声明成公有的静态变量。变量定义如下：

```
public static final String ALGORITHM = "AES";
```

紧接着再定义另一个静态成员变量 CIPHER_ALGORITHM 来指明分组算法的加密模式和分组填充方法。变量定义如下：

```
public static final String CIPHER_ALGORITHM = "AES/CBC/PKCS5Padding";
```

这里定义的字符串表明了当前是 AES 算法，采用了 CBC 的加密模式，用 PKCS5Padding 填充方式。当然 JCE 还定义了很多其他的字符串，本书列出部分常用的字符串如下，方便读者查询使用。

```
AES/CBC/NoPadding (128)
AES/CBC/PKCS5Padding (128)
AES/ECB/NoPadding (128)
AES/ECB/PKCS5Padding (128)  OFB,CFB
DES/CBC/NoPadding (56)
DES/CBC/PKCS5Padding (56)
DES/ECB/NoPadding (56)
DES/ECB/PKCS5Padding (56)
DESede/CBC/NoPadding (168)
DESede/CBC/PKCS5Padding (168)
DESede/ECB/NoPadding (168)
DESede/ECB/PKCS5Padding (168)
RSA/ECB/PKCS1Padding (1024, 2048)
RSA/ECB/OAEPWithSHA-1AndMGF1Padding (1024, 2048)
RSA/ECB/OAEPWithSHA-256AndMGF1Padding (1024, 2048)
//下面四个需要引用 BC 库才可使用
SM4/ECB/NoPadding
SM4/ECB/PKCS5Padding
SM4/CBC/NoPadding
SM4/CBC/PKCS5Padding
```

当然在此罗列的并不是全部，只是展示了一些非常常用的，比如填充模式还有 PKCS7Padding、ISO10126d2Padding、X932Padding 等，只是 PKCS5Padding 是默认实现的一个填充模式，也是用得最多的。

3）初始化密钥。接下来添加一个方法到类 AESCipher 中，方法名字是 initKey，编写如下内容：

```
    public static byte[] initKey() throws Exception {
        KeyGenerator kg = KeyGenerator.getInstance(ALGORITHM);
        kg.init(256);
        SecretKey secretKey = kg.generateKey();
        return secretKey.getEncoded();
    }
```

根据前面密钥产生小节的实践示例的讲解，相信读者对这四行代码应该不陌生了。用密钥生成器产生了 256 位的 AES 密钥，并把密钥编码成字节数组返回。

4）完成密钥转换。在类 AESCipher 中添加如下的 byteToKey( ) 方法，它的作用就是把密钥的字节数组转换成 AES 的密钥对象，并返回此密钥对象。

```
    private static Key byteToKey(byte[] key) throws Exception {
        SecretKey secretKey = new SecretKeySpec(key, ALGORITHM);
        return secretKey;
    }
```

（2）编写 AES 加密方法

准备工作完成得差不多了，接下来就开始编写 AES 的加密方法。相信读者看过代码后会为 JCE 架构包装的完美而感到惊讶，因为其非常易于使用。

在类 AESCipher 中添加如下的 encrypt( ) 方法，第一个参数是要加密的明文数据，第二个参数就是字节数组形态的密钥。encrypt( ) 方法返回值是加密后的密文结果字节数组。本书因为只聚焦密码算法的功能实现，为了使得代码尽量短小精悍，没有考虑处理异常，读者在项目建设的生产环境使用密码算法时，要考虑各种异常结果的捕获和处理。

```
    public static byte[] encrypt(byte[] data, byte[] key) {
        Key k = byteToKey(key);
        Cipher cipher = Cipher.getInstance(CIPHER_ALGORITHM);
        byte[] iv="testtesttesttest".getBytes(); //CBC 模式 16 字节 IV
        IvParameterSpec ips =new  IvParameterSpec(iv);
        cipher.init(Cipher.ENCRYPT_MODE, k,ips);
        return cipher.doFinal(data);
    }
```

加密方法代码首先对传入的字节数组密钥进行转换，生成密钥对象。

接下来通过调用 Cipher 类的静态方法 getInstance( ) 来生成一个 cipher 对象，参数就是前面变量定义的那个带加密模式和填充方式的字符串“AES/CBC/PKCS5Padding”，这里显然使用了 AES 的 CBC 加密模式和 PKCS5Padding 填充方式。

由于加密是用的 CBC 模式，根据本章前面对加密模式的讲解，读者知道该加密模式需要一个初始化向量 IV，长度是 128 位，在此代码中定义了一个 iv 字节数组。代码接下来用 iv 字节数组作为参数，定义并实例化一个初始化向量参数规范对象 ips。

有了 ips 这个对象，下面就可以调用 cipher 的 init( ) 方法了：第一个参数是指定加密 ENCRYPT_MODE 开关，第二个参数是密钥对象 key，第三个参数是初始化向量参数规范对象 ips。

初始化加密对象 cipher 之后，通过调用 cipher 的 doFinal( )方法将明文数据传进去，并返回密文结果，至此整个加密方法完成。

（3）编写 AES 解密方法

接下来继续编写 AESCipher 中类的最后一个方法，解密的 decrypt( )方法，该方法代码如下，和加密 encrypt( )方法基本一样。区别是在使用 init( )函数时第一个参数改为了 DECRYPT_MODE，这里不再对语句进行解释。

```
public static byte[] decrypt(byte[] data, byte[] key) {
    Key k = byteToKey(key);
    Cipher cipher = Cipher.getInstance(CIPHER_ALGORITHM);
    byte[] iv="testtesttesttest".getBytes();//CBC 模式填充 16 字节
    IvParameterSpec ips =new  IvParameterSpec(iv);
    cipher.init(Cipher.DECRYPT_MODE, k,ips);
    return cipher.doFinal(data);
}
```

（4）测试 AES 加/解密功能

到此为止，完成 AESCipher 类的代码编写，下面再编写一个测试类 AESCipherTest 来使用刚编写完的加/解密类，测试类要添加 main( )方法，在 main( )方法中添加如下代码：

```
    public static void main(String[] args) {
        AESCipherTest aestest =new AESCipherTest();
        aestest.test();
}
```

这里可以看到，测试类 AESCipherTest 还要有一个 test( )方法。下面就继续添加编写这个 test( )方法。方法代码如下：

```
    public final void test(){
        String inputStr = "AES 加密测试 OK";
        byte[] iData = inputStr.getBytes();
        System.out.println("原文:" + inputStr);
        byte[] key = AESCipher.initKey();
        System.out.println("密钥:" + Base64.toBase64String(key));
        iData = AESCipher.encrypt(iData, key);
        System.out.println("密文:" + Base64.toBase64String(iData));
        byte[] oData = AESCipher.decrypt(iData, key);
        String outputStr = new String(oData);
        System.out.println("解密:" + outputStr);
}
```

测试方法 test( )中首先定义了一个字符串类 inputStr 来代表原文。然后通过字符串对象的方法 getBytes( )转换成字节数组。

紧接着调用 AESCipher. initKey( )来返回密钥的字节数组，因为我们前面都定义了静态方法，所以不需要再实例化对象，可以直接使用类静态方法。

然后调用 AESCipher. encrypt(iData，key)方法用密钥 key 来加密 iData 数据，生成的密文通过该方法返回给 iData。

接着代码调用了 oData = AESCipher. decrypt(iData, key) 方法进行解密，读者可以看到这里加密和解密用的 key 是同一个，解密后产生的明文通过 oData 返回。

程序运行后的测试结果输出如下：

```
原文:AES 加密测试 OK
密钥:vJmj9ik2nveTuHeQzKRrGQK4/7jBFSdcNsDZvZvpKho=
密文:aQQJ5x5s67DuN6fVgX3Oiw5ZDVIPL/Jk2E6v816bseY=
解密:AES 加密测试 OK
```

注意：本代码在输出时使用的 Base64 编码是 org. bouncycastle. util. encoders. Base64 类，读者可以根据自己的需要进行修改，比如修改成十六进制。

3. SM4 算法实践加/解密

前面小节中实践的算法都是国际算法，虽然经过很多年的分析，算法安全性没有弱点，但毕竟不是我国自主创造的密码算法。接下来就实践商用密码分组算法的代表——SM4 算法。

（1）实现步骤

1）SM4 运算环境准备。由于本书编写时商用密码算法 SM4 还没有完成国际化工作，因此 JCE 架构默认还没有实现 SM4 算法，下面的示例代码必须使用 BC 库来实现 SM4 算法。代码 main( ) 函数开头还需要添加如下两行。

```
BouncyCastleProvider bcp = new BouncyCastleProvider();
Security.addProvider(bcp);
```

接下来根据示例需要，先定义 6 个变量，分别是两个 Cipher 类对象，一个作密码输入流对象，一个作密码输出流对象，一个字节数组输入流对象和一个字节数组输出流对象。它们是 JCE 框架中的类或者 IO 框架中的类，在此不再深入解释，和其他的输入输出流使用上区别不大。如果读者对基本的 Java 输入输出流不太了解，可以查阅 Java 语言类相关资料。

```
Cipher cipherin, cipherout;
CipherInputStream cipherInS;
CipherOutputStream cipherOutS;
ByteArrayInputStream baInS;
ByteArrayOutputStream baOutS;
```

接下来定义一个明文字节数组来代表待加密的源数据，通过 getBytes( ) 转换成字节数组：

```
byte[] input ="该例子测试 SM4 算法加/解密!".getBytes();
```

2）初始化密钥。随后编写如下三行语句，产生 128 位长度的 SM4 算法加密密钥，密钥值存放在通用密钥对象 Key 中：

```
KeyGenerator kg =KeyGenerator.getInstance("SM4");
kg.init(128);
Key key = kg.generateKey();
```

3）构建 SM4 算法实例，并初始化。接下来实例化加密对象，本书在该示例中采用 ECB 模式，填充用 PKCS7Padding，之所以需要两个对象，是因为一个用来绑定加密输入流，另一个用来绑定加密输出流。

```
cipherin = Cipher.getInstance("SM4/ECB/PKCS7Padding", "BC");
cipherout ... ance("SM4/ECB/PKCS7Padding", "BC");
```

然后通过调用加……。需要注意，输出对象用在加密上，所以参数是 ENC……上，参数需是 DECRYPT_MODE。读者可以把密码流对……出数据时，出来的是密文流，把密文流灌回管子时，5……个参数 key 则是刚刚生成的 128 位 SM4 密钥对象。

```
ciphe...
ciphe...
```

4）定义字节……出流对象“组装”。下面定义字节数组输出流的对象……钥对象 cipherout 共同作为参数来生成密码输出流对象……。

```
ba...
c...tS, cipherout);
```

5）输入……就和 Java 其他的 IO 输入输出流一样操作，向这个特殊的……全部写入“管子”后，可以关闭该密码输出流。

```
...gth);
```

读者……”，那接下来怎么提取密文呢。不用担心，“管子”……对象 baOutS 已经缓存了“管子”中的数据，密钥输出……字节数组 bytes，用它到 baOutS 对象里面把密文提取……了。

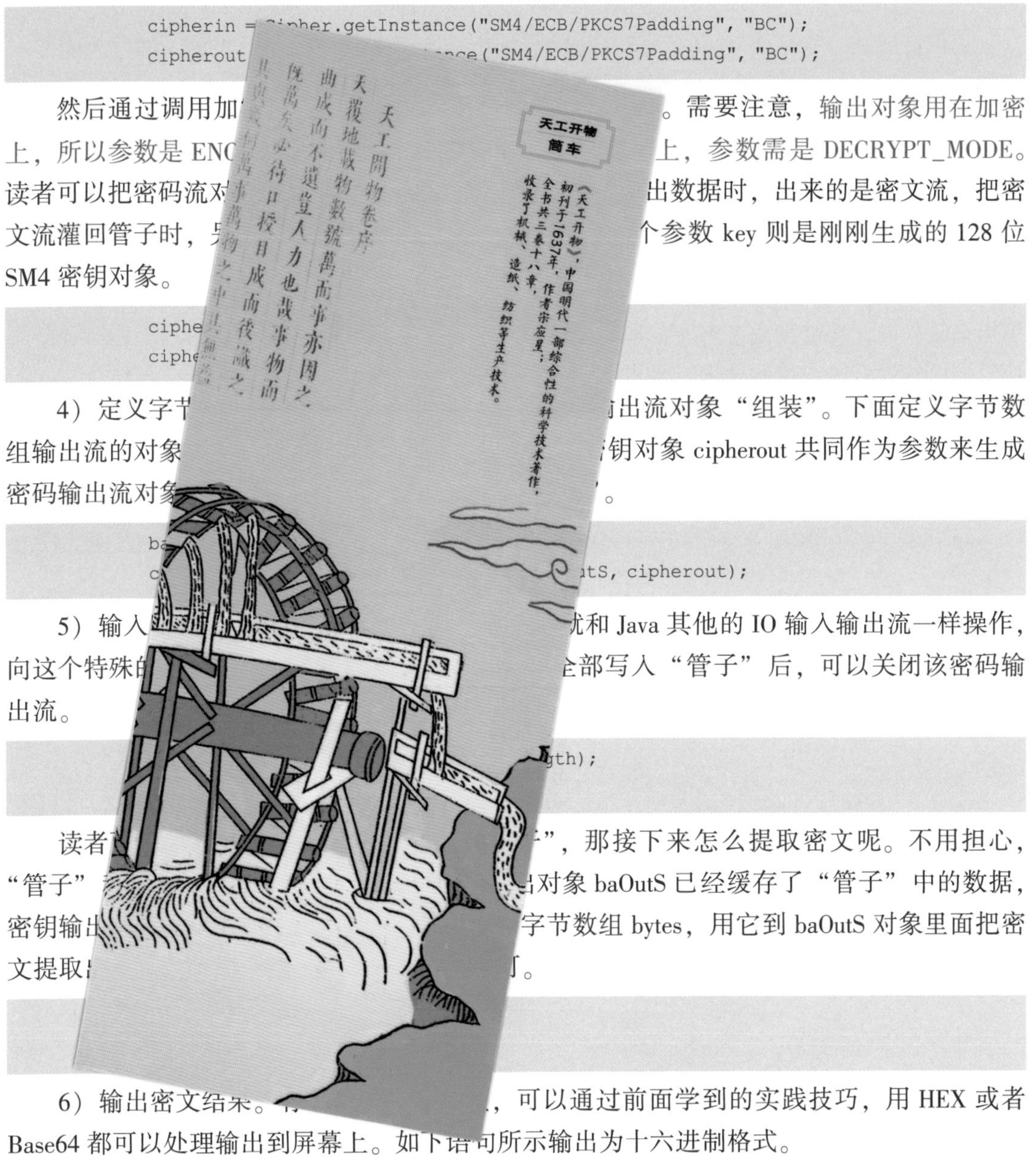

6）输出密文结果。……，可以通过前面学到的实践技巧，用 HEX 或者 Base64 都可以处理输出到屏幕上。如下语句所示输出为十六进制格式。

```
System.out.println("SM4 密文:" + new String(Hex.encode(bytes)));
```

接下来编写代码把密文用 SM4 算法解密为明文。首先用密文字节数组作为参数构造出字节数组输入流对象 baInS，然后把 baInS 和前面定义好的密码对象 cipherin 传递给密码输入对象作为参数，构造出 cipherInS 对象，代码到此就相当于将密文流灌回到“管子”里了。

```
baInS = new ByteArrayInputStream(bytes);
cipherInS = new CipherInputStream(baInS, cipherin);
```

接下来需要定义一个普通的数据输入流来从密码“管子”读取数据。

```
DataInputStream dIn = new DataInputStream(cipherInS);
```

示例最后三行就是通过 dIn. readFully( )方法把数据读取到字节数组里面，然后关闭输入流 dIn，最后把解密后的明文数据输出。

```
dIn.readFully(bytes, 0, bytes.length );
dIn.close();
System.out.println("SM4 解密:" + new String(bytes));
```

至此，SM4 加密解密示例全部编写完成了，密码运算结合输入输出流无疑是非常方便的技巧。这里代码之所以绑定了输入输出流来讲解对称加密算法使用，主要原因是因为流的应用场景较普遍，加密算法之中对称加密算法是速度非常快的，适合大批量的数据加密解密工作，而面对大量的数据的处理，最省力方便的方法就是用流实现了，特别是在通信 socket 的输入输出流场景中，读者可以自己体会并多试验。

（2）实现代码

```
public static void main(String[] args) {
    BouncyCastleProvider bcp = new BouncyCastleProvider();
    Security.addProvider (bcp);

    Cipher cipherin, cipherout;
    CipherInputStream cipherInS;
    CipherOutputStream cipherOutS;
    ByteArrayInputStream baInS;
    ByteArrayOutputStream baOutS;

    byte[] input ="该例子测试 SM4 算法加解密!".getBytes();

    KeyGenerator kg =KeyGenerator.getInstance ("SM4");
    kg.init(128);
    Key key = kg.generateKey();

    cipherin = Cipher.getInstance ("SM4/ECB/PKCS7Padding", "BC");
    cipherout= Cipher.getInstance ("SM4/ECB/PKCS7Padding", "BC");
    try
    {
        cipherout.init(Cipher.ENCRYPT_MODE , key);
    }
    catch (Exception e)
    {
        System.out .println("SM4 加密初始化失败" + e.toString());
    }
    try
    {
        cipherin.init(Cipher.DECRYPT_MODE , key);
    }
    catch (Exception e)
    {
        System.out .println("SM4 解密初始化失败" + e.toString());
```

```
        }
        baOutS =new ByteArrayOutputStream();
        cipherOutS =new CipherOutputStream(baOutS, cipherout);
        try
        {
            cipherOutS.write(input, 0, input.length);
            cipherOutS.close();
        }
        catch (IOException e)
        {
            System.out .println("SM4 加密失败" + e.toString());
        }
        byte[]    bytes;
        bytes = baOutS.toByteArray();
        System.out .println("SM4 密文:"+new String(Hex.encode (bytes)));
        //解密过程
        baInS =new ByteArrayInputStream(bytes);
        cipherInS =new CipherInputStream(baInS, cipherin);
        try
        {
            DataInputStream dIn =new DataInputStream(cipherInS);
            bytes =new byte[input.length];
            dIn.readFully(bytes, 0, bytes.length );
            dIn.close();
        }
        catch (Exception e)
        {
            System.out .println("SM4 解密失败" + e.toString());
        }
        System.out .println("SM4 解密:" + new String(bytes));
    }
```

（3）结果输出

```
SM4 密文:c65a4106b72eb14cf91d97f721e4b4b1f0d3fb5a28c88a063703051dc54e5582
SM4 解密:该例子测试 SM4 算法加解密!
```

4. SM4 算法再战加/解密

在前面实践示例中已经用 AES 编写了加/解密，构造了一个算法包装类和算法测试类。现在把算法名字由 AES 换成 SM4 就完全可以使用了，这就是 JCE 框架包装的好处。如果读者的密码技术应用以前是采用 AES 等算法开发的，采用 BC 库可以极小的修改量完成合规性改造，把 AES 算法转变成 SM4 算法。

本书之所以在 SM4 算法上再给出一个完整实践示例，是因为它是我国商用密码推荐算法，也是密码技术测评中重点关注的算法之一，值得再用一个实例来帮助读者加深印象。

由于前面每个函数都解释过，这里就直接给出完整的代码。一共涉及两个文件，一个文件是 SM4Cipher. java，另一个是 SM4CipherTest. java 测试文件。

```
package xu.edu51.testSM4;
//SM4Cipher.java
```

```
import java.security.Key;
import javax.crypto.Cipher;
import javax.crypto.KeyGenerator;
import javax.crypto.SecretKey;
import javax.crypto.spec.IvParameterSpec;
import javax.crypto.spec.SecretKeySpec;

public abstract class SM4Cipher {
    public static final String ALGORITHM = "SM4";
    public static final String CIPHER_ALGORITHM = "SM4/CBC/PKCS5Padding";

    public static byte[] initKey() throws Exception {
        KeyGenerator kg = KeyGenerator.getInstance(ALGORITHM);
        kg.init(128);
        SecretKey secretKey = kg.generateKey();
        return secretKey.getEncoded();
    }
    private static Key byteToKey(byte[] key) throws Exception {
        SecretKey secretKey = new SecretKeySpec(key, ALGORITHM);
        return secretKey;
    }

    public static byte[] encrypt(byte[] data, byte[] key) throws Exception {
        Key k = byteToKey(key);
        Cipher cipher = Cipher.getInstance(CIPHER_ALGORITHM);
        byte[] iv="testtesttesttest".getBytes(); //CBC 填充 16 字节
        IvParameterSpec ips =new  IvParameterSpec(iv);
        cipher.init(Cipher.ENCRYPT_MODE, k,ips);
        return cipher.doFinal(data);
    }
    public static byte[] decrypt(byte[] data, byte[] key) throws Exception {
        Key k = byteToKey(key);
        Cipher cipher = Cipher.getInstance(CIPHER_ALGORITHM);
        byte[] iv="testtesttesttest".getBytes(); //CBC 填充 16 字节
        IvParameterSpec ips =new  IvParameterSpec(iv);
        cipher.init(Cipher.DECRYPT_MODE, k,ips);
        return cipher.doFinal(data);
    }
}
```

以下是测试类文件 SM4CipherTest.java 的完整代码：

```
package xu.edu51.testSM4;
//SM4CipherTest.java
import java.security.Security;
import org.bouncycastle.jce.provider.BouncyCastleProvider;
import org.bouncycastle.util.encoders.Base64;

public class SM4CipherTest {
    public final void test() throws Exception {
        String inputStr = "SM4 加密测试 OK";
```

```
        byte[] iData = inputStr.getBytes();
        System.out.println("原文:" + inputStr);
        byte[] key = SM4Cipher.initKey();
        System.out.println("密钥:" +
        Base64.toBase64String(key));
        iData = SM4Cipher.encrypt(iData, key);
        System.out.println("加密:"+Base64.toBase64String(iData));
        byte[] outputData = SM4Cipher.decrypt(iData, key);
        String outputStr = new String(outputData);
        System.out.println("解密:" + outputStr);
}
    public static void main(String[] args) throws Exception {
        BouncyCastleProvider bcp = new BouncyCastleProvider();
        Security.addProvider(bcp);

        SM4CipherTest ciphertest =new SM4CipherTest();
        ciphertest.test();
    }
}
```

程序运行后的结果，输出如下：

```
原文:SM4 加密测试 OK
密钥:kY7X+K1wKDhhYiJE20rvqA==
加密:NQjJoHAhiz+vUguM7faU8FzAjTEmpsd9uE5ynfOcxpE=
解密:SM4 加密测试 OK
```

注意：读者在运行本代码时的运行结果肯定与前面结果不同，这并不是错误，而是因为每次运行 initKey()时都随机生成一个 128 位的密钥值，所以输出的密钥是不一样的，密文当然也会不同，但解密之后只要和原文一致，就说明加/解密算法是正确的。

在介绍杂凑算法的时候，有实践示例可以用 SM4 来生成 MAC，读者自己用 SM4 实现 MAC 时，千万注意初始化向量的问题，它必须全零。

在 2020 年 4 月的第六十次国际标准化组织、国际电工委员会第一联合技术委员会信息安全分技术委员会（ISO/IEC JTC1 SC27）工作组会议上，SM4 分组密码算法顺利通过专家评估，进入补篇草案（DAM）阶段，为推进该算法成为国际标准打下了坚实基础。相信不久的将来，它会成为国际算法大家族的正式成员。为了商用密码与安全性评估合规，建议在项目的对称密码算法选择上采用 SM4 算法。

4.4 典型机密性应用场景

讲解分组密码算法的原理时，读者了解了分组密码算法主要是数据的加密，实现数据机密性，那它的使用场合就是体现数据重要、机密和敏感等方面。特别是数据安全和个人信息相关的法律出台后，数据的机密无疑是应用建设中必须考虑的一环。本小节针对机密性应用场景进行分析，以帮助读者在项目建设时可以全面分析。

4.4.1 机密性应用机制

对信息机密性保护是密码技术最古老的一个安全功能。两千年前古典密码学就有了保密的实现方法。机密性就是保证信息不被泄露或者被未授权的人查看。

实现机密性通常是有三种机制：第一种也是最早出现的就是访问控制实现法，比如把重要的信息放入保险柜中锁好，这样可以防止未授权的人访问；第二种是信息隐藏实现法，比如在一张报纸中的某些位置存有敏感信息，只有知道规律的人才能从整个报纸文字中提取到该数据；第三种是信息加密实现法，这个方法在近现代已经流行，这种方法通常是通过数学的某种特别运算把明文进行扰乱。

访问控制法和隐藏实现法存在缺陷，即一旦发现漏洞或规律就没有任何安全性。只有通过加密才能真正实现信息的机密性保护，即使敌人看到了加密后的密文信息并知道了使用的算法，由于没有密钥就没办法解密明文信息，信息依然是安全的。

4.4.2 对称密码机密性应用场景

机密性的实现机制前面小节说到共有三种，而在信息化应用系统建设中显然重点考虑的是第三种实现机制：加密机制。

那么读者要如何选择加密的实现算法呢？这要从机密性的实现场景来分析和选择。

如果是大量的数据需要加密，那么就要优先选择对称算法（如 SM4），因为对称加密算法的性能远远高于非对称加密算法，适合大数据量的加/解密。

如果是较多的通信数据加密，而且对实时性要求较高，可以选择流密码方法，比如 ZUC 加密算法，这种算法通过异或加密实时性高、速度快。

如果实现的是密钥协商和小数据的加密，或者数据来源的真实性，可以考虑使用非对称加密技术来实现，如 SM2 算法。

加密算法如果选择的是对称加密算法，还有一个需要考虑的就是明文的统计学分析问题，这就需要解决加密随机性分布的实现场景，用密码技术来说就是采用安全的加密工作模式，比如 CBC 模式、CTR 模式等来实现，在分组密码算法模式小节中已经有了详细描述。

总之，实现场景要根据数据量的大小、数据的位置、实时性要求和交换特性等来选择，从性能和安全上寻找一个最佳的实现。

对称加密算法典型的应用场景主要考虑以下几个方面。

- 通信过程中鉴别信息等机密性保护场景。
- 通信过程中应用数据中敏感信息、重要数据机密性保护场景。
- 重要设备集中管理的通信机密性保护场景，防窃听、防假冒、防重用。
- 重要数据在存储过程中的机密性保护场景，如鉴别数据、重要业务数据和重要用户信息等。
- 密钥等重要敏感信息和个人敏感信息的机密性保护场景。

4.4.3 机密性实现案例

第 4.4.2 节讲解到实现场景要根据数据量的大小、数据的位置、实时性要求和交换特性等来选择。这里就介绍几个典型的实现案例。

1）在合同管理系统中，除了关键岗位的财务人员之外，不想让其他人知道具体的合同额是多少，这时候金额在入库时就需要加密保存，显然这里加密的数据量不大，数据位置通常是在数据库中，从简单高效实现上来看，采用对称的 SM4 这种算法最为方便，密钥则可以放在加密机中，通过应用系统调用加密机的对称加密算法来完成加/解密。

2）在典型的 Web 应用中，为了保持用户的登录状态，通常会在客户端保留些状态信息放在 Cookie 中，这些信息往往是需要安全加密处理来保证安全，这种情况的加密数据量不大，但分布在各个用户个人计算机中，所以最佳的实现方式应该是公、私钥方式。在编者曾经做过的项目中就是利用证书的方式实现的这种客户端敏感信息加密，具体实现细节可以自由发挥，比如可以通过公钥和用户 ID、时间等结合产生一个会话密钥，退出登录时清除会话密钥。

3）在金融行业，读者都知道取款是需要在密码键盘上输入密码的，这也是典型的数据加密实现之一，它采用了在密码键盘上嵌入加密 Psam 卡的方法提供加密服务，当加密的报文送到后端服务器时，密文会被送到加密机中进行对比验证。交易报文口令加密机制在金融行业比较多采用分组密码算法来实现。

第 5 章　用户身份认证与公钥密码算法

本章将重点介绍信息系统中最常使用的实体身份鉴别相关算法，即公钥密码算法。首先对算法的原理进行介绍，进一步分析常见的公钥密码算法并进行实践，实践中主要从签名验签和加/解密两个方面展开。本章的最后是对公钥密码算法的应用场景——数字证书的介绍，使用 KeyTools 和 GMSSL 等工具对证书进行管理，然后通过实践来对证书进行操作验证。

5.1　公钥密码算法原理

本节主要是公钥密码的基础介绍，先讲解公钥算法的基本原理和意义，然后分析了几种典型算法的特性和使用情况。

5.1.1　公钥密码算法简介

本章将开启一个新的密码算法领域——公钥密码算法，在很多密码技术书上也称为非对称密码算法，本书统一称为公钥密码算法。公钥密码的诞生，主要是因为对称密码算法有其使用上的局限性，即加密和解密双方共用一套密钥，密钥的分发很困难，这就产生了密钥泄露后导致密码安全防护体系崩溃的问题。试想如下的场景：

张三和李四两人一个在上海，另一个在北京，他们之间要采用对称密码算法进行通信，比如协商采用 SM4 来加密通信数据。那如何告诉对方密钥呢？128 位的安全密钥用什么渠道传递安全呢？邮件和电话都不能保证密钥的安全性传递。而且密钥随着使用时间和使用频度的增加，会存在唯密文攻击的问题，需要定期更换密钥。还有一个安全问题就是随着通信节点的增加，密钥的数量就会增加很多，安全管理密钥也就愈发困难。

为了解决对称密钥分发难的问题，密码界专家就开始研究能不能使用两个不同密钥的加密算法来完成数据的安全传递。一个密钥给发送方，另一个密钥自己拿着。这里再假设一个场景：家门口都用一个金属盒子来收取信件，任何人都可以从盒子入口送入信件，但只有主人有钥匙可以打开它，取出盒子里的信件。公钥密码算法的出现，是密码技术发展的一个里程碑，基本解决了密钥的共享难题。

公钥算法在 1976 年产生了突破，Differ 和 Hellman 两位专家提出了一种密码体制，一种用一对密钥完成加密和解密的非对称密码原理框架。次年，Rivest、Shamir 和 Adlemn 三人，在此基础上发明了非常著名的非公钥密码算法，该算法就用三个人的名字首字母命名为 RSA 非对称算法。之后，又陆续诞生了其他的非对称密码算法，比如 DSA、ElGamal、SM2 等。

本章讲到的几个公钥密码体制均用到了数学上的难题来保证算法的安全性。比如，RSA 就是基于大素数因式分解的困难性来保证算法的安全性。而我国商用密码中的公钥算法 SM2 则利用了离散对数问题保证安全。所以，数学问题的解决也就等于宣布了算法的破解。

公钥密码体制解决了对称密码体制中密钥分发的困难，因为公钥可以公开，可自由使用。而公钥密码算法从功能实现上包括两类：一种是公钥加密算法，另一类是私钥签名算法。也就是大家说的加/解密和签名验签两大功能。

目前，国际上使用的主流公钥算法有 RSA 算法、DSA 算法、ElGamal 算法等，这些算法中 RSA 算法最为出名。RSA 算法在金融、银行、电力、能源、交通等多个行业被广泛使用，尤其是在 PKI 中，RSA 算法更是必不可少。我国已经颁布使用的商密标准算法中公钥密码有 SM2 算法和 SM9 算法。其中，SM2 算法已经在电子认证行业得到了较为广泛的应用。而且现在金融等行业也在进行商用密码算法改造，公钥密码算法由原来的 RSA 算法转换到 SM2 算法。由于公钥密码算法在安全协议、密钥交换、密钥协商和数字认证等领域有较为广泛的应用，所以读者要精读本章的内容，这将有助于理解第 6 章的安全协议。

5.1.2 公钥密码算法原理

公钥密码体制之所以能迅速发展就是因为它使用一对密钥，其中一个密钥可以公开，能解决密钥分发的困难，进而实现加密或验签，而另一个密钥是自己持有，可以完成解密或签名操作。当然，公钥和私钥是有关联的，从私钥可以推算出公钥，但反过来从公钥是推算不出来私钥的，这在数学上是不可行的。

如果用签名功能来解释公、私钥：用私钥作数字签名，用公钥作验证签名。由于用公钥推算私钥在数学上是非常困难的，所以伪造签名在计算上是不可行的。通常，数字签名功能可以用在身份鉴别、不可否认和源发性证明等方面。

由于公钥密码算法采用了大素数的因式分解或离散对数等数学计算，运算效率要远远低于置换加替换的对称密码算法，因此公钥算法不太适合大量的数据加密任务，公钥密码算法一般只用于加密会话密钥等少量数据的加/解密应用场景。此外，为了提高效率和安全性，在使用公钥密码算法进行数字签名时，通常先对原始数据进行杂凑计算，然后对杂凑的结果进行签名运算。

图 5-1 是公钥密码算法的公、私钥使用示意图。

为让读者对公钥密码算法有一个全面的认知，下面将选择几个重要的非对称算法特性进行讲解。本书毕竟不是密码原理教材，讲解的重点主要还是以熟悉算法和实践应用为主。根据信息系统密码应用基本要求，如果不是跨国应用的特殊情况，建议使用 SM2 算法的公钥密码算法实现签名、验签等非对称密码服务。

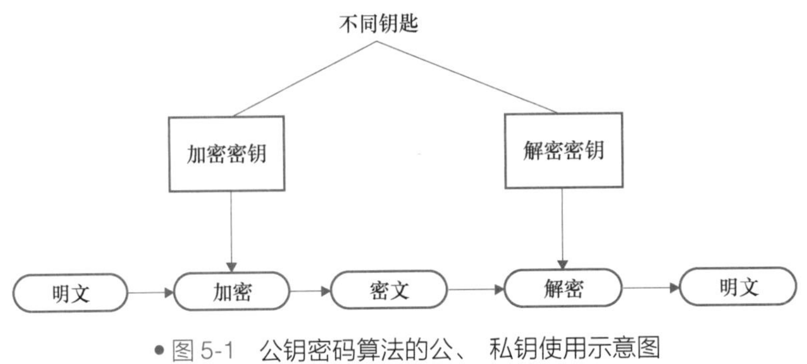

● 图 5-1 公钥密码算法的公、私钥使用示意图

（1）DSA 公钥密码算法特性

数字签名算法（Digital Signature Algorithm，DSA）由美国国家安全局（National Security Agency，NSA）设计，是 Schnorr 算法和 ElGamal 算法的变型。1991 年 8 月，美国国家标准技术研究院（NIST）提出将 DSA 用于其数字签名标准（Digital Signature Standard，DSS），至此 DSA 算法被广泛推广使用。DSA 公钥算法是基于整数有限域离散对数难题而产生的算法。DSA 公钥算法只适用一种功能，即数字签名功能，和其他的公钥算法不同，它不能做加密解密用，当然也不能应用在密钥交换上。

在前面产生非对称密钥对的 2.6 小节中，本书已经展示了 DSA 的密钥对具有公钥长、私钥短、签名快、验签慢的算法特征。这很显然是 DSA 算法的一个缺陷，因为在实际应用中通常是一次私钥签名（私钥短、计算较快），多次公钥验证签名（公钥长、计算较慢）。从算法商用推广的角度看，这个天然的计算缺陷导致 DSA 推广效果一直欠佳，此外 DSA 只有签名验签这一个功能也限制了它的使用范围。

关于 DSA 算法原理知识最后再补充一点，ECDSA 算法是椭圆曲线密码（Elliptic Curves Cryptography，ECC）与 DSA 的结合，该算法的签名过程与 DSA 类似，不一样的是签名中采取的算法数学基础是椭圆曲线而不是离散对数，比特币采用的算法就是 ECDSA 算法。有兴趣的读者可以自己查找资料进一步研究分析。

（2）RSA 公钥密码算法特性

RSA 公钥密码算法（以下简称“RSA 算法”）的安全性基于大素数因式分解的数学难题，虽然计算速度慢，但由于 RSA 算法的原理容易理解，计算结构简单，既能签名验签也能加密解密，所以很快就得到了广泛使用。RSA 算法是世界上第一个大规模投入商用的公钥算法，而且在目前的国际互联网应用中 RSA 也是使用最广泛的公钥算法。RSA 公钥算法不仅可以用于数据加密，还可以实现数字签名、安全认证等多个业务场景。

1992 年，RSA 公钥算法被纳入国际电信联盟的 X.509 标准体系，现在国际上著名的电子认证服务机构（Certificate Authority，CA）的证书都按照该公钥算法进行证书签名发布。例如，目前国内互联网用户广泛使用的百度搜索引擎，所采用的就是由 GlobalSign 证书签发机构签发的证书，使用的签名算法就是 RSA 算法，公钥长度为 2048 位。关于数字证书应用实践，在本章后面的非对称算法应用场景小节里面会详细讲到。

如第 2.6 小节所述，RSA 私钥长、公钥短的算法特征和 DSA 的算法特征正好相反，这在实际签名验签应用中是非常有利的，因为签名是一次，验签则需要多次，公钥短对于验签来说可以提高计算速度（RSA 的公钥相当于两个大素数的乘积，而私钥则相当于两个独立的大素数）。

（3）SM2 公钥密码算法特性

椭圆曲线密码算法（ECC）是由密码学家 Koblitz 和 Miller 两人于 1985 年提出的，现在基于 ECC 的公钥算法已经成为公钥密码体系中的重要密码算法分支。椭圆曲线其实在数学图像上并不是椭圆，之所以密码学上称之为椭圆曲线，是因为它的方程与计算椭圆周长的方程相似。椭圆曲线的方程是三次方程，有很多可选的系数。商用密码 SM2 公钥密码算法推荐选择的是有限素域上的 256 位长度的参数。

SM2 公钥密码算法（以下简称“SM2 算法”）于 2010 年底由国家密码管理局发布，2012 年成为密码行业标准，2016 年成为国家推荐标准，2017 年 SM2 的数字签名算法被 ISO 国家标准化组织采纳。SM2 公钥算法使用广泛，相关的标准也比较完善和丰富，为方便读者朋友查询资料，现将相关标准名称列出：

- GM/T 0003. 1—2012《SM2 椭圆曲线公钥密码算法　第 1 部分：总则》。
- GM/T 0003. 2—2012《SM2 椭圆曲线公钥密码算法　第 2 部分：数字签名算法》。
- GM/T 0003. 3—2012《SM2 椭圆曲线公钥密码算法　第 3 部分：密钥交换协议》。
- GM/T 0003. 4—2012《SM2 椭圆曲线公钥密码算法　第 4 部分：公钥加密算法》。
- GM/T 0003. 5—2012《SM2 椭圆曲线公钥密码算法　第 5 部分：参数定义》。
- GB/T 32918. 1—2016《信息安全技术 SM2 椭圆曲线公钥密码算法　第 1 部分：总则》。
- GB/T 32918. 2—2016《信息安全技术 SM2 椭圆曲线公钥密码算法　第 2 部分：数字签名算法》。
- GB/T 32918. 3—2016《信息安全技术 SM2 椭圆曲线公钥密码算法　第 3 部分：密钥交换协议》。
- GB/T 32918. 4—2016《信息安全技术 SM2 椭圆曲线公钥密码算法　第 4 部分：公钥加密算法》。
- GB/T 32918. 5—2017《信息安全技术 SM2 椭圆曲线公钥密码算法　第 5 部分：参数定义》。
- ISO/IEC 14888-3：2018《信息技术安全技术带附录的数字签名　第 3 部分：基于离散对数的机制》。

从上面的标准体系可以分析出，SM2 算法标准包括数字签名算法、公钥加密算法和密钥交换算法三大部分，也就是说它和 RSA 公钥算法一样有三大功能。本章后面主要实践其签名算法功能和加密算法功能，而密钥交换在后面的章节里面再集中讲解。

SM2 算法可以理解成特殊的单向性算法，就是说在有私钥的情况很容易推算公钥，但反过来则是困难的，没有获得私钥的情况下，解密出明文是不可行的；SM2 算法基于的椭圆曲线在性能和数学计算上要比因式分解更有优势，SM2 密钥交换算法具有前向机密性，这也是众多密钥交换算法的优秀特性，也就是说主密钥的泄露不会造成历史数据的泄密。此外与 RSA 算法相比 SM2 还有以下几个优势。

- 算法安全性更高。SM2 算法在数学上的原理安全性要高于 RSA 的因式分解的安全性，目前 256 位长的 SM2 算法安全性已经等同于或稍高于 2048 位长的 RSA 密码算法。
- 密钥长度更短。商密标准中 SM2 算法目前标准是 256 位长度，而 RSA 密钥长度目前最低要求 2048 位，显然短密钥在存储和交换方面更有优势，因此在对带宽要求十分严格的环境或者终端算力差的情况下密钥短小十分有用。
- 密钥产生更为简单。SM2 算法的产生密钥只需用 256 位的随机数即可；RSA 需要两个大的素数，而素数的产生过程和安全性判断等工作非常耗时，而且由于众多特定位数的素数已经公布在外，有一定风险性。
- 算法速度更快。SM2 算法 256 位的数在计算上比 2048 位的大数更容易。

RSA 作为 1976 年的老牌公钥算法，现阶段仍然是使用最广泛的公钥算法，但随着商用密码的推广和安全性评估的开展，相信 SM2 算法的使用会越来越广泛，必然会超越 RSA 算法。

本书虽然不会涉及具体的算法原理研究，但在商用密码 SM2 算法的原理上，再多补充一点数学上的域概念，这样有利于读者对前面提到的众多标准文件的阅读和理解。

读者朋友在中小学就学过域，比如实数域、有理数域和整数域等。但这些域里面的数太多了，有无数个。这样的域用在密码算法上是不合适的，因为密码算法希望运算的结果在一个合理有限的范围内，这样才能方便解密。密码学学科最初就开始考虑有限域，也就是说这种域是由有限个元素组成的。

很显然模运算就是一个构造有限域的好办法。比如模 5 运算，结果就是 0,1,2,3,4 五个数。本书第 1 章讲解了古典密码算法，该算法在 26 个字母的情况下，通常采用模（mod）26 来实现有限范围的运算。素数 P 上的有限域通常表示为 F_P域。

知道了有限域的概念，那么就产生了有限素域。因为素数在数学上有其独特的优点，不能再拆分，素域的一个特征是没有真子域。而 SM2 算法就是基于有限域上的椭圆曲线，定义选择的 P 就是一个素数。SM2 算法的另一个规则是所有加减乘除运算之后的结果必须是曲线上的点。如果对有限域生成元 G 进行相乘，2×G 这个数也必须是曲线上的点。算法就是利用这种基于有限域上椭圆曲线上的点的加减乘除来提供加密解密、签名验签等功能。

本书参考 SM2 标准文档，里面有关于 F_P上的椭圆曲线定义（这里 P 是一个大于 3 的素数），曲线为三次方程，$y^2=x^3+ax+b$，a,b 属于 F_P，且 $4a^3+27b^2 \bmod p \neq 0$。

因为本书接下来的实践示例中有些参数（如 a、b、p、G、n）等需要用到曲线相关的知识，目前读者已经知道了 a 和 b 是曲线的系数。G 是定义曲线上的一个生成元，可以把 G 想象成一个 F_P上的特殊点，它通常用（G_x,G_y）来表示，和坐标系表示方法类似。阶数 n 是生成元的阶数，可以想象成在有限域的计算规则下做乘法，比如 G×G×G 表示三次乘法，当 n 次相乘之后结果又变成了 G，回到了原来的特殊点，这个数值 n 就是生成元的阶数。理解这些参数对于理解下面实践的 SM2 算法程序代码更容易。实践测试用的数据均来自于标准文件 GB/T 32918.3—2016。想了解更多原理知识的读者建议继续阅读相关的标准文件，前面已经给出了标准文件的名字。

5.2 公钥密码算法实践

本小节主要介绍了 DSA、RSA、SM2 和 ELGammal 公钥密码算法的代码实践过程，通过代码读者可以了解算法在加/解密和签名验签中的实现过程与输出结果。

5.2.1 DSA 公钥密码算法实践

据美国国家标准技术研究院（NIST）公布的材料 FIPS 186-2 显示，DSA 公钥算法的密钥长度必须满足 1024 位才能符合安全要求。原理上 DSA 算法可以使用更长的密钥，但由于功能单一的限制，使用越来越少。DSA 1024 位及以下的算法已经不建议使用，否则会引来较大风险。实际上，由于 DSA 算法密钥生成签名时的随机性不够，在多次签名的情况下可能会导致泄露密钥，为了保证安全，OpenSSH 软件 7.0 以后的版本中已经默认禁用了 DSA。因此，读者如果在建设或运行的系统中还有 DSA 算法在使用，必须制订计划进行算法替换，采用更安全的商用密码算法。

（1）实现步骤

1）创建待签名数据。

main 函数的第一行就是定义了一个待签名的数据 data，提取它的字节数组。

2）构建密钥对生成器，获取密钥。

第二行是定义密钥对发生器 kpg，参数就是“DSA”，指示密钥对是 DSA 算法使用。

第三行紧接着调用 kpg 的初始化方法 initialize( )来完成 1024 位长度的密钥准备工作。

第四行调用 kpg 对象的 generateKeyPair( )方法，返回生成的密钥对对象 kp。

3）构建签名对象，并初始化。

随后通过调用 Signature 类的静态方法 getInstance( )，返回我们需要的签名对象 signature。

通过调用签名对象的 initSign( )方法，参数传递的是私钥，至此完成签名前期准备工作。

4）输入待签数据，执行签名运算，获取签名结果。

接下来调用签名对象的 update( )方法，把需要签名的数据 data 传递进去。

然后通过调用签名对象的 sign( )方法，生成签名结果，并返回签名结果字节数组值。

5）验证签名是否有效。

需要调用签名对象的 initVerify( )方法来初始化验签准备工作，参数传递的是公钥，用公钥来验证签名。

调用签名对象的 update( )方法，把需要验签的原始数据 data 传递进去。

最后一步调用签名对象的 verify( )方法，把签名结果传递进去。方法内部通过公钥和原始数据进行运算，重新生成签名结果，再与传递的签名结果进行对比，如果比对一致，就返回 true，如果数据被篡改或者是假密钥做出的签名，那验证结果就是 false，表明验签失败。

在调用 Signature. getInstance( )方法时传递的参数是 kpg. getAlgorithm( )，这时使用默认的算法名称含有“DSA”，签名算法参数与 HASH 结合，具体内容有如下：

```
SHA224withDSA
SHA256withDSA
SHA384withDSA
SHA512withDSA
```

（2）实现代码

```
public static void main(String[] args) {
    // 测试 DSA 签名验签
    byte[] data ="Data signature".getBytes();
    KeyPairGenerator kpg=KeyPairGenerator.getInstance ("DSA");
    kpg.initialize(1024);
    KeyPair kp = kpg.generateKeyPair();

    Signature
    signature=Signature.getInstance (kpg.getAlgorithm());
    signature.initSign(kp.getPrivate());
    signature.update(data); //被签名的数据
    byte[]sign =signature.sign(); ///签名结果

    signature.initVerify(kp.getPublic());
    signature.update(data);
    boolean status = signature.verify(sign); //验证

    System.out .println("验签结果:" + status);
}
```

（3）代码结果输出

```
验签结果:true
```

5.2.2 RSA 公钥密码算法实践

关于 RSA 算法在数学上的计算方法，网络上的资料已经非常全面，读者实践之前可以尝试手工做加密解密计算，对理解算法有帮助。本书接下来将谈谈 RSA 算法的安全现状。2013 年，数论专家就发现，在收集的 620 万个实际存在的公钥中就有近 3 万个并不是随机产生的，这就代表着 RSA 密钥存在安全隐患，低于 1024 位的 RSA 算法已经不安全了。上海市已经在 2016 年 12 月就发布了公告，该算法的 1024 位以下的密钥，于 2017 年 1 月 1 日停止服务，要求 RSA 最低的使用密钥长度是 2048 位。从密钥长度看 RSA 算法密钥比起后面将要实践的基于椭圆曲线的 SM2 公钥算法密钥长很多，这就给密钥存储、传输和计算带来了负面效应。

1. RSA 公钥密码算法实现加/解密

（1）定义算法类成员变量

下面用 eclipse 创建一个类 RSACipher，定义 4 个类成员变量。

1）实现步骤。

第一个定义是算法名称，第二个是公钥名称，第三个是私钥名称，第四个是密钥长度。由于非对称算法是两个密钥，所以为了程序方便，这里用 Java 的 Map 对象来保存密钥，熟悉 Java 基本语法的读者知道 Map 是靠“键-值”对来存储和查找内容的数据结构。键就是 String 类型，如前面定义好的 Pub 和 Pri 两个变量，值为对应的公钥对象和私钥对象。所以代码定义的存储对象是 Map<String，Object>形式。

2）实现代码。

```
public static String ALGORITHM = "RSA";
private static String Pub = "RSAPublicKey";
private static String Pri = "RSAPrivateKey";
private static int KEY_SIZE = 2048;
```

（2）生成公钥与私钥

下面继续在类 RSACipher 中添加如下 getKey 方法。

1）构建密钥对生成器实例，生成密钥。

该方法使用密钥对生成器 KeyPairGenerator 来产生一个密钥对。

通过 initialize 初始化方法准备了 2048 位的密钥。

最后用 generateKeyPair( ) 方法生产的密钥保存在 keyPair 对象中。生产密钥对的代码在本书 2.6 小节已经出现过。

2）keyPair 对象中提取公钥和私钥，并存储到 Map 对象中。

分别调用 getPublic( ) 方法和 getPrivate( ) 方法，返回值放置在 RSAPublicKey 类对象 publicKey 和 RSAPrivateKey 类对象 privateKey 中。

然后声明一个 keyMap 对象，容量为 2，接下来通过 keyMap 的 put( ) 方法将刚刚产生的公钥和私钥放置进去，并把这个 keyMap 对象返回。

3）实现代码。

```
public static Map<String, Object> getKey(){
    // 密钥对生成
    KeyPairGenerator keyPairGen = KeyPairGenerator
            .getInstance(ALGORITHM);
    keyPairGen.initialize(KEY_SIZE);
    KeyPair keyPair = keyPairGen.generateKeyPair();

    RSAPublicKey publicKey = (RSAPublicKey) keyPair.getPublic();
    RSAPrivateKey privateKey = (RSAPrivateKey) keyPair.getPrivate();
    // Map 包装起来,方便使用
    Map<String, Object> keyMap = new HashMap<String, Object>(2);
    keyMap.put(Pub, publicKey);
    keyMap.put(Pri, privateKey);
```

```
        return keyMap;
    }
```

(3) 提取公钥与私钥

下面在类 RSACipher 中添加两个静态方法来从 Map 中提取公钥和私钥。

1) 实现步骤。

这两个方法类似，也比较简单，方法内部调用了 Map 类的 get( )方法，传递键，返回密钥对象。这里采用接口类 Key 来引用该对象，最后通过 key. getEncoded( )返回密钥对象编码字节数组。

2) 实现代码。

```
    public static byte[] getPrivateKey(Map<String, Object> keyMap){
        Key key = (Key) keyMap.get(Pri);
        return key.getEncoded();
    }
    public static byte[] getPublicKey(Map<String, Object> keyMap){
        Key key = (Key) keyMap.get(Pub);
        return key.getEncoded();
    }
```

(4) 使用公钥进行加密

接下来在类 RSACipher 中添加如下 encryptByPublicKey( )方法，主要用 key 对 data 数据进行加密，这里的 key 是公钥，data 是待加密明文数据，顾名思义用公钥加密。

1) 生成 X509EncodedKeySpec 公钥对象。

这里出现了一个新类 X509EncodedKeySpec，它是公钥的包装规范类。因为本书前面讲过，国际电信联盟给 RSA 定义了 X. 509 标准。JCE 就把公钥通过一个适应于 X. 509 的包装实现了出来，也是为了证书等功能集成，有兴趣的读者可以查阅相关资料。

字节数组的 key 经过规范类包装，形成规范对象 x509KeySpec，把该规范对象传递给密钥工厂 keyFactory 使用，密钥工厂通过 generatePublic( )方法将公钥的包装规范类转化并赋值给透明公钥对象 publicKey。

2) 构建 RSA 加/解密算法实例，执行加密运算。

有了公钥透明对象 publicKey，示例接着通过 Cipher 类的静态方法 getInstance( )生成加密实例 cipher。

调用 cipher 的 init( )方法初始化算法环境，第一个参数指定是加密模式 ENCRYPT_MODE，第二个参数就是公钥对象。

最后通过 doFinal（data）方法将原始数据 data 进行加密并返回密文字节数组。

3) 实现代码。

```
    public static byte[] encryptByPublicKey(byte[] data, byte[] key){
        X509EncodedKeySpec x509KeySpec = new X509EncodedKeySpec(key);
        KeyFactory keyFactory = KeyFactory.getInstance(ALGORITHM);
        PublicKey publicKey = keyFactory.generatePublic(x509KeySpec);
        Cipher cipher = Cipher.getInstance(keyFactory.getAlgorithm());
```

```
        cipher.init(Cipher.ENCRYPT_MODE, publicKey);
        return cipher.doFinal(data);
    }
```

（5）使用私钥进行解密

接下来在类 RSACipher 中添加如下 decryptByPrivateKey( )方法，主要用 key 对 data 数据进行解密，这里的 key 是私钥，data 是需要解密的密文数据，因此要用私钥解密。

1）生成 X509EncodedKeySpec 私钥对象。

这里出现了一个新类 PKCS8EncodedKeySpec，与前面的公钥包装规范类类似，它就是私钥的包装规范类，JEC 的密钥规范类用法都差不多，通过工厂类可以进行转变。

2）构建 RSA 加/解密算法实例，执行解密运算。

在 decryptByPrivateKey 内，同样采用密钥工厂 keyFactory 返回私钥透明类 privateKey，然后在 cipher 的 init( )方法中第一个参数指定为解密 DECRYPT_MODE。

在这里再多解释一个问题：RSA 算法体系下，公钥既可以加密也可以解密，私钥也是既可以加密也可以解密，但建议读者朋友要坚持使用公钥加密，私钥解密，这是符合安全使用规范的。否则使用反了之后，所有拿到公钥的人都可以解密，就失去了机密性，这属于算法的误用。RSA 的签名功能正好与加/解密功能相反，拥有私钥的进行签名，所有拥有公钥的人可以验证该签名，所以千万别用错了密钥。

3）实现代码。

```
    public static byte[] decryptByPrivateKey(byte[] data, byte[] key){
```

```
        // 取得私钥
        PKCS8EncodedKeySpec pkcs8KeySpec = new PKCS8EncodedKeySpec(key);
        KeyFactory keyFactory = KeyFactory.getInstance(ALGORITHM);
        PrivateKey privateKey = keyFactory.generatePrivate(pkcs8KeySpec);
        Cipher cipher = Cipher.getInstance(keyFactory.getAlgorithm());
        cipher.init(Cipher.DECRYPT_MODE, privateKey);
        return cipher.doFinal(data);
    }
```

（6）编写测试类进行加/解密测试

有了前面的 RSACipher 类，示例接下来再编写一个测试类 RSACipherTest，用 eclipse 直接添加该类即可。首先定义两个类变量来保存生成的公、私钥字节数组。

```
    private byte[] publicKey;
    private byte[] privateKey;
```

接下来在 RSACipherTest 类中添加一个方法 test( )，用来测试加/解密功能。

```
    public void test() throws Exception {
        String iData = "RSA 加密解密!";
        byte[] data2 = iData.getBytes();
        System.out.println("原文:" + iData);
        // 初始化密钥
```

```
        Map<String, Object> keyMap = RSACipher.getKey();
        publicKey = RSACipher.getPublicKey(keyMap);
        privateKey = RSACipher.getPrivateKey(keyMap);

        byte[] enc = RSACipher.encryptByPublicKey(data2, publicKey);
        System.out.println("密文:" +  Hex.toHexString(enc));
        byte[] dec = RSACipher.decryptByPrivateKey(enc,privateKey);
        String outputStr2 = new String(dec);
        System.out.println("解密:" + outputStr2);
    }
```

测试方法很简单，先定义一个 iData 来保存原始数据，然后将它转换成字节数组 data2。通过调用 RSACipher 类的 getKey( )方法取得 Map 对象，然后通过 RSACipher. getPublicKey( )和 RSACipher. getPrivateKey( )将公钥和私钥的字节数组取出来，放入前面定义好的两个密钥变量中。

紧接着就调用了 encryptByPublicKey( )来用密钥 publicKey 加密 data2，返回并输出密文 enc。调用 decryptByPrivateKey( )方法来用私钥 privateKey 解密密文 enc，返回解密后的明文 dec 字节数组，再通过 String 类把字节数组转换成字符串输出。

程序运行后的结果输出如下（鉴于篇幅有限，密文示例没有显示完整）。

```
原文:RSA 加密解密!
密文:96bcf6551ff... ....81f73093c129
解密:RSA 加密解密!
```

2. RSA 公钥密码算法实现签名验签

（1）定义算法类成员变量

1）实现步骤。

接下来实践示例 RSA 签名验签功能，在 eclipse 中添加一个类 RSASigner，然后在类的开始添加 5 个类变量。

第一个变量用来声明算法名称，第二个变量是签名使用的 HASH 算法，第三个变量指明了 RSA 密钥长度为 2048 位，最后两个变量 Pub 和 Pri 分别是字符串，定义了 Map 中的键名字，用该名字查找对应的密钥值。

2）实现代码。

```
public static final String ALGORITHM = "RSA";
public static final String SIGNATURE_HASH = "SHA256withRSA";
private static final int KEYSIZE = 2048;
private static final String Pub = "RSAPublicKey";
private static final String Pri = "RSAPrivateKey";
```

（2）生成公钥与私钥

在类 RSASigner 中添加一个方法 getKey( )，方法无参数，返回值是一个 Map 对象，和上一个示例类似，该 Map 对象第一个泛型是 String，第二个泛型是 Object，分别用来保存键和值。

1）构建密钥对生成器实例，生成密钥。

方法中首先通过密钥对产生器的 getInstance( ) 静态方法获得对象实例 keyPairGen。

然后用 initialize( ) 初始化密钥长度为 2048 位。

紧接着调用 keyPairGen 的 generateKeyPair( ) 方法返回密钥对。用简洁的三行代码产生好指定长度的密钥。

2）在 keyPair 对象中提取公钥和私钥，并存储到 Map 对象中。

有了密钥对就可以调用密钥对对象 keyPair 的 getPublic( ) 和 getPrivate( ) 方法，分别取得公钥对象 publicKey 和私钥对象 PrivateKey。

接下来的语句首先是定义了两个元素的 HashMap<String, Object>(2) 对象，然后将公钥对象和私钥对象通过调用 put( ) 方法，放在刚刚生成的 keyMap 对象里面。

最后将这个含有公钥和私钥的 keyMap 返回。

3）公、私钥生成的实现代码如下。

```
public static Map<String, Object> getKey() throws Exception {
    KeyPairGenerator keyPairGen = KeyPairGenerator
            .getInstance(ALGORITHM);
    keyPairGen.initialize(KEYSIZE);
    KeyPair keyPair = keyPairGen.generateKeyPair();
    RSAPublicKey publicKey = (RSAPublicKey) keyPair.getPublic();
    RSAPrivateKey privateKey = (RSAPrivateKey) keyPair.getPrivate();
    Map<String, Object> keyMap = new HashMap<String, Object>(2);
    keyMap.put(Pub, publicKey);
    keyMap.put(Pri, privateKey);
    return keyMap;
}
```

（3）提取公钥与私钥

1）实现步骤。

生成密钥对方法完成之后，继续在类 RSASigner 中添加两个方法，getPrivateKey( ) 和 getPublicKey( )，传入参数是 Map 对象，返回值是密钥的字节数组，getPublicKey( ) 方法从 Map 中提取对应的公钥，getPrivateKey( ) 方法从 Map 中提取对应的私钥。

提取密钥的两个方法比较简洁明了，方法调用了 Map 类的 get( ) 方法，传递对应的键，返回密钥对象值，这里采用接口类 Key 来引用该对象，最后一句通过接口的 getEncoded( ) 提取密钥对象编码字节数组并返回。

2）实现代码。

```
public static byte[] getPrivateKey(Map<String, Object> keyMap) {
    Key key = (Key) keyMap.get(Pri);
    return key.getEncoded();
}
public static byte[] getPublicKey(Map<String, Object> keyMap) {
    Key key = (Key) keyMap.get(Pub);
    return key.getEncoded();
}
```

（4）使用私钥进行签名

接着编写的代码是在类 RSASigner 中添加签名方法 sign(byte[ ]data, byte[ ]privateKey)，参数 data 是待签名的数据，privateKey 是签名使用的私钥，返回值就是签名结果的字节数组。从这里示例看到，签名一定是用私钥签发。

1）生成 PKCS8EncodedKeySpec 私钥对象。

首先把字节数组的私钥通过私钥包装规范类 PKCS8EncodedKeySpec 进行包装，然后将包装后的类传递给密钥工厂 keyFactory，并通过工厂的 generatePrivate( )方法返回私钥对象。

2）构建 RSA 签名验签算法实例，执行签名运算。

代码的核心语句是定义 signature 的语句，它通过调用静态方法 getInstance( )并传递参数 "SHA256withRSA" 来生成适合该算法的签名对象。

有了签名对象，接下来调用算法初始化方法 initSign( )，并把私钥传递进去。

然后调用签名对象的 update( )方法，把待签名的数据传递进去。

代码最后一句调用 signature. sign( )生成签名结果，并把签名结果字节数组返回。

3）实现代码。

```
public static byte[] sign(byte[] data, byte[] privateKey){
    PKCS8EncodedKeySpec pkcs8KeySpec =
                     new PKCS8EncodedKeySpec(privateKey);
    KeyFactory keyFactory = KeyFactory.getInstance(ALGORITHM);
    PrivateKey priKey = keyFactory.generatePrivate(pkcs8KeySpec);
    Signature signature = Signature.getInstance(SIGNATURE_HASH);
    signature.initSign(priKey);
    signature.update(data);
    return signature.sign();
}
```

关于 SIGNATURE_HASH 的其他可以使用的参数内容如下（已经不安全的 MD5withRSA 或 SHA1withRSA 不再推荐使用）。

```
SHA224withRSA
SHA256withRSA
SHA384withRSA
SHA512withRSA
SHA512/224withRSA
SHA512/256withRSA
```

（5）使用公钥进行验签

下面再在 RSASigner 类中添加最后一个方法 verify(byte[ ]data, byte[ ]publicKey, byte[ ] sign)，第一个参数是签名时用的原始数据，第二个参数是公钥，第三个参数是签名值内容，而方法的返回值是个布尔值，如果签名验证正确就是 true，签名验证失败就是 false。

1）生成 X509EncodedKeySpec 公钥对象。

定义公钥包装规范类 X509EncodedKeySpec 来把公钥字节数组转换成密钥规范对象。然后把密钥规范对象传递给密钥工厂 keyFactory，在工厂里面通过方法 generatePublic( )，从密钥规范对象中提取出公钥对象。

2）构建 RSA 算法实例，执行加密运算。

调用签名对象 Signature 的静态方法 getInstance( )来产生实例，并通过 initVerify( )初始化签名算法，初始化参数接收公钥对象。

通过签名对象的 update( )方法接收原始数据 data，进行签名数据准备工作。

最后通过签名对象的 verify( )方法进行签名签证，将参数传入的签名值传递给该方法，用公钥对数据进行验证签名，如果签名验签结果正确，则返回 true，否则返回 false。

3）实现代码。

```
public static boolean verify(byte[] data, byte[] publicKey, byte[] sign)
        throws Exception {
    X509EncodedKeySpec keySpec = new X509EncodedKeySpec(publicKey);
    KeyFactory keyFactory = KeyFactory.getInstance(ALGORITHM);
    PublicKey pubKey = keyFactory.generatePublic(keySpec);
    Signature signature = Signature.getInstance(SIGNATURE_HASH);
    signature.initVerify(pubKey);
    signature.update(data);
    return signature.verify(sign);
}
```

从示例代码可以知道，如果原始数据 data 被篡改，计算出来的摘要值和以前算好的 sign 对应的摘要值肯定不同，导致验证失败，所以签名算法可以防篡改，提供完整性能力。

（6）编写测试类进行签名验签测试

1）实现步骤。

下面继续再添加一个类来测试前面编写的签名验签类，类名是 RSASignerTest。并在类中添加两个字节数组的定义变量，一个用来保存公钥内容，另一个用来保存私钥内容。

```
private byte[] publicKey;
private byte[] privateKey;
```

在类 RSASignerTest 中，添加唯一的一个方法 testSign。

代码先定义一个 Map<String, Object>对象来保存产生的公、私钥对。然后调用 getPublicKey( )和 getPrivateKey( )两个包装的方法，返回公钥和私钥的字节数组。

定义一个 inputStr 来代表原始待签名的数据，并通过 getBytes( )转换成字节数组并把它和私钥一起传递给 RSASigner. sign( )方法，生成签名结果值 sign。

然后通过调用 RSASigner. verify( )包装方法传递原始数据、公钥和签名值，进行验证签名，并通过 status 返回验证结果。如果验证正确返回 true，否则返回 false。

程序运行后输出结果（因签名值太长，此处进行了部分省略），这时候读者还可以通过对 sign 的结果分析可知它的长度是 256 字节，即 2048 位签名结果。

2）实现代码

```
public void testSign() throws Exception {
    Map<String, Object> keyMap = RSASigner.getKey();
    publicKey = RSASigner.getPublicKey(keyMap);
    privateKey = RSASigner.getPrivateKey(keyMap);
```

```
        String inputStr = "RSA 数字签名";
        byte[] data = inputStr.getBytes();
        byte[] sign = RSASigner.sign(data, privateKey);
        System.out.println("签名值:" + Hex.toHexString(sign));
        boolean status = RSASigner.verify(data, publicKey, sign);
        System.out.println("验签状态:" + status);
    }
```

3）代码结果输出。

```
签名值:90e19436430... ...4bde9541a1bf848
验签状态:true
```

5.2.3　SM2 公钥密码算法实践

本小节主要介绍我国商业密码算法中的典型公钥密码算法 SM2，首先实践完成的是签名验签功能，然后实践了加密解密功能。

1. SM2 公钥密码算法实现签名验签

SM2 算法是我国自主研发的公钥密码算法之一，其数学原理是基于椭圆曲线的离散对数问题。基于椭圆曲线的离散对数计算困难性要大于乘法阿贝尔群的离散对数困难性，因此 SM2 算法比 DSA 算法更安全。同样安全级别下，基于椭圆曲线的域运算的位数要比传统的 RSA 下的运算位数小很多，而且离散对数的逆运算上要比因式分解的逆运算更困难，因此基于椭圆曲线的 SM2 算法有其安全的原理基础。

下面就来先实践下 SM2 的签名和验签能力。

（1）定义椭圆曲线参数

首先用 eclipse 添加一个类，类名字定为 SM2Signer，用该类来包装 SM2 算法。

接下来在该类中添加椭圆曲线的各个参数，以便用代码生成椭圆曲线，这些参数都是用大整数 BigInteger 表示的，参数的数据来源于 GB/T 32918. 3—2016 文件。

```
static BigInteger SM2_ECC_P = new BigInteger(
    "8542D69E4C044F18E8B92435BF6FF7DE457283915C45517D722EDB8B08F1DFC3",16);
static BigInteger SM2_ECC_A = new BigInteger(
    "787968B4FA32C3FD2417842E73BBFEFF2F3C848B6831D7E0EC65228B3937E498",16);
static BigInteger SM2_ECC_B = new BigInteger(
    "63E4C6D3B23B0C849CF84241484BFE48F61D59A5B16BA06E6E12D1DA27C5249A",16);
static BigInteger SM2_ECC_N = new BigInteger(
    "8542D69E4C044F18E8B92435BF6FF7DD297720630485628D5AE74EE7C32E79B7",16);
static BigInteger SM2_ECC_H = ECConstants.ONE;
static BigInteger SM2_ECC_GX = new BigInteger(
    "421DEBD61B62EAB6746434EBC3CC315E32220B3BADD50BDC4C4E6C147FEDD43D",16);
static BigInteger SM2_ECC_GY = new BigInteger(
    "0680512BCBB42C07D47349D2153B70C4E5D7FDFCBFA36EA1A85841B9E46E09A2",16);
```

SM2_ECC_P 变量就是素域 F_P 里面的 P，它是个大的素数；SM2_ECC_A 和 SM2_ECC_B

两个变量就是我们上面提到的椭圆曲线的两个系数 a 和 b；SM2_ECC_N 是生成元的阶数，前面说过生成元 G 做乘法时到第 n 次时就循环回来，即 G=n×G mod p，这个 n 就被称为该生成元的阶数；接下来的变量是 SM2_ECC_H，这个参数在数学上称为余因子，程序代码里面均用一个常数 ECConstants. ONE 来代替，实质上就是整数 1；最后两个参数 SM2_ECC_GX 和 SM2_ECC_GY 就是生成元 G 的两个坐标值(x，y)的大数据表示。

接下来再定义一个椭圆曲线参数规范类的静态对象，并初始化为空值。

```
private static ECParameterSpec ecParaSpec = null;
```

（2）定义包装方法，生成椭圆曲线对象

变量定义完毕之后，接下来定义 SM2Signer 类的第一个包装方法 getcurve()，它负责将前面已经定义好的椭圆曲线参数糅合起来，生成椭圆曲线对象。

1）实现步骤。

第一句先判断 ecParaSpec 静态对象是否已经初始化完成，如不是空值，表示静态变量已经生成完毕，以后的调用就不需要再生成该对象了，直接返回即可。这也是静态变量初始化一次的通常做法。

第二句定义了 ECCurce 类的实例对象 curve，它通过调用了类的 Fp 方法，传递进去大素数 P、曲线系数 A、曲线系数 B、生成元阶数 N 和余因子 H，来生成具体的椭圆曲线。

第三句用生成元类型 ECPoint 来定义一个生成元对象 g，通过调用椭圆曲线 curve 的方法 createPoint 构造生成元，参数就是用 X，Y 来组装完成。

第四句是用曲线对象 curve，生成元对象 g 和阶数 SM2_ECC_N，组装生成椭圆曲线参数规范对象 ecParaSpec，至此该静态变量就被初始化完成了，不再是空值。

对象生成完毕后，该方法获取椭圆曲线的功能就完成了，最后一句直接返回。

2）实现代码。

```
private static void getcurve() {
    if (ecParaSpec ! = null)
        return;
    ECCurve curve=new ECCurve.Fp(SM2_ECC_P, SM2_ECC_A, SM2_ECC_B,
        SM2_ECC_N, SM2_ECC_H);
    ECPoint g = curve.createPoint(SM2_ECC_GX, SM2_ECC_GY);
    ecParaSpec= new ECParameterSpec(curve, g, SM2_ECC_N);
    return;
}
```

（3）定义 getKey()方法，获取公钥和私钥的 Map 对象

在 SM2Signer 类中添加方法 getKey()，和以前例子中类似，返回是一个包含公钥和私钥的 Map 对象，方便查询使用密钥。

第一行就是调用前面刚刚编写的 getcurve()方法，来构造椭圆曲线。

第二句就是密钥对生成器对象 kpGen 的实例化。第一个参数是算法名称“EC”，表示椭圆曲线；第二个参数是 provider 的名字，由于 SM2 使用了 BC 库，所以这里的参数是“BC”。

第三句调用密钥对生成器的 initialize()方法初始化对象。第一个参数就是调用 getcurve()

方法已经生成的椭圆曲线参数规范对象 ecParaSpec，第二个参数就是一个 SecRandom 对象，也就是一个随机数对象。这里直接使用了在标准文档中提供的测试用随机数构造方式。测试用随机数类 TestRandomBigInteger 是 BC 库的测试类，用它来测试可以保证输出的稳定性，方便调试。该类的位置是 org. bouncycastle. util. test. TestRandomBigInteger。测试用随机对象 TestRandomBigInteger 构造有两个参数，第一个是编码过的字符串，第二个是指定编码的类型，本例指定为十六进制编码，所以传递 16。

初始化后，代码第四句调用了 kpGen. generateKeyPair( )来生成密钥对，并返回给密钥对对象 kp 保存下来。

第五句定义了两个元素的 HashMap 对象，它的两个泛化参数是 String 和 Object，用 String 来保存密钥名字（Map 的键），用 Object 来保存密钥对象（Map 的值）。

接下来两句就是把公钥和私钥分别用 put( )方法放在 Map 对象中，其中 kp. getPublic( )返回的是公钥对象，kp. getPrivate( )返回的是私钥对象。这样在 Map 中“Public”键对应的值就是公钥对象，“Private”键对应的值就是私钥对象。

最后一句就是把填充好的 keyMap 返回。

实现代码如下。

```
public static Map<String, Object> getKey() throws Exception {
    getcurve();//构造曲线
    KeyPairGenerator kpGen = KeyPairGenerator.getInstance("EC", "BC");
    kpGen.initialize(ecParaSpec, new TestRandomBigInteger(
        "128B2FA8BD433C6C068C8D803DFF79792A519A55171B1B650C23661D15897263",16));
    KeyPair kp = kpGen.generateKeyPair();
    Map<String, Object> keyMap = new HashMap<String, Object>(2);
    keyMap.put("Public", kp.getPublic());
    keyMap.put("Private", kp.getPrivate());
    return keyMap;
}
```

（4）提取公钥与私钥

1）实现步骤。

在 SM2Signer 类中添加 getPrivateKey( )和 getPublicKey( )两个方法，分别用来提取私钥和公钥，参数是 keyMap，返回字节数组形态的密钥。

这两个方法的核心只有一个，就是通过 Map 对象的 get( )方法提取密钥，传递的参数就是键名字“Private”或“Public”，得到的值就是键名对应的密钥对象，最后通过密钥对象的 getEnconded( )方法编码成字节数组形态返回。

2）实现代码。

```
public static byte[] getPrivateKey(Map<String, Object> keyMap)
        throws Exception {
    Key key = (Key) keyMap.get("Private");
    return key.getEncoded();
}
public static byte[] getPublicKey(Map<String, Object> keyMap)
```

```
        throws Exception {
    Key key = (Key) keyMap.get("Public");
    return key.getEncoded();
}
```

（5）使用私钥进行签名

接下来再在类 SM2Signer 中添加本实践示例的最核心方法之一，数字签名 Sign( )方法。Sign( )方法的参数一个是字节数组原始数据 data，另一个是字节数组的私钥 privateKey，返回值为字节数组表示的签名结果值。具体方法如下。

1）实现步骤。

第一句定义了签名类 Signature 的一个实例对象 signer，调用该类的静态方法 getInstance( )，第一个参数“SM3withSM2”代表了算法名称，就是通过 SM3 做了杂凑后再用 SM2 进行数字签名，第二个参数“BC”指明了 provider 为 BC 库。

第二句需要拆分开来看，语句 Strings. toByteArray（" ALICE123@ YAHOO. COM"）是将字符串转换成字节数组。SM2ParameterSpec 的构造函数需要一个“byte[ ] ID”，用来表明签名者的身份，所以才有 SM2ParameterSpec(Strings. toByteArray(" ALICE123@ YAHOO. COM") 语句。有了 SM2 的参数规范之后，传递给签名对象 signer 的 setParameter 方法进行签名参数设置，至此签名者身份信息已经通过参数设置完成。

第三~七句都是为了准备一个随机数，times 定义的是重复次数，将随机值累计到 random 字符串对象中。

第八句通过 PKCS8EncodedKeySpec(privateKey) 将字节数组形态的私钥包装转换成私钥编码规范对象，实例化对象后赋值给 pkcs8KeySpec。

第九句调用密钥工厂 KeyFactory 的 getInstance( ) 静态方法构造一个生产“EC”的实例化密钥对象 keyfactory。

第十句通过 keyfactory. generatePrivate(pkcs8KeySpec) 传递包装过的密钥编码规范对象给 generatePrivate( ) 方法，取得私钥对象，保存在 priKey 对象中。

第十一句调用的是签名对象的 initSign( ) 方法，可以看到它有两个参数，第一个是私钥对象，第二个是随机数对象。本实践示例使用的随机数就是在前面用 times 叠加运算了两次的 random 串来构造的。该函数的原型如下。

initSign(PrivateKey privateKey, SecureRandom random)

签名初始化之后就是调用 signer 对象的 update( ) 方法将原始数据 data 传递进去，最后一步调用 signer. sign( ) 来生成签名值，并返回签名值结果。至此，整个签名方法的代码全部解释完毕，接下来再继续完成验签方法的实现。

2）实现代码。

```
public static byte[] Sign(byte[] data, byte[] privateKey){
    Signature signer = Signature.getInstance("SM3withSM2", "BC");
    signer.setParameter(new
      SM2ParameterSpec(Strings.toByteArray("ALICE123@ YAHOO.COM")));
    final int times = 2;
```

```
        String random = "";
        for (int i = 0; i < times; i++) {
        random +=
                "6CB28D99385C175C94F94E934817663FC176D925DD72B727260DBAAE1FB2F96F";
        }
        // 转换私钥材料
    PKCS8EncodedKeySpec pkcs8KeySpec = new PKCS8EncodedKeySpec(privateKey);
        // 实例化密钥工厂
        KeyFactory keyfactory = KeyFactory.getInstance("EC");
        // 取私钥匙对象
        PrivateKey priKey = keyfactory.generatePrivate(pkcs8KeySpec);
        signer.initSign(priKey,new TestRandomBigInteger(random, 16));
        // 更新
        signer.update(data);
        // 签名
        return signer.sign();
    }
```

（6）使用公钥进行验签

在类 SM2Signer 中添加实践示例的最核心的另一个方法，就是验证签名的 Verify( )方法。该方法接收三个参数，第一个参数是原始数据 data，第二个参数是公钥 publicKey，第三个参数是签名值 sign。返回验签的结果值为真或者假，代表验证成功或失败。

1）实现步骤。

签名验证方法本身不太复杂。第一行代码就是用公钥规范类包装公钥 publicKey，生成 X509EncodedKeySpec 类的一个对象 keySpec，这些包装主要还是要结合工厂类使用。

第二行语句是通过调用 KeyFactory. getInstance(" EC") 生成一个椭圆曲线的密钥工厂类对象 keyfactory。

第三行就是用密钥工厂的 generatePublic( ) 方法将密钥规范对象的密钥转换成公钥对象，并赋值给 pubKey 对象。

第四行调用 Signature 类的静态方法 getInstance( )，传递的第一个参数“SM3withSM2”代表了算法名称，就是用 SM3 做了杂凑后再用 SM2 进行数字签名，第二个参数“BC”指明了 provider 为 BC 库。生成的签名对象为 verifier。

第五行给对象 verifier 设置参数变量，和签名类似，它需要一个 ID 来表示签名者的身份标识，这里同样采用了个人邮箱地址作为身份 ID 来构造参数规范对象。

第六行调用验签的初始化方法 initVerify( )，将公钥对象 pubKey 传给该方法。

最后两行首先是调用 verifier. update(data) 将原始数据传递给验签对象，然后调用 verify 方法将签名值 sign 作为参数传递进去。返回值是个布尔值，如果验证成功就是 true，如果验证失败就是 false。

2）实现代码。

```
public static boolean Verify(byte[] data, byte[] publicKey, byte[] sign)
        throws Exception {
    // 转换公钥材料
```

```
        X509EncodedKeySpec keySpec = new X509EncodedKeySpec(publicKey);
        // 实例化密钥工厂
        KeyFactory keyfactory = KeyFactory.getInstance("EC");
        // 生成公钥
        PublicKey pubKey = keyfactory.generatePublic(keySpec);
        Signature verifier = Signature.getInstance("SM3withSM2", "BC");
        verifier.setParameter(new
            SM2ParameterSpec(Strings.toByteArray("ALICE123@ YAHOO.COM")));
        verifier.initVerify(pubKey);
        // 更新
        verifier.update(data);
        // 验证
        return verifier.verify(sign);
    }
```

由于 SM2 算法是我国商密算法的主要推荐公钥算法之一，为方便读者朋友查询使用，下面给出本实践实例完整的类代码：

```
public class SM2Signer {
    // 来自 GB/T 32918.3—2016 和 BC
static BigInteger SM2_ECC_P = new
BigInteger("8542D69E4C044F18E8B92435BF6FF7DE457283915C45517D722EDB8B08F1DFC3",16);
static BigInteger SM2_ECC_A = new BigInteger("787968B4FA32C3FD2417842E73BBFEFF2F3C-
848B6831D7E0EC65228B3937E498", 16); static BigInteger SM2 _ ECC _ B = new BigInteger ( "
63E4C6D3B23B0C849CF84241484BFE48F61D59A5B16BA06E6E12D1DA27C5249A",16);
static BigInteger SM2_ECC_N = new BigInteger("8542D69E4C044F18E8B92435BF6FF7DD2977-
20630485628D5AE74EE7C32E79B7",16);
static BigInteger SM2_ECC_H = ECConstants.ONE ; // 余因子为 1
static BigInteger SM2_ECC_GX = new BigInteger("421DEBD61B62EAB6746434EBC3CC315E32-
220B3BADD50BDC4C4E6C147FEDD43D",16);
static BigInteger SM2_ECC_GY = new BigInteger("0680512BCBB42C07D47349D2153B70C4E5-
D7FDFCBFA36EA1A85841B9E46E09A2",16);
    //获取椭圆曲线
private static ECParameterSpec ecParaSpec = null ;

private static void getcurve() {
    if (ecParaSpec ! = null)
        return ;
    ECCurve curve = new ECCurve.Fp(SM2_ECC_P , SM2_ECC_A , SM2_ECC_B ,
        SM2_ECC_N , SM2_ECC_H );

    ECPoint g = curve.createPoint(SM2_ECC_GX , SM2_ECC_GY );
    ecParaSpec = new ECParameterSpec(curve, g, SM2_ECC_N );

    return ;
}
    //生成公、私钥
public static Map<String, Object> getKey() throws Exception {
    getcurve ();//构造曲线
    KeyPairGenerator kpGen = KeyPairGenerator.getInstance ("EC","BC");
```

```
        kpGen.initialize(ecParaSpec , new TestRandomBigInteger("128B2FA8BD433C6C068C8-
D803DFF79792A519A55171B1B650C23661D15897263", 16));
        KeyPair kp = kpGen.generateKeyPair();
        Map<String, Object> keyMap = new HashMap<String, Object>(2);
        keyMap.put("Public", kp.getPublic());
        keyMap.put("Private", kp.getPrivate());
        return keyMap;
    }
    public static byte[] getPrivateKey(Map<String, Object> keyMap)
            throws Exception {
        Key key = (Key) keyMap.get("Private");
        return key.getEncoded();
    }

    public static byte[] getPublicKey(Map<String, Object> keyMap)
            throws Exception {
        Key key = (Key) keyMap.get("Public");
        return key.getEncoded();
    }

    public static byte[] Sign(byte[] data, byte[] privateKey) throws Exception {
        Signature signer = Signature.getInstance("SM3withSM2", "BC");
        signer.setParameter(new
            SM2ParameterSpec(Strings.toByteArray("ALICE123@ YAHOO.COM")));
        final int times = 2;
        String random = "";
        for (int i = 0; i < times; i++) {
            random +=
        "6CB28D99385C175C94F94E934817663FC176D925DD72B727260DBAAE1FB2F96F";
        }
        // 转换私钥材料
        PKCS8EncodedKeySpec pkcs8KeySpec = new PKCS8EncodedKeySpec(privateKey);
        // 实例化密钥工厂
        KeyFactory keyfactory = KeyFactory.getInstance("EC");
        // 取私钥匙对象
        PrivateKey priKey = keyfactory.generatePrivate(pkcs8KeySpec);
          signer.initSign(priKey,new TestRandomBigInteger(random, 16));
        // 更新
          signer.update(data);
        // 签名
        return signer.sign();
    }
    public static boolean Verify(byte[] data, byte[] publicKey, byte[] sign)
            throws Exception {
        // 转换公钥材料
        X509EncodedKeySpec keySpec = new X509EncodedKeySpec(publicKey);
        // 实例化密钥工厂
        KeyFactory keyFactory = KeyFactory.getInstance("EC");
        // 生成公钥
        PublicKey pubKey = keyFactory.generatePublic(keySpec);
        Signature verifier = Signature.getInstance("SM3withSM2", "BC");
```

```
            verifier.setParameter(new
                SM2ParameterSpec(Strings.toByteArray("ALICE123@ YAHOO.COM")));
            verifier.initVerify(pubKey);
          // 更新
            verifier.update(data);
          // 验证
          return verifier.verify(sign);
    }
  }
```

（7）编写测试类进行签名验签测试

有了 SM2 算法的包装类 SM2Signer 之后，下面添加一个测试类，通过测试代码使用算法包装类完成签名和验签功能。用 eclipse 添加一个类 SM2SignerTest，在该类中首先添加下面两个类私有成员变量：

```
private byte[] publicKey;
private byte[] privateKey;
```

一个变量用来临时保存字节数组的公钥，另一个用来临时保存字节数组的私钥。

接下来在 SM2SignerTest 类中添加一个方法 initKey()，方法中没有参数和返回值，方法里面就是调用前面包装好的 SM2Signer 类的 getKey()方法产生密钥对。

```
public void initKey() throws Exception {
    Map<String, Object> keyMap = SM2Signer.getKey();
    publicKey = SM2Signer.getPublicKey(keyMap);
    privateKey = SM2Signer.getPrivateKey(keyMap);
}
```

从代码中可以看到，该方法调用了 SM2Signer. getKey()方法之后返回存入变量 keyMap 中，通过调用包装类 SM2Signer 的获取公钥的方法 getPublicKey()提取公钥放在临时类成员变量 publicKey 中（是字节数组形式），通过调用包装类 SM2Signer 的获取私钥的方法 getPrivateKey()提取私钥放在临时类成员变量 privateKey 中（是字节数组形式）。

接下来添加测试方法 testSign 到 SM2SignerTest 类中，方法中没有参数和返回值，方法核心功能就是调用签名和验签功能，并输出结果信息。

```
private void testSign() throws Exception {
    // 测试 SM2 签名验签
    String inputStr = "SM2 数字签名";
    byte[] data = inputStr.getBytes();
    // 产生签名
    byte[] sign = SM2Signer.Sign(data, privateKey);
    System.out.println("签名: " + Hex.toHexString(sign));
    // 验证签名
    boolean status = SM2Signer.Verify(data, publicKey, sign);
    System.out.println("验签状态: " + status);

}
```

最后就是在类 SM2SignerTest 中添加 main()方法来作为测试运行的启动点。在 main()方法中首先引用 BC 代码库并生成签名测试类的实例，执行测试方法。

```
public static void main(String[] args) throws Exception {
    BouncyCastleProvider bcp = new BouncyCastleProvider();
    Security.addProvider(bcp);

    SM2SignerTest signtest =new SM2SignerTest();
    signtest.initKey();
    signtest.testSign();
}
```

main( )方法里面前两行是加载 BC 库到 provider 列表中；第三行代码声明一个测试类 SM2SignerTest 的对象 signtest；第四行调用测试类对象的 initKey( )来生成密钥对；最后调用测试类对象的 testSign( )来调用签名和验签功能。程序运行后的结果输出如下所示（签名值太长，此处只为演示，没有显示完整）。这个时候读者可以继续分析 sign 的内容，可以看到长度是 71 字节，即 568 位，从签名结果值看比 RSA 的 2048 位短了不少。

```
签名: 3045022051cdcdbd6... ...54122f296e960215
验签状态: true
```

测试类 SM2SignerTest 的完整源代码如下。

```
public class SM2SignerTest {

    private byte[] publicKey;
    private byte[] privateKey;

    public void initKey() throws Exception {

        Map<String, Object> keyMap = SM2Signer.getKey();
        publicKey = SM2Signer.getPublicKey(keyMap);
        privateKey = SM2Signer.getPrivateKey(keyMap);
    }
    private void testSign() throws Exception {
    //测试 SM2 签名验签
    String inputStr = "SM2 数字签名";
    byte[] data = inputStr.getBytes();
    //产生签名
    byte[] sign = SM2Signer.Sign(data, privateKey);
    System.out.println("签名: " +
    Hex.toHexString(sign));//encodeHexString(sign));
    //验证签名
    boolean status = SM2Signer.Verify(data, publicKey, sign);
    System.out.println("验签状态: " + status);

    }
    public static void main(String[] args) throws Exception {
        BouncyCastleProvider bcp = new BouncyCastleProvider();
        Security.addProvider(bcp);

        SM2SignerTest signtest =new SM2SignerTest();
```

```
        signtest.initKey();
        signtest.testSign();
    }

}
```

2. SM2 公钥密码算法实现加/解密

在本实践示例中，主要来实现 SM2 算法的加/解密功能。在开始之前还要再补充一个知识点，因为在代码编写实践中，总有程序员发生类似的错误，即代码会提示 toBase64String 不存在，该错误虽然不是密码算法关注的核心内容，但常会用到数据编码转换，出现该错误主要就是因为缺少正确的代码应用。为了使得本书的内容更短小精悍，在代码中几乎不涉及 import 的各个包含类，也没有做 try... catch 的异常处理。相信已经做到密码技术实践的读者，对于使用 Java 语言 import 类和处理异常应该不在话下，这些都是 Java 基本语法的功能，而且现在的 IDE 开发环境都足够智能，比如 eclipse 工具都有提示，按照提示就可以自动完成这些代码的添加。出现这类错误通常都是没有正确引用到对应的类，特别是 JCE 中的类和 BC 中的类有雷同时，这时候读者要仔细查询使用正确的类。

在讲解密码技术实现基础这一章时，本书实践了 Base64 编码技术，只是使用了 JCE 的类。它有 encode() 和 decode() 等方法。本书在随后的代码中很多次使用的是 BC 库的 Base64 类，该类增加了如下的一个类型转换方法：

```
static java.lang.String toBase64String(byte[] data)
```

此方法可以方便地将字节数组转换成 String 类型，读者千万不要引用错了类，这里正确的引用类是 org. bouncycastle. util. encoders. Base64 类，工程里就可以正确把字节数组转换成 String 类型。接下来的实践例子中就会用到这个类和类中的 toBase64String() 方法。

Base64 类知识点解释完毕，下面就用 eclipse 添加一个类 SM2Cipher，作为加密解密的包装类。这里使用 JCE 包装好的方法结合 BC 库代码来完成这个实践。

(1) 定义算法类成员变量

首先在类 SM2Cipher 中添加如下 4 个类变量：

```
public static final String ALGORITHM = "EC";
private static final String Pub = "PublicKey";
private static final String Pri = "PrivateKey";
private static final int KEY_SIZE = 256;
```

第一个变量是指明算法名称为椭圆曲线“EC”；第二个变量是指明公钥名称“PublicKey”，用在 Map 查询中的“键”；第三个变量是指明私钥的名称“PrivateKey”，用在 Map 查询中的“键”；第四个变量指定了密钥的长度为 256 位。

(2) 生成密钥对

接下来在类 SM2Cipher 中添加一个静态方法 getKey()，用来生成临时密钥对，并通过 Map 类型包装后返回，该方法没有参数。

1) 实现步骤。

第一行语句调用 KeyPairGenerator 类的静态方法 getInstance( ) 返回一个实例对象 keyPariGen，这里需要注意的是，参数一定是“EC”。

第二行就是调用了 keyPariGen 对象的 initialize( ) 方法，传递的参数是定义好的 256 位，进行密钥的生成初始化。

第三行通过 generateKeyPair( ) 方法生成密钥对，返回给 keyPair 对象。

第四、五两行主要是从 keyPair 对象中通过 getPublic( ) 和 getPrivate( ) 方法提取公钥和私钥，公钥保存在 publicKey 对象中，私钥保存在 privateKey 对象中。

接下来的三行代码分别是，定义 HashMap<String, Object>(2) 变量，它是两个容量的 HashMap 对象，第一个泛型是字符串，第二个泛型是普通对象。随后两行调用 keyMap 对象的 put( ) 方法将键和值存储起来，这里的键就是最初定义的类变量 Pub 和 Pri，值当然就是公钥和私钥对象。

getKey( ) 方法的最后一句是把已经存储了密钥的 keyMap 对象返回。

2）实现代码。

```
public static Map<String, Object> getKey() throws Exception {
    // 实例化密钥对生成器
    KeyPairGenerator keyPairGen =
         KeyPairGenerator.getInstance(ALGORITHM);
    // 初始化密钥对生成器
    keyPairGen.initialize(KEY_SIZE);
    // 生成密钥对
    KeyPair keyPair = keyPairGen.generateKeyPair();
    // 提取公钥
    PublicKey publicKey = (PublicKey) keyPair.getPublic();
    // 提取私钥
    PrivateKey privateKey = (PrivateKey) keyPair.getPrivate();
    // 封装密钥
    Map<String, Object> keyMap = new HashMap<String, Object>(2);
    keyMap.put(Pub, publicKey);
    keyMap.put(Pri, privateKey);

    return keyMap;
}
```

（3）提取公钥与私钥

下面接着向类 SM2Cipher 中添加两个方法，一个方法是提取公钥，另一个方法是提取私钥，参数是 Map 对象，返回值是对应的密钥对象的字节数组形态。

1）实现步骤。

方法 getPrivateKey( ) 主要内容是提取公钥的包装代码，根据密钥名字 Pri（类变量定义）从 Map 对象中提取对应的值，然后通过密钥对象的 getEncoded( ) 转换成字节数组返回。

方法 getPublicKey( ) 主要内容是提取私钥的包装代码，根据密钥名字 Pub（类变量定义）从 Map 对象中提取对应的值，然后通过密钥对象的 getEncoded( ) 转换成字节数组返回。

2）实现代码。

```
public static byte[] getPrivateKey(Map<String, Object> keyMap)
        throws Exception {
    Key key = (Key) keyMap.get(Pri);
    return key.getEncoded();
}
public static byte[] getPublicKey(Map<String, Object> keyMap)
        throws Exception {
    Key key = (Key) keyMap.get(Pub);
    return key.getEncoded();
}
```

（4）使用公钥进行加密

接下来在类 SM2Cipher 添加核心的方法之一——公钥加密 encryptByPublicKey( )。从名字可以看出加密要使用公钥。该方法接收两个参数，一个是原始数据 data，另一个是公钥的字节数组 key。方法执行后返回密文字节数组。

1）实现步骤。

在方法 encryptByPublicKey( )内部首先定义了 X509EncodedKeySpec 密钥规范包装类对字节密钥进行包装，然后生成密钥工厂类的一个实例对象 keyfactory，这里的参数就是前面定义的类变量内容“EC”，接下来的语句是把前面生成的密钥规范包装对象作为参数传递给工厂对象，并通过工厂类对象的 generatePublic( )方法返回公钥透明对象 publicKey。

加密的核心代码用到了 JCE 中最广泛的 Cipher 类，首先通过 Cipher 类的静态方法 getInstance( )实例化对象，参数是“SM2”，也就是指下一步要使用 SM2 算法进行加密。

通过调用 Cipher 类的 init( )方法完成加密前的准备工作，第一个参数指定算法的模式为 ENCRYPT_MODE（即加密模式），第二个参数是前面工厂生产出来的公钥透明对象。

最后一句通过调用 doFinal( )方法将待加密的原始数据通过参数传递进去，加密后的密文直接返回给调用者。

2）实现代码。

encryptByPublicKey( )方法实践如下：

```
public static byte[] encryptByPublicKey(byte[] data, byte[] key)
        throws Exception {
    //取得公钥
    X509EncodedKeySpec x509KeySpec = new X509EncodedKeySpec(key);
    KeyFactory keyfactory = KeyFactory.getInstance(ALGORITHM);
    PublicKey publicKey = keyfactory.generatePublic(x509KeySpec);
    //对数据加密
    Cipher cipher = Cipher.getInstance("SM2");
    cipher.init(Cipher.ENCRYPT_MODE, publicKey);
    return cipher.doFinal(data);
}
```

（5）使用私钥进行解密

完成了加密方法，接下来继续在类 SM2Cipher 添加核心的解密方法，解密与加密对应，代码也非常类似，方法名称定为 decryptByPrivateKey，解密要用私钥，这是符合安全要求的，因为私钥只有持有人拥有，只有持有私钥的人才能解密。该方法和加密的方法一样需要两个参数，一个参数是密文字节数组 data，另二个参数是私钥字节数组 key，返回值是解密后的明文字节数组。

1）实现步骤。

代码第一行是把字节数组的 key 包装成私钥规范类 PKCS8EncodedKeySpec 的一个对象，赋值给 pkcs8KeySpec，然后生成密钥工厂类的一个实例对象 keyfactory，这里的参数就是前面定义的类变量内容“EC”，然后通过密钥工厂类 KeyFactory 的 generatePrivate( ) 方法把私钥规范对象转换成私钥透明对象生产出来。

和加密一样，通过使用 Cipher 类的静态方法 getInstance( ) 产生加密对象实例，参数和加密一样是“SM2”，指的是下一步要使用 SM2 算法进行解密。

接下来通过调用 Cipher 类的 init( ) 方法完成加密前的准备工作，第一个参数是指定算法的模式为 DECRYPT_MODE（即解密模式），第二个参数是前面工厂生产出来的私钥透明对象。

最后通过调用 doFinal( ) 方法将待解密的密文数据通过参数传递进去，解密后的明文直接返回给调用者。

2）实现代码。

```
public static byte[] decryptByPrivateKey(byte[] data, byte[] key)
        throws Exception {
    // 取得私钥
    PKCS8EncodedKeySpec pkcs8KeySpec = new PKCS8EncodedKeySpec(key);
    KeyFactory keyfactory = KeyFactory.getInstance(ALGORITHM);
    // 生成私钥
    PrivateKey privateKey = keyfactory.generatePrivate(pkcs8KeySpec);
    // 对数据解密
    Cipher cipher = Cipher.getInstance("SM2");
    cipher.init(Cipher.DECRYPT_MODE, privateKey);
    return cipher.doFinal(data);
}
```

到此 SM2Cipher 类已经全面拆解分析完毕。下面贴出完整代码以供读者使用学习。

```
public abstract class SM2Cipher {

    public static final String ALGORITHM = "EC";
    private static final String Pub = "PublicKey";
    private static final String Pri = "PrivateKey";
    private static final int KEY_SIZE = 256;

    public static Map<String, Object> getKey() throws Exception {
        // 实例化密钥对生成器
        KeyPairGenerator keyPairGen =
        KeyPairGenerator.getInstance (ALGORITHM );
        // 初始化密钥对生成器
        keyPairGen.initialize(KEY_SIZE );
        // 生成密钥对
```

```
        KeyPair keyPair = keyPairGen.generateKeyPair();
        // 公钥
        PublicKey publicKey = (PublicKey) keyPair.getPublic();
        // 私钥
        PrivateKey privateKey = (PrivateKey) keyPair.getPrivate();
        // 封装密钥
        Map<String, Object> keyMap = new HashMap<String, Object>(2);
        keyMap.put(Pub , publicKey);
        keyMap.put(Pri , privateKey);
        return keyMap;
    }

    public static byte[] getPrivateKey(Map<String, Object> keyMap)
            throws Exception {
        Key key = (Key) keyMap.get(Pri );
        return key.getEncoded();
}
        public static byte[] getPublicKey(Map<String, Object> keyMap)
            throws Exception {
        Key key = (Key) keyMap.get(Pub );
        return key.getEncoded();
    }
    public static byte[] encryptByPublicKey(byte[] data, byte[] key)
            throws Exception {
        // 取得公钥
        X509EncodedKeySpec x509KeySpec = new X509EncodedKeySpec(key);
        KeyFactory keyfactory = KeyFactory.getInstance (ALGORITHM );
        PublicKey publicKey = keyfactory.generatePublic(x509KeySpec);
        // 对数据加密
        Cipher cipher = Cipher.getInstance ("SM2");
        cipher.init(Cipher.ENCRYPT_MODE , publicKey);
        return cipher.doFinal(data);
    }
        public static byte[] decryptByPrivateKey(byte[] data, byte[]
            key) throws Exception {
        // 取得私钥
        PKCS8EncodedKeySpec pkcs8KeySpec = new
        PKCS8EncodedKeySpec(key);
        KeyFactory keyfactory = KeyFactory.getInstance (ALGORITHM );
        // 生成私钥
        PrivateKey privateKey =
        keyfactory.generatePrivate(pkcs8KeySpec);
        // 对数据解密
        Cipher cipher = Cipher.getInstance ("SM2");
        cipher.init(Cipher.DECRYPT_MODE , privateKey);
        return cipher.doFinal(data);
    }
}
```

（6）编写测试类进行签名验签测试

完成了算法包装类，下面就再写一个测试类来使用前面刚刚完成的 SM2Cipher 类。接下来用 eclipse 添加一个新类，名字为 SM2CipherTest。首先在类的开头定义两个类成员变量，一个变量用来临时保存公钥字节数组，另一个变量用来临时保存私钥字节数组。

```
private byte[] publicKey;
private byte[] privateKey;
```

接下来给类 SM2CipherTest 添加一个方法 testCipher( )，用该函数完成所有的数据加密和解密工作，它不需要参数，也不需要返回值。

首先在 testCipher( ) 方法内部定义一个 Map 来保存产生的密钥。调用 SM2Cipher 包装类的 getKey( ) 方法生成公、私钥。然后通过另外两个包装方法 getPublicKey( ) 和 getPrivateKey( ) 从 Map 对象中将公钥和私钥提取出来，放入前面定义的类变量 publicKey 和 privateKey 中。

```
Map<String, Object> keyMap = SM2Cipher.getKey();
publicKey = SM2Cipher.getPublicKey(keyMap);
privateKey = SM2Cipher.getPrivateKey(keyMap);
```

接下来定义一个待加密的明文字符串 inputStr，通过调用字符串的 getBytes( ) 返回字节数组形式。为了展示输出效果，首先通过 println( ) 把明文打印输出。

```
String inputStr = "SM2 Encypt Algorithm";
byte[] data = inputStr.getBytes();
System.out.println("原文:" + inputStr);
```

这些准备工作完成之后，添加调用公钥加密的包装方法，把字节数组形式的明文和公钥传递进去，返回密文，并打印输出该密文成 Base64 编码的可见字符串。

```
byte[] encData = SM2Cipher.encryptByPublicKey(data, publicKey);
System.out.println("密文:" +  Base64.toBase64String(encData));
```

接下来通过调用包装类的 decryptByPrivateKey( ) 方法来把密文 encData 解密成明文，用私钥 privateKey 来解密，最后输出生成的明文 outputStr。

```
byte[] decData = SM2Cipher.decryptByPrivateKey(encData,
        privateKey);
String outputStr = new String(decData);
System.out.println("解密:" + outputStr);
```

至此 testCipher( ) 方法编写完毕，下面就可以编写 main( ) 方法内部的代码了。

由于 SM2 算法需要依赖 BC 库，在 main( ) 方法开头添加如下两行在工程中引用该库。

```
BouncyCastleProvider bcp = new BouncyCastleProvider();
Security.addProvider(bcp);
```

接下来生成一个测试类对象实例 testcipher，直接调用测试类的测试方法，完成测试。

```
SM2CipherTest testcipher =new SM2CipherTest();
testcipher.testCipher();
```

程序运行后的结果输出如下所示（密文太长，只为了演示效果，此处没有显示完整）。

```
原文:SM2 Encypt Algorithm
密文:BOMcyOW6KQDLeUcUE3bltB… …g7dDCivwaKpafbTlI9R32c0dH5nWXXSf4L7k
```

```
解密:SM2 Encypt Algorithm
```

测试类 SM2CipherTest 的完整源代码如下。

```
public class SM2CipherTest {

    private byte[] publicKey;
    private byte[] privateKey;

    public void testCipher() throws Exception {
        //初始化密钥
        Map<String, Object> keyMap = SM2Cipher.getKey();
        publicKey = SM2Cipher.getPublicKey(keyMap);
        privateKey = SM2Cipher.getPrivateKey(keyMap);
        //定义原文数据
        String inputStr = "SM2 Encypt Algorithm";
        byte[] data = inputStr.getBytes();
        System.out.println("原文:" + inputStr);
        //加密
        byte[] encData = SM2Cipher.encryptByPublicKey(data,
        publicKey);
        System.out.println("密文:"+  Base64.toBase64String(encData));
        //解密
        byte[] decData = SM2Cipher.decryptByPrivateKey(encData,
            privateKey);
        String outputStr = new String(decData);
        System.out.println("解密:" + outputStr);
    }
    public static void main(String[] args) throws Exception {
        BouncyCastleProvider bcp = new BouncyCastleProvider();
        Security.addProvider(bcp);

        SM2CipherTest testcipher =new SM2CipherTest();
        testcipher.testCipher();
    }
}
```

5.2.4 ElGamal 公钥密码算法实践

ElGamal 算法是 1984 年斯坦福大学的 Tather ElGamal 提出的一种基于离散对数问题困难性的公钥体制。作为公钥密码算法的重要一员，ElGamal 公钥密码算法的应用也非常广泛。由于 ElGamal 公钥密码算法安全性是基于有限域上离散对数学问题的难解性，因此该算法的安全性至今依然非常可靠。ElGamal 公钥密码算法既可用于加/解密又可用于数字签名。

从密码应用合规的角度，本书更推荐读者朋友优先选择 SM2 算法，因此下面的实践实例只演示 ElGamal 公钥密码算法加/解密的能力，不再对这个算法展开讨论。对于该算法的原理读者简单了解即可，能做到如果公司有跨国应用在使用 ElGamal 公钥密码时，对该算法不会陌生、能正确使用即可。

（1）实现步骤

1）构建算法参数。

首先在 eclipse 中添加一个类 ElGamalEnc，然后在该类中添加一个方法 testCipher( )，没有参数和返回值。

在方法 testCipher( )中增加如下两行来生成算法的参数（具体参数说明可以查阅相关算法原理书籍），并通过算法参数生成对象进行初始化。

```
ElGamalParametersGenerator epg =new ElGamalParametersGenerator();
epg.init(256, 12, new SecureRandom());
```

其中第一个参数 256 是指密钥的长度是 256 位；第二个参数 12 是指素数的确定性，它是数学上的概念，第三个参数是随机数发生器。

接下来从参数发生器 epg 中生成参数对象，通过调用 generateParameters( )方法返回参数对象 dhParams。

```
ElGamalParameters dhParams = epg.generateParameters();
```

定义了算法密钥产生参数对象（ElGamalKeyGenerationParameters），用来生成 ElGamal 算法的密钥，它的构造需要两个参数，第一个参数是随机数对象，第二个参数是前面定义好的算法参数对象 dhParams。

```
ElGamalKeyGenerationParameters  params = new
        ElGamalKeyGenerationParameters(new SecureRandom(), dhParams);
```

2）构建密钥生成器，生成密钥对。

定义了 ElGamal 算法的密钥对发生器对象 kpGen，然后调用该对象的 init( )方法将前面的密钥产生参数对象 params 传递给它。

```
ElGamalKeyPairGenerator  kpGen = new ElGamalKeyPairGenerator();
        kpGen.init(params);
```

通过 kpGen 的 generateKeyPair( )方法返回生成的密钥对，该密钥对是非对称密钥对，放在 pair 对象内部。

```
AsymmetricCipherKeyPair  pair = kpGen.generateKeyPair();
```

3）提取公钥与私钥。

从 pair 密钥对对象中分别提取公钥和私钥，并把公钥强制转换成 ElGamalPublicKeyParameters 对象类型，把私钥强制转换成 ElGamalPrivateKeyParameters 对象类型。

```
ElGamalPublicKeyParameters pu =
    (ElGamalPublicKeyParameters)pair.getPublic();
ElGamalPrivateKeyParameters pv =
    (ElGamalPrivateKeyParameters)pair.getPrivate();
```

4）构建 ElGamalEngine 算法引擎实例，并初始化。

定义一个 ElGamalEngine 算法引擎对象 elEngine，关于引擎类在签名 SM4 算法已经讨论过，它是一种完美的算法包装实现。

```
ElGamalEngine    elEngine = new ElGamalEngine();
```

调用 init()来初始化引擎，第一个参数 true 代表将使用加密方法，第二个参数是提取出来的公钥 pu，很显然使用公钥进行加密。

```
elEngine.init(true, pu);
```

5）输入明文，使用公钥执行加密运算。

定义一个明文原始数据串，并把字符串转换成字节数组 pText，然后调用引擎类的 processBlock 方法把明文传递进去，方法执行后返回加密后的密文字节数组 cText。最后再通过十六进制的 Hex 类方法将密文转换成字符串输出。

```
byte[] pText = "This is a test for ElGamal!".getBytes();
        byte[] cText = elEngine.processBlock(pText, 0, pText.length);
        System.out.println("加密密文: " + Hex.toHexString(cText));
```

6）输入密文，使用私钥执行解密运算。

初始化引擎，这次第一个参数是 false，代表着解密，第二个参数是私钥 pv，很明显算法引擎是要用私钥解密。

```
elEngine.init(false, pv);
```

再次调用引擎对象的 processBlock()方法，把密文 cText 传递进去，方法执行后返回解密后的明文存储在 pText2 字节数组中，最后把明文转换成字符串输出。

```
byte[] pText2 = elEngine.processBlock(cText, 0, cText.length);
System.out.println("解密明文: " +new String(pText2));
```

至此，整个方法 testCipher 编写完成。

7）编写测试方法，测试代码功能。

下面再编写一个 main()方法来调用它。main()方法的代码非常简单，开头先添加两行，以添加第三方的安全提供者 Provider 库。

```
BouncyCastleProvider bcp = new BouncyCastleProvider();
Security.addProvider(bcp);
```

声明一个类 ElGamalEnc 的对象 el_test，调用 el_test 中唯一的方法 testCipher()并运行。

```
ElGamalEnc el_test = new ElGamalEnc();
    el_test.testCipher();
```

（2）实现代码

ElGamalEnc 类的完整实践代码如下。

```
public class ElGamalEnc {

    public void testCipher() {
```

```
        ElGamalParametersGenerator epg =new
        ElGamalParametersGenerator();
        epg.init(256, 12, new SecureRandom());
        ElGamalParameters dhParams = epg.generateParameters();
        ElGamalKeyGenerationParameters  params = new
        ElGamalKeyGenerationParameters(new SecureRandom(),
        dhParams);
        ElGamalKeyPairGenerator          kpGen =new
        ElGamalKeyPairGenerator();
        kpGen.init(params);
        AsymmetricCipherKeyPair  pair = kpGen.generateKeyPair();
        ElGamalPublicKeyParameters      pu =
        (ElGamalPublicKeyParameters)pair.getPublic();
        ElGamalPrivateKeyParameters    pv =
        (ElGamalPrivateKeyParameters)pair.getPrivate();
        ElGamalEngine    elEngine =new ElGamalEngine();
        elEngine.init(true , pu);

        byte[] pText = "This is a test for ElGamal!".getBytes();
        byte[] cText=elEngine.processBlock(pText, 0, pText.length);
        System.out .println("加密密文: " + Hex.toHexString (cText));
        elEngine.init(false , pv);
        byte[] pText2=elEngine.processBlock(cText, 0, cText.length);
        System.out .println("解密明文: " +new String(pText2));

    }
    public static void main(String[] args) {
        BouncyCastleProvider bcp = new BouncyCastleProvider();
        Security.addProvider (bcp);

        ElGamalEnc el_test = new ElGamalEnc();
        el_test.testCipher();

    }

}
```

（3）代码结果输出

```
加密密文: cf86fe5914dde3b44ad1e43… …1aac474de2b0de1dc14ac0aa55
解密明文: This is a test for ElGamal!
```

密文值太长，此处没有显示完整，且密钥是随机生成的，读者运行后产生的密文也和此处不同，读者只关注解密后的明文和原来一致即可。

5.3　公钥密码算法应用场景

公钥密码算法最典型的一个应用场景就是数字证书。本小节先介绍了数字证书的出现意义、功能和发展现状，然后介绍了两种常用的数字证书工具 KeyTools 和 GMSSL（OpenSSL 的分支版本），最后实践代码对数字证书的签名、证书链和吊销列表等进行了展现，供读者更充分地了解公钥密码算法的使用。

5.3.1 数字证书

公钥密码算法除了可以签名验签和加/解密之外，还可以用来进行通信会话密钥协商和实体身份鉴别。此外，在数据源发的不可否认性和接收数据的不可否认性方面的应用也是非对称算法的主要使用场景。

数字证书技术发明之前，公钥密码算法自身有个根本性问题一直没有解决：在收到一个公钥后如何证明它像其所宣称的那样，真的为某个主体（Subject）所拥有呢？如果公钥在发布后或传递时被一个恶意的第三者替换掉或者篡改了，如何发现呢？这就是公钥可信性问题。在现实生活中，我们对一个文本合同文档进行签名之后，通常通过笔迹校验的方法来验证签名者的身份，以确保这个合同是由合法用户签发的。在互联网上，通过密码技术提供了一种采用第三方权威机构完成公钥与实体信息的绑定，类似合同签字风格和人的绑定关系，由数字证书技术解决密钥归属问题的机制（PKI）。

数字证书（Digital Certificate）是一种特殊的“电子文档”，一种将身份标识信息和公钥密码算法相结合的密码应用技术。简单地说，数字证书就是将每一个用户的公钥和拥有这个公钥的主体信息绑定在一起，由第三方可信权威机构来给绑定后信息完成数字签名后（第三方权威机构拥有自己的公、私钥，用自己的私钥来证实用户的公钥信息），再将公钥、主题信息和签名信息用一个特定的格式进行包装发布的方法。数字证书技术使用公钥密码算法、杂凑算法等多种密码算法，是密码技术的一个综合应用。

在前面 SM2 算法签名验签功能实践中，读者朋友可能注意到用过一个邮箱地址“ALICE123@YAHOO.COM”，是因为 SM2ParameterSpec 的构造函数需要一个“byte[]ID”参数，它用来表明签名者的身份。利用身份标识作为算法的关键参数之一，无疑有着很重要的意义，如果把身份标识和公钥直接绑定成数字证书，最终将在密码技术应用上有高的安全性和价值，接下来就探讨数字证书。

5.3.2 数字证书的功能和现状

本小节对数字证书的功能和公钥基础设施的概念进行简要阐述，并对公钥基础设施的发展历史和 CA 结构进行描述，最后描述数字证书的具体构成，读者通过本小节的阅读可以对数字证书的应用有更好的理解。

（1）数字证书的功能和现状

数字证书技术在很多的基于公钥密码技术的安全应用中提供密钥归属的保证，它是密码技术中一个非常重要的应用实现。典型应用场景如下。

数字证书可以在互联网通信中提供良好的安全性，比如现在的 Web 访问，用基于数字证书的 SSL 协议的方式对传输数据进行加密保护。

数字证书可以提供互联网中唯一的身份保证，就像一把自己的钥匙，比如在当前的网银中可以通过 USBKey 中灌装用户数字证书来提供安全性的双因素认证。

数字证书是电子商务发展的一个重要支撑，它能有效保障个人用户的资金安全和支付安全，用户可通过数字证书来表明身份并识别交易对方的身份。

目前数字证书的主要格式是 X. 509 格式标准，它经历了三个版本，现在大部分使用第三版。X. 509 证书已经在包括 TLS/SSL/IPSec 等多个安全密码协议中使用，同时电子签章、身份认证等安全应用也在广泛使用数字证书。

（2）公钥基础设施

有了数字证书这个安全的载体，权威的认证机构就需要建设一套平台和规范来对证书进行管理和发布，这就产生了公钥基础设施（Public Key Infrastructure，PKI）的概念。公钥基础设施是一个包括硬件、软件、人员、策略和规程的集合，用来实现基于公钥密码体制的密钥管理和数字证书的产生、管理、存储、分发和撤销等功能。公钥基础设施为实施电子商务、电子政务、办公自动化等提供了基本的安全服务，从而使那些彼此陌生或距离遥远的用户能通过证书信任链安全地进行网络通信。每个上网的人都会接触到证书，可能大家没注意到它，在使用百度、淘宝、京东等网站时，网址中的“https：//”协议背后就是靠证书来提供保密通信的。

建设和管理公钥基础设施的权威机构被称为认证中心（CA）。CA 是个树状结构，最上面是根 CA，下面有二级 CA，三级 CA 等。认证中心 CA 机构示意如图 5-2 所示。

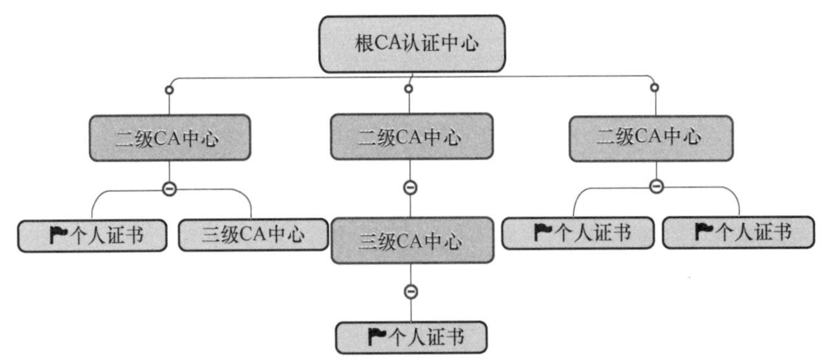

• 图 5-2　认证中心 CA 机构示意图

国际上美国的 PKI 建设最早，其发展历程包括三个阶段：1966 年以前是无序建设的阶段；1996~2002 年是联邦桥认证机构为核心的体系建设阶段；2003 年之后是 CA 建设的策略规范和体系建设齐头并进的阶段。

联邦桥认证机构（The Federal Bridge Certification Authority，FBCA）的产生是因为美国 1996 年提出的一个计划，要建设一个覆盖全美国 80 个机构和 19 个部的通信保护平台，这需要一个协调和牵头的机构。该机构于 2001 年正式公布建设体系。欧洲在 PKI 基础建设方面也成绩显著，已颁布了 93/1999EC 法规，法规强调技术中立、隐私权保护、国内与国外相互认证以及无歧视等原则。欧洲于 2000 年成立了欧洲桥认证指定委员会，该委员会主导各国之间 PKI 的协调和协同工作问题，最终于 2001 年 3 月成立了欧洲桥 CA。

我国的 PKI 技术发展也几乎与欧美在同时开展。早在 1996 年，我国就开始了电子商务认证方面的研究。1998 年 11 月，湖南 CA 中心开始试运行。1999 年在上海成立了第一家实体运营的 CA，称为上海 CA 中心。随后各级政府，特别是省一级政府对 PKI 的发展给予了高度重视。2001 年的“十五”国家高技术研究发展计划中把 PKI 列为信息安全主题上的重大课题，全面推动 PKI 技术的落地和应用。2004 年 8 月 28 日，十届全国人大常委会第十一次会议表决通过了电子签名法，规定电子签名与手写签名或者盖章具有同等的法律效力。电子签名法的诞生极大地推动了我国的 PKI 建设和应用。

目前我国的银行应用、移动支付应用、电子商务应用等走在了世界前列，金融交易、政府采购和网络交易都采用了安全的 PKI 技术来保障安全，CA 因此得以广泛推广，并应用在众多的行业信息化中。

国内的 CA 可以分类为地区型 CA，比如上海 CA、北京 CA 等；行业型 CA，比如金融 CFCA 等；还有各个企业、部委自己自建自用的 CA，比如中石化 CA、海关 CA 等。也产生了一批优秀的 CA 产品和服务提供商，如吉大正元，信安世纪等。

我国商用密码规范要求，CA 系统需要采用双证书体制，即一个签名证书和一个加密证书。CA 应用平台建设则被要求分成两部分，常称之为双中心，即一个认证中心和一个密钥管理中心。

图 5-3 就是一个典型的数字证书认证系统的逻辑架构图，它包含认证机构（CA）、证书注册结构（RA）、密钥管理中心（KM）、证书查询发布/CRL 等模块。

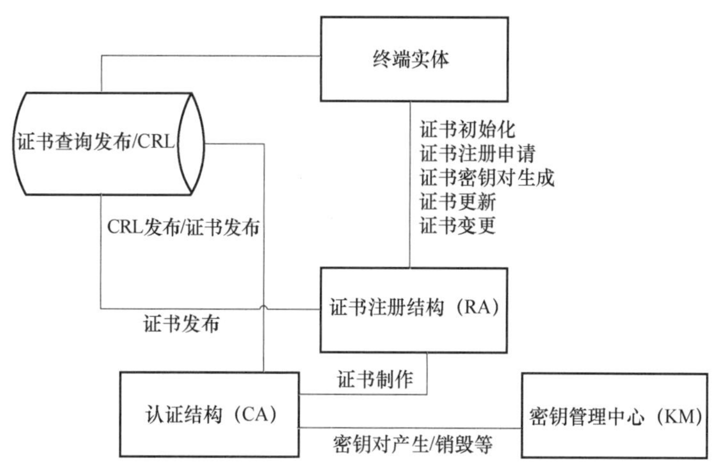

● 图 5-3　数字证书认证系统逻辑架构图

在数字证书系统中，RA 是与用户打交道最多的子系统，它负责用户的证书申请、身份的审核、证书的更新和证书下载等多个功能。RA 在大的结构体系中又可以分为 LRA 和 RA 等多级的注册受理点，而证书的申请和下载也可以采取离线的方式。KM 主要是产生密钥，可以是非对称密钥，也可以是对称密钥，还负责产生签名用的随机数等关键参数，负责接收并处理 CA 中心的密钥请求。在双证书体系下，加密证书的密钥对均由 KM 来负责全生命周期管理，而密钥的全生命周期管理通常是指密钥的生成、密钥的存储、密钥的分发、密钥的备份、密钥的更新、密钥的撤销、密钥的归档和密钥的恢复等几个过程。

一个典型的数字证书结构如图 5-4 所示。

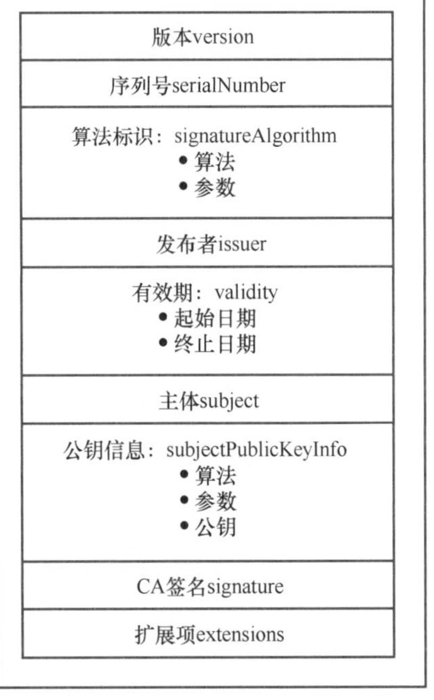

• 图 5-4　数字证书结构图

在信息化系统建设中，数字证书系统的密钥通常由加密机等安全设备产生并存储。签名通常由 CA 中心用私钥完成，而 CA 中心自己的 root 证书，也称为根证书，通常采用自签名的方式发布，靠其权威性来提供信任保证。CA 发放的用户证书根据业务的特点不同，有多种存储形态，可以存放在计算机硬盘、USBKey 智能密码钥匙或者 IC 卡内。

而证书的获取通常情况下有两种方法：一个是单独发送，比如由 CA 直接发放到 USBKey 智能密码钥匙内；另一种是发布到 LDAP 等数据库中，用户可以通过网址进行查询和下载。

数字证书系统还有一个关键的功能是提供证书撤销列表 CRL。当证书对应的私钥被泄露了，这个时候该证书就必须及时吊销。所以在应用系统使用证书做安全业务时，必须要查询这个吊销列表，以确认使用的证书没有被吊销。

每个数字证书都包含一个起始日期和终止日期，证书必须在规定的有效期内使用，使用时还要验证用户证书的签名是不是 CA 签出的，然后再验收 CA 的签名是不是有效上级 CA 签发的，这就是常说的证书链验证。在后面的实践例子中有一个示例介绍 CertPath，它就是 Java 包装好的证书链类。

5.3.3　数字证书管理

本小节主要介绍了两个证书管理工具，通过它们可以申请数字证书，对证书进行签发和保存，对数字证书进行格式转换。通过这些工具的使用，读者能熟练地在开发环境中使用数字证书技术。

1. 用 KeyTool 工具来管理证书

在工程项目开发或者测试安全应用时经常会用到数字证书，比如配置 HTTPS、基于 SSL 的 socket 编程等。如果去买一个证书做开发测试用，性价比实在太低。作为 Java 程序员，可以使用 JDK 包自带的工具 KeyTool 来管理密钥和证书。KeyTool 工具在 jdk/bin 目录下，可以用来生成自签名证书、导入导出证书、打印证书信息等。

如果读者想使用 KeyTool 工具管理证书，就需要先了解一个概念“keystore”，它是 KeyTool 工具操作时生成的一个加密的存储文件。在很多资料中将 keystore 称为证书数据库，如果想打开并使用 keystore 必须输入正确的密码。除了 keystore，要想用好 KeyTool，还需要熟悉以下常用的数字证书编码格式。

- DER 格式证书：该格式使用的是二进制，扩展名为 der，但也会经常使用 cer 作为扩展名，所有类型的证书都可以存储为 DER 格式。Java 中典型的使用也是这种格式。
- PEM 格式证书：该格式通常用在数字证书认证机构中，扩展名为 pem、crt、cer 和 key，内容是使用 Base64 编码的文本文件，可以用任何的文本编辑器打开查看，文件有类似“-----BEGIN CERTIFICATE-----”和“-----END CERTIFICATE-----”的头尾标记。个人证书、服务器证书、CA 证书和私钥等都可以存储为 PEM 格式，很多 Web 应用使用这种格式，方便通过 HTTP 进行传输。

（1）生成自签证书

1）使用默认参数生成自签证书。用 KeyTool 模拟产生一个 ca 的自签名证书。

第一步，在命令行工具（cmd）输入“keytool -alias ca -dname CN = CA -genkeypair”命令。

```
-alias 参数指定处理的项别名为 ca
-dname 指定一个标识名 CN=CA
-genkeypair 生成密钥对(公钥和关联的私钥)
```

第二步，根据提示给密钥数据库 keystore 一个密码，需要六位以上。为了测试，本示例选择口令为 testtest。输入两次口令，会生成一对密钥，并保存在密钥数据库中。如图 5-5 所示。

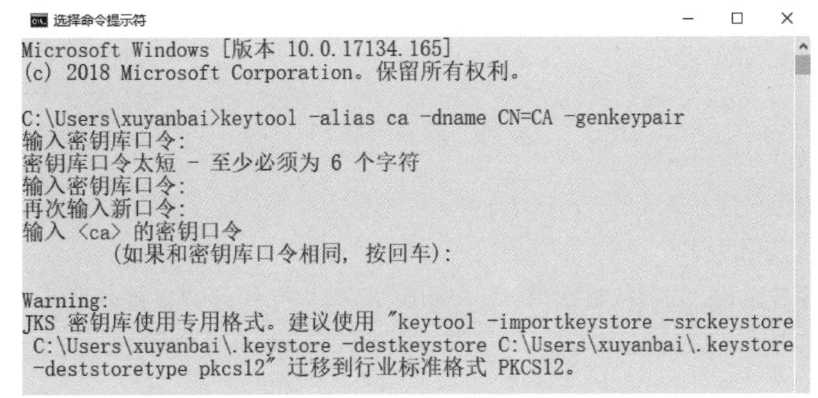

● 图 5-5 产生公、私钥的自签证书

读者可能注意到了，在命令行窗口底部会有警告提示，建议使用者把密钥数据库转换成行业的通用标准 PKCS#12 格式。附录 B 汇总了 PKCS 标准，请读者自己参阅。

2）使用指定的参数生成自签证书。下面再来展示一个复杂的命令，指定生成密钥对的算法的类型、密钥长度、证书有效期等参数，如图 5-6 所示。命令如下。

```
keytool -genkeypair -alias ca1 -keysize 2048 -keyalg RSA -validity 3650
        -keystore teststore.jks -storetype JKS
```

命令参数的含义分别是：

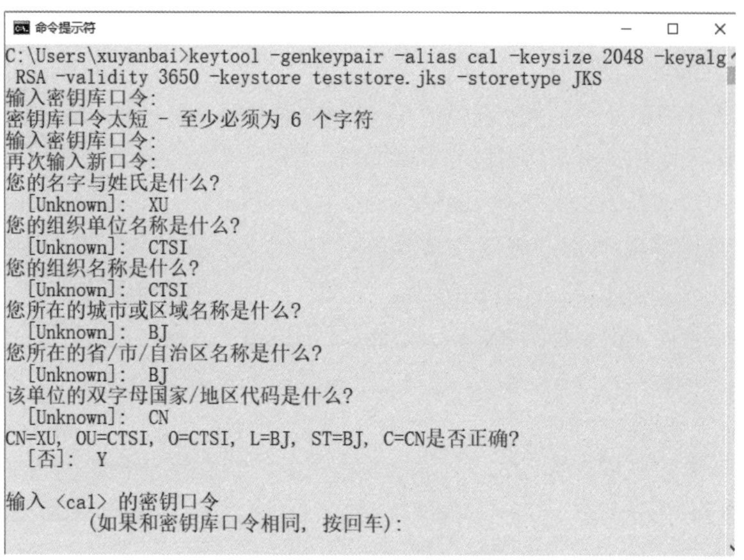

• 图 5-6　指定参数的自签证书生成

- genkeypair：指明产生密钥对。
- alias：指定了项的别名是 ca1。
- keysize：指明了密钥的长度是 2048 位。
- keyalg：指定了使用的算法是 RSA 算法。
- validity：指定从当天开始的证书有效期长度为 3650 天。
- keystore：指定密钥数据库的文件名为 teststore. jks。
- storetype：指定了密钥数据库文件的格式为 JKS，可选的还有 PKCS11、PKCS12 等。

由于这里没有指定-dname 参数，所以需要读者手动输入很多信息。不过这些提示都很友好，分别按提示信息输入后，ca1 的自签名证书就生成了。

（2）导出证书文件

有了自签名证书，如何从数据库中导出和使用它们呢？接下来需要分别把刚刚产生的放在两个密钥数据库（keystore 和 teststore）中的两个自签名证书导出来。

在命令行输入如下语句：keytool -exportcert -alias ca -file ca. crt -rfc。

命令参数的含义分别是：

- exportcert：指明了导出证书。
- alias：指定了项的别名是 ca，也就是导出该项对应的证书。
- file：指定了导出的文件是 ca. crt。
- rfc：指定了使用 Base64 编码的 PEM 格式输出。这里没有指定密钥数据库参数，从默认的 keystore. jks 密钥数据库中导出证书。

读者可能会问，如果制作证书时全部使用默认参数（密钥长度，密钥算法均不指定），生成的自签名证书 ca 是什么样子的呢？默认参数能否保证安全呢？下面继续深入探索。

（3）使用 Windows 证书查看工具查看证书

1）首先在 Windows 的个人文件夹下面找到该证书文件，用文本编辑工具打开该 ca. crt 文件。可以看到如下类似内容，文件是经过 Base64 编码的，而且有明显的开始行和结束行的标志。编码后的证书格式如图 5-7 所示。

ca. crt


```
-----BEGIN CERTIFICATE-----
MIIEFDCCA8GgAwIBAgIED/1UcDANBglghkgBZQMEAwIFADANMQswCQYDVQQDEwJD
QTAeFw0yMDA3MTYwMjI1MzdaFw0yMDEwMTQwMjI1MzdaMA0xCzAJBgNVBAMTAkNB
MIIDQjCCAjUGByqGSM44BAEwggIoAoIBAQCPeTXZuarpv6vtiHrPSVG28y7Fnjuv
Nxjo6sSWHz79NgbnQ1GpxBgzObgJ58KuHFObp0dbhdARrbi0eYd1SYRpXKwOjxSz
Nggooi/6JxEKPWKpk0U0CaD+aWxGWPhL3SCBnDcJoBBXsZWtzQAjPbpUhLYpH51k
jviDRIZ315zsBLQ0pqwudemYXeI9sCkvwRGMn/qdgYHnM423krcw17njSVkvaAmY
chU5Feo9a4tGU8YzRY+AOzKkwuDycpAlbk4/ijsIOKHEUOThjBopo33fXqFD3ktm
/wSQPtXPFiPhWNSHxgjpfyEc2B3KI8tuOAdl+CLjQr5ITAV2OTlgHNZnAh0AuvaW
poV499/e5/pnyXfHhe8ysjO65YDAvNVpXQKCAQAWplxYIEhQcE51AqOXVwQNNNo6
NHjBVNTkpcAtJC7gT5bmHkvQkEq9rI837rHgnzGC0jyQQ8tkL4gAQWDt+coJsyB2
p5wypifyRz6Rh5uixOdEvSCBVEy1W4AsNo0fqD7UielOD6BojjJCilx4xHjGjQUn
txyaOrsLC+EsRGiWOefTznTbEBplqiuH9kxoJts+xy9LVZmDS7TtsC98kOmkltOl
XVNb6/xF1PYZ9j897buHOSXC8iTgdzEpbaiH7B5HSPh++1/et1SEMWsiMt71U92v
AhErDR8C2jCXMiT+J67ai51LKSLZuovjntnhA6Y8UoELxoi34u1DFuHvF9veA4IB
BQACggEANJoWCfwyG7FueKRma2My2orqfwGFAGOoSU8aDF3sD6qe0bCqnaoLuc83
3yCHghijgIG0Ze4vad84ksR6m4LO+WkDti3LAnogzzUJ2TrZIGLFjsPEjLvqfrgd
vSVUcbasp/S1gwN1SgCiBMWYYRY031x+YF0W4P/7Mj1Jewkiom8k04r9wgASU8wu
AIcRms24OGfaaaOqtMj1aRFDKqCmSxXkxt0VQrMnFy5EWdkExk0NIHko1LYp3pQV
8ufWN+JHc2uRe3WQEjhS3Ydf54kq8LSm6UxaybfZ/MdlCgG+FSelBGtyShghiy2B
kvPlZKkMyeiVuzd8YwCs+1g8PQ7pIKMhMB8wHQYDVR0OBBYEFGZ7GcBaPuxBue/n
Z3pFy4HO+qsqMA0GCWCGSAFlAwQDAgUAAz4AMDsCGxZb5xq6Zzd81cnhdZx3JOCo
vBp65MS7dvIhvAIcAic4kqxXKjMp5A3AFImHlgPimd/WdUj210b8RQ==
-----END CERTIFICATE-----
```


• 图 5-7　编码后的证书格式

2）用鼠标双击 ca. crt 文件，可以使用 Windows 的证书查看工具打开该证书，这样能更直观地看到该证书的内容。如图 5-8 所示。

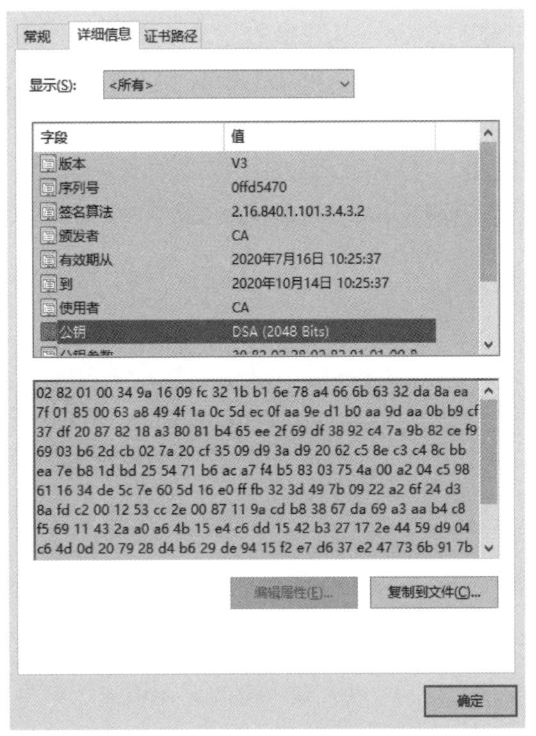

• 图 5-8　Windows 查看证书格式

从证书显示内容可以看出，证书是 x509 第三版（V3），但算法显示的是 OID 2. 16. 840. 1. 101. 3. 4. 3. 2，而不是算法名字。通过查询相应的官方文档资料可以得知该 OID 对应的是 SHA256withDSA 算法。算法的密钥长度是 DSA 的 2048 位。颁发者和使用者均是 CA，所以它是自签名证书。在项目测试中偶尔使用该证书没有大问题，但 DSA 算法并不是商用密码推荐算法，不建议读者在正式环境中使用该类 DSA 算法证书。

3）下面继续再把 ca1 证书从 teststore. jks 密钥数据库中导出来，看看我们使用了多个指定参数后证书的变化情况。

在命令行输入如下语句：keytool -exportcert -alias ca1 -keystore teststore. jks -file ca1. crt -rfc。命令参数的含义分别是：

- exportcert：指明了要导出证书。
- alias：指定了项的别名是 ca1，也就是导出该项对应的证书。
- keystore：指定了密钥数据库文件 teststore. jks。
- file：指定了导出的文件是 ca1. crt。
- rfc：指定了使用 Base64 编码的 PEM 格式输出。

4）用鼠标双击 ca1. crt 文件，可以使用 Windows 的证书查看工具打开该证书，这样可以更直观地看到该证书的内容。自定义算法和长度的数字证书如图 5-9 所示。

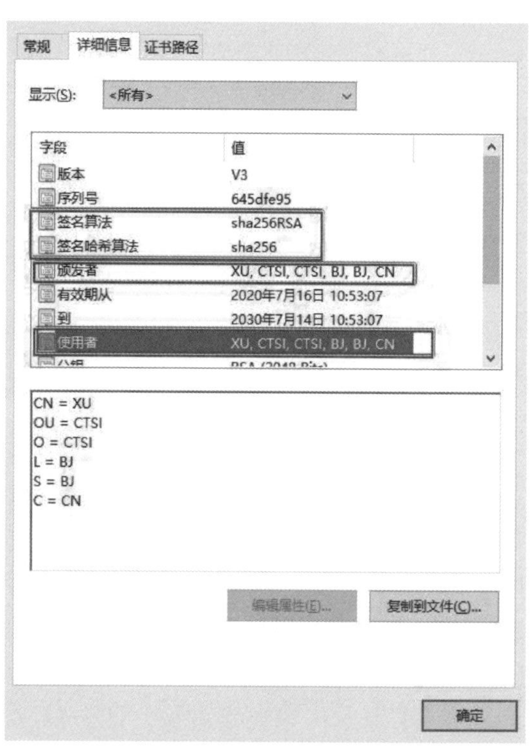

• 图 5-9　自定义算法和长度的数字证书

5）从结果看，证书使用的-keyalg RSA 指定了算法 RSA，在签名算法上显示了 sha256RSA 的结果；用-validity 3650 指定了证书的有效期是 3650 天；用-keysize 2048 指定了密钥的长度是 2048 位；从证书的颁发者和使用者可以看出，两者是一致的，说明该证书也是自签名证书。

（4）使用 KeyTool 工具查看证书

前面显示证书采用的是 Windows 证书查看工具来查看证书。当然用 keytool 命令也能展示证书内容，特别是在 UNIX 系统做远程开发管理时，keytool 更方便。命令如下：

keytool -printcert -file ca1. crt

输出结果内容如图 5-10 所示。

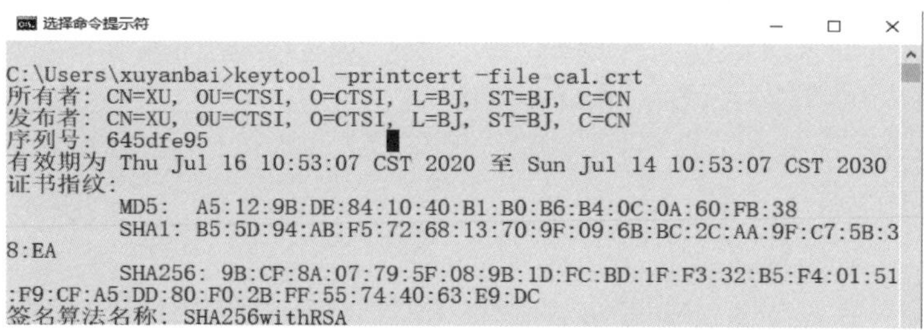

• 图 5-10　Keytool 查看证书输出内容

前面创建和导出的是两个自签名证书，那接下来继续展示如何用 CA 模拟来给用户签发一个用户证书，用户证书首先要做的工作是产生一个证书请求。

（5）生成证书请求文件

第一步，用 KeyTool 生成一个证书请求。

在命令行输入如下语句：keytool -certreq -alias ca1 -keystore teststore. jks -file ca1. csr – v。命令参数的含义分别是：

- certreq：指明了该操作要生成证书请求。
- alias：指定了项的别名是 ca1，也就是导出该项对应的证书。
- keystore：指定了密钥数据库文件为 teststore. jks。
- file：指定了导出的证书请求文件名是 ca1. csr。
- v：指定了使用详细信息。

第二步，执行上面的命令，读者可以在用户的目录中得到一个 ca1. csr 的文件，该文件是用 PKCS#10 编码格式编码的，这是一个证书请求文件。如图 5-11 所示。

```
ca1.csr
-----BEGIN NEW CERTIFICATE REQUEST-----
MIICxzCCAa8CAQAwUjELMAkGA1UEBhMCQ04xCzAJBgNVBAgTAkJKMQswCQYDVQQH
EwJCSjENMAsGA1UEChMEQ1RTSTENMAsGA1UECxMEQ1RTSTELMAkGA1UEAxMCWFUw
ggEiMA0GCSqGSIb3DQEBAQUAA4IBDwAwggEKAoIBAQCKcIAsHFTCgtJ7j1Rma0ob
CtFCGtx1azvfKEQfG3Do6YfZ/tz3hPKF1P9qOg3zaiZGv/xLCLhuTQ+1vBd00HCH
W3Bb05IXANZfnyOajFk2mYsh9iG7UfZp3zO0gNz+rRYHZDCgz5uvrLPSZ9GVydQ/
OIbPSyIbbG4l/JvfmUhWftovxBedBwbheR87QWm8w+V9rdgyR5zAsL6Y/UildAGS
DJx/QGeMx3TzE/41rHH76n8JsUv4zEe7c9fAbILuNo2ubxtS5YTjNOrkvIkYNdrR
m+YwjA2n4axjSTr2A7i75MtolYqufIHN7ICA1H7LVEePvHTweyolfDHWMvfC17/F
AgMBAAGgMDAuBgkqhkiG9w0BCQ4xITAfMB0GA1UdDgQWBBQGNAh13MgbL/6EHBdl
LkvgMNAdIzANBgkqhkiG9w0BAQsFAAOCAQEAMIKh7a7zZWxJGy/lVf6hvZf8KPy5
0DN6JUCXh0Ods/a0iEe0DrBPKsZAoj+dYhaTNE7jK6owPqflAlbeRIJeZXZ6p3cg
NkpL81T4FEgZOnruLzInYv9FiuEIV/T2RKZTRoqbAzNLmbnpItwa0qlztSQwvurt
/W71xck0oD4xF/Oac0a3cJGcAtEDRXi9ZiT8wJHLL8ZmV6y+wNqO7bjtSZiYvfZ6
/bUl8b9Mq5f9XLr6htxr6VEb65RMsCDekFDxBx1DU/8URiL6ohajlKj45eYnR++P
oIvXYAG4vIjvymvWxcKXDVAKyitZLfD81yPKvpY9wW3XVXbiyaKDM7tJ2w==
-----END NEW CERTIFICATE REQUEST-----
```

● 图 5-11　证书请求文件格式

可以看到证书请求文件也有明显的开始和结束标志，它们是“-----BEGIN NEW CERTIFICATE REQUEST-----”和“-----END NEW CERTIFICATE REQUEST-----”，将这个文件发送给 CA 中心就可以签发正式证书了。

(6) 模拟 CA 签发证书

如果读者想在测试环境下自己模拟签发而不是送给 CA 中心去签发，KeyTool 也完全可以胜任，而且非常方便，请跟着编者继续操作。

1）生成一个别名为 user1 的用户证书。在命令行输入如下语句：keytool -genkeypair -alias user1 -keysize 2048 -keyalg RSA -validity 1000 -keystore teststore. jks -storetype JKS -dname CN=user1，OU=user1. com，O=user1. com，L=BJ，ST=J，C=CN。

为了不用再输入交互信息，这里直接用-dname 参数指定了主题的各种信息。

2）使用 keytool 查看 user1 证书。生成 user1 证书之后，可以用 keytool 的 list 命令将密钥数据库 teststore 中的证书条目显示出来。

在命令行输入如下语句：keytool -list　-keystore teststore. jks。

命令执行后，列出密钥库中的证书条目如图 5-12 所示，包含两个条目。

3）使用 CA 私钥给 user1 用户证书签名。

下面演示用 CA1 来给 user1 证书进行签名。这条语句有点长，但还是比较容易理解的，只是用了管道符号“|”串接几个命令而已。

```
命令提示符
C:\Users\xuyanbai>keytool -list  -keystore teststore.jks
输入密钥库口令:
密钥库类型: jks
密钥库提供方: SUN

您的密钥库包含 2 个条目

ca1, 2020-7-16, PrivateKeyEntry,
证书指纹 (SHA1): B5:5D:94:AB:F5:72:68:13:70:9F:09:6B:BC:2C:AA:9F:C7:5B:3
8:EA
user1, 2020-7-17, PrivateKeyEntry,
证书指纹 (SHA1): 2D:D3:5C:F6:AF:64:46:25:8C:14:8D:A6:F0:55:C4:DB:94:39:C
2:E8

Warning:
JKS 密钥库使用专用格式。建议使用 "keytool -importkeystore -srckeystore t
eststore.jks -destkeystore teststore.jks -deststoretype pkcs12" 迁移到行
业标准格式 PKCS12。
```

● 图 5-12　列出密钥库中的证书条目

```
keytool -alias user1 -certreq -keystore teststore.jks -storetype JKS
      -storepass testtest | keytool -alias ca1 -gencert -ext san=dns:user1
    -keystore teststore.jks -storetype JKS -storepass testtest
     | keytool -alias user1 -importcert -keystore teststore.jks -storetype
      JKS -storepass testtest
```

为了排版的需要，语句分为多行，实际上它们是一行语句。“ | ” 管道符号连接两个命令，就是前面命令的输出流是后面命令的输入流。读者可以看出这是由三个完整的命令拼接而成的。第一句生成证书请求，第二句使用 ca1 对 user1 的证书进行签名，第三句把签名之后的证书再导入密钥数据库中。这里只解释前面没出现过的命令参数。

- storepass：指定了打开密钥数据库的密码是 testtest。
- ext：指定了扩展项中的使用者可选名字 san=dns：user1。
- importcert：把签名之后的证书再导入密钥数据库中。

用 ca1 给 user1 证书进行签名命令执行的界面如图 5-13 所示。

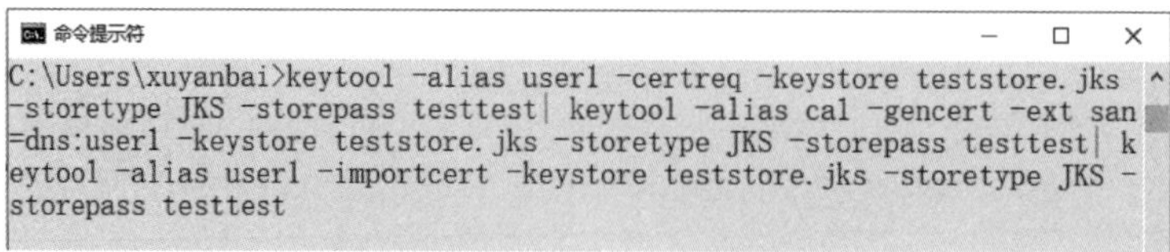

● 图 5-13　用 ca1 给 user1 证书签名

4）导出签名后的用户证书。

为了验证效果，需要将用户证书从密钥数据库 teststore. jks 导出来查看。命令如下：

```
keytool -exportcert -alias user1 -keystore teststore.jks -file user1.crt
      -rfc -storepass testtest
```

5）查看签名后的用户证书。

双击导出后的 user1. crt 文件，user1 签名证书结果如图 5-14 所示。

从颁发者和使用者上可以看出，user1 证书是别名为 ca1 签发的。而且在下面的证书

“使用者可选名称” 可以看出定义的 san = dns：user1 的效果。如果把 ca1 的证书导入 Windows 系统内，还可以看出证书链的路径效果，如图 5-15 所示。

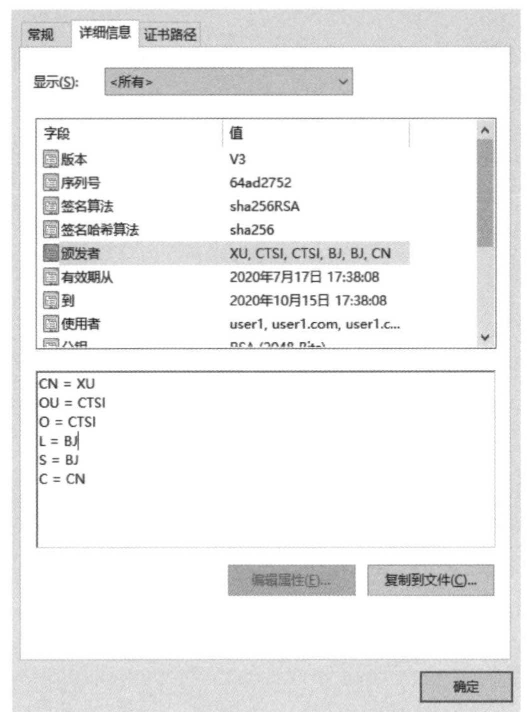

● 图 5-14 user1 签名证书结果

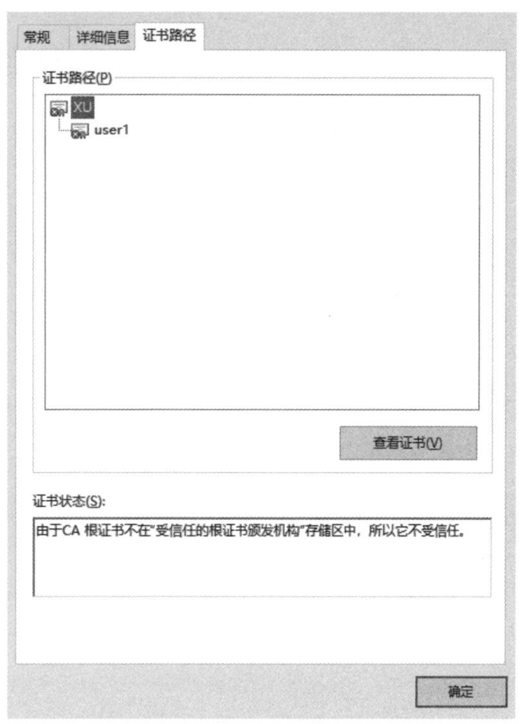

● 图 5-15 user1 证书的证书链

最后来总结 KeyTool 工具：在工程项目中做证书的测试和开发非常方便，而且在 Tomcat 等 web 服务器中也可以用密钥数据库文件来进行配置；但 KeyTool 也有缺点，比如证书的格式转换不够方便，不支持我国的商用密码算法，做不出 SM2 算法的证书。要产生国密证书就需要用到下面小节将要讲到的 GMSSL 工具。

2. 用 GMSSL 工具来管理证书

（1）GMSSL 起源

说起 GMSSL 就不得不提及 OpenSSL，OpenSSL 可是个知名度很高的安全开源工具包。OpenSSL 是普遍用于传输层安全（TLS）和安全套接字层（SSL）协议的商业级别的软件包，是基于 Apache 许可的开源项目。OpenSSL 不仅是一套完整的安全协议通信库，还是一个通用密码库，OpenSSL 的开源社区非常活跃，有众多的贡献者。

1998 年 12 月 23 日，网景公司发布了 OpenSSL 的第一个版本。开发者最初从 SSLeay 版本 0. 8. 1 和 0. 9. 0b 中提取了部分源代码，将其用在了 OpenSSL 的框架中，形成了第一个开源的版本 0. 9. 1c，并提供免费下载。它的最新版本，读者可以从 https：//www. openssl. org/ 下载，而且该网站有非常丰富的文档资料供参考。

从 1. 0. 0 版开始，OpenSSL 对版本控制方案进行了改进，以更好地满足开发人员和供应商的期望。Letter 版本（如 1. 0. 2a）仅包含错误和安全修复程序，没有任何新功能。更改最后一位数字的发行版（如 1. 1. 0 与 1. 1. 1）可以并且很可能包含新功能，但是不会破坏二进制兼容性。这意味着当共享库更新到 1. 1. 1 时，不需要重新编译与 1. 1. 0 编译并动态链接的应用程序。所以在采用新的编译后版本时，读者要仔细查看兼容性。

从官网资料查询可以得知，下一个最新的版本将是 3. 0. 0。版本 1. 1. 1，直到 2023 年 9 月 11 日为止，还将继续支持，但不再支持低于该版本的其他版本。2020 年的 6 月 22 日，已经发布了 3. 0. 0 的 alpha4 版本，beta 版本目前还在测试定版当中。

OpenSSL 包含的主要功能：实现了 SSLv2、SSLv3、TLSv1、TLSv1. 1、TLSv1. 2 和 TLSv1. 3 等安全协议；完成了大量的算法实现，其中对称算法实现包括 AES、SM4 等，非对称算法实现包括 RSA、SM2 等，杂凑算法实现包括 SHA、SM3 等；还完成了与 Java 里面的 BigInteger 类功能类似的大数运算实现；实现了密钥的生成；实现了 ASN. 1 编码解码库；实现了证书相关的请求、编解码、证书签名、证书 CRL 生成、证书 OCSP 协议等非常丰富的证书管理能力。总之 OpenSSL 是安全的集大成者，每个安全从业人员都应该去了解这个开源安全工具包，避免使用 OpenSSL 1. 0. 1、OpenSSL 1. 0. 1f、OpenSSL 1. 0. 2-beta 等存在“心脏滴血漏洞”版本。

OpenSSL 开源工具包采用 C 语言作为开发语言，具有天生的高效率和跨平台特性，在 UNIX、Linux 和 Windows 等平台上都可以使用。整个 OpenSSL 采用如下的架构进行了优化，如图 5-16 所示。

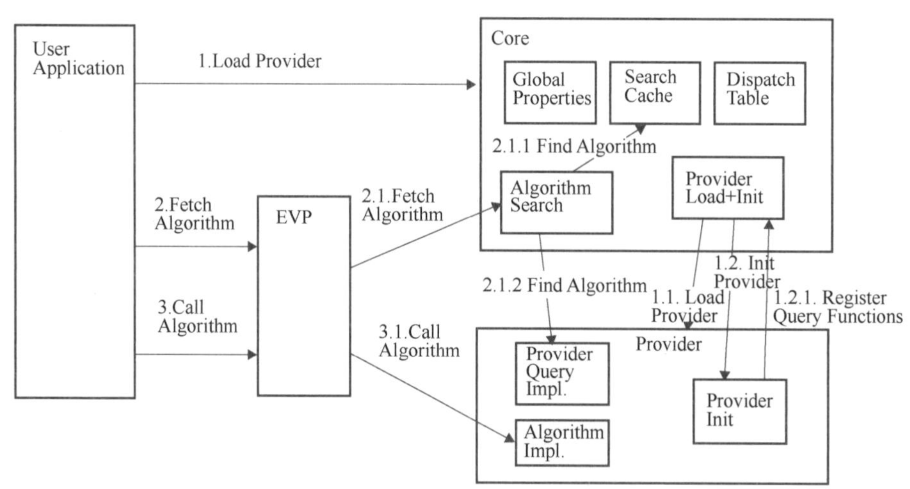

● 图 5-16　OpenSSL 系统架构图

可以看到用户的应用程序使用该安全工具库时，也要加载 Provider，可通过 EVP 层（在提供程序中实现操作的精简包装）加载，当然也可以直接调用核心层加载。有了这个先进的架构，OpenSSL 就具备了很多与 JCE 类似的能力，比如想添加一些新的算法，可以自己做成一个 Provider，实现符合自己国家或行业的安全要求的商用密码算法实现。

GMSSL 是 OpenSSL 的一个分支项目，它与 OpenSSL 完全保持接口一致，且对国际算法兼容。该项目的发起者声称，GMSSL 可以替代应用中的 OpenSSL 组件，并使应用自动具备基于国密算法的安全能力。

（2）GMSSL 简介

GMSSL（也称为国密版的 OpenSSL）提供对商用密码算法 SM2/SM3/SM4/SM9/ZUC 等支持，可以生成基于 SM2 的证书，并提供支持 SSL/TLS 安全协议通信能力，可以应用 GMSSL 来构建证书认证体系、安全通信体系和密码技术体系等符合国家商用密码算法的应用体系。

目前 GMSSL 项目由北京大学的研究人员负责研发和维护，项目的网址是 http：//gmssl. org，其源代码在 GitHub 上面。目前该源代码库已经在很多应用中得到验证和使用，读者可以下载源代码进行编译和学习，以了解并熟悉商用密码算法。

（3）GMSSL 安装

由于 GMSSL 是 C 语言开发的，所以可以跨平台编译。编者在编写本书之时为了验证最新的版本，分别在 Linux 和 Windows 平台对 GMSSL 进行了验证和测试（编写本书时采用的版本是 2. 5. 4，以下的命令和演示也都是基于这一版本）。如果读者使用 Linux 平台来编译使用 GMSSL 源代码，是非常简单方便的。首先从 GitHub 上下载源码压缩包文件 GmSSL-master. zip，然后通过下面命令解压到当前目录下。

```
unzip GmSSL-master.zip
```

然后到展开的子目录中，执行如下三个命令。

```
./config no-saf no-sdf no-skf no-sof no-zuc
make
sudo make install
```

当全部命令执行完毕后，如果没有出现错误，则可以执行 gmssl version 命令，查看是不是编译安装正确。Linux 成功安装 GMSSL 界面如图 5-17 所示，此时就表示编译安装是正确的。

```
[root@hdfs-10x ~]# gmssl version
GmSSL 2.5.4 - OpenSSL 1.1.0d  3 Sep 2019
[root@hdfs-10x ~]#
```

● 图 5-17　Linux 成功安装 GMSSL

如果读者需要在 Windows 上编译 GMSSL 源代码，过程稍微复杂些，需要安装 ActivePerl 和 Visual Studio 2015 以上版本，如果编译有问题建议读者再下载 NASM 软件。

编者在 Windows 中使用的编译软件的版本分别是：

- Windows10 64 位操作系统。
- Visual Studio community 2015。
- ActivePerl 5. 28 64 位版。
- nasm 2. 14. 03rc2 64 位版。

以上软件准备好后，逐个进行安装。最后解压 GMSSL 到一个目录中，用管理员身份启动 Visual Studio Tools 下的 Developer Command Prompt 控制台（**切记用管理员身份，否则会出错**）并在命令行窗口中运行如下命令：

```
perl Configure VC-WIN32
nmake
nmake install
```

如果顺利，祝贺你。如果失败了，也不用气馁，网络上有很多的解决方法，耐心多编译几次就可以。Windows 平台编译的时间比 Linux 平台要漫长些。等代码全部编译安装后，可以执行命令 gmssl version 来验证编译安装是否正常。如图 5-18 所示。

```
Microsoft Windows [版本 10.0.17134.165]
(c) 2018 Microsoft Corporation。保留所有权利。

C:\Users\xuyanbai>gmssl version
GmSSL 2.5.4 - OpenSSL 1.1.0d  3 Sep 2019

C:\Users\xuyanbai>
```

• 图 5-18　Windows 成功安装 gmssl

（4）GMSSL 生成自签证书实践

1）生成公、私钥对。在试验完毕编译和安装之后，接下来用 GMSSL 生成公、私钥对，命令如下。

```
gmssl ecparam -genkey -name sm2p256v1 -text -out user.key
```

这里命令 ecparam 指定使用椭圆曲线参数。

- genkey：产生一对椭圆权限的密钥。
- name：使用指定的 sm2p256v1 名字的椭圆曲线参数。
- text：以文本的格式打印椭圆曲线的各个参数。
- out：指定输出的文件名 user. key，把结果写入该文件中。

用文本编辑工具打开生成的 user. key 文件，可以看到生成的密钥对，文件内容已经采用 Base64 编码过了。文件内容“-----BEGIN EC PRIVATE KEY-----”和“-----END EC PRIVATE KEY-----”分别代表私钥开始和结束标志，两者之间就是生成的椭圆曲线私钥。读者可能奇怪，怎么没看到公钥？前面小节实践 SM2 时已经说过，公钥是可以很方便地用私钥算出来的，推算的公式是 $P = d * G$，d 是私钥，G 是生成元，P 就是公钥。文件中还有一段参数，被“-----BEGIN EC PARAMETERS-----”和“-----END EC PARAMETERS-----”标志包裹着，它用来确定曲线使用的具体参数。user. key 文件如图 5-19 所示。

```
user.key
ASN1 OID: sm2p256v1
NIST CURVE: SM2
-----BEGIN EC PARAMETERS-----
BggqgRzPVQGCLQ==
-----END EC PARAMETERS-----
-----BEGIN EC PRIVATE KEY-----
MHcCAQEEIL2dwm0Ey28HBgoVp4QDt3pF/2kUrSMNQOh8D0kvQAazoAoGCCqBHM9V
AYItoUQDQgAEiPLXI0z87U8CrOh9tdUxeQM7g2HyjcayyR593LXjMOQ/Zj+kCFCh
81LZEp8Mhi4b9cjB5Xcu+vhpO4gS7yzFXg==
-----END EC PRIVATE KEY-----
```

• 图 5-19　user. key（SM2 公、私钥对格式）文件

生成椭圆曲线密钥对的命令较简单，唯一一个让读者感觉陌生的是“sm2p256v1”这个名字，这个名字中 256 是指域空间的大小。读者应该想了解有没有其他的名字可用，在实践工程项目中该选用什么名字更合适，下面展示如何获得椭圆曲线名字信息。

```
gmssl ecparam -list_curves
```

通过使用-list curves 命令列出可以用的已有名字列表。椭圆曲线参数名字非常多，如图 5-20 所示。

```
C:\Users\xuyanbai>gmssl ecparam -list_curves
  secp112r1 : SECG/WTLS curve over a 112 bit prime field
  secp112r2 : SECG curve over a 112 bit prime field
  secp128r1 : SECG curve over a 128 bit prime field
  secp128r2 : SECG curve over a 128 bit prime field
  secp160k1 : SECG curve over a 160 bit prime field
  secp160r1 : SECG curve over a 160 bit prime field
  secp160r2 : SECG/WTLS curve over a 160 bit prime field
  secp192k1 : SECG curve over a 192 bit prime field
  secp224k1 : SECG curve over a 224 bit prime field
  secp224r1 : NIST/SECG curve over a 224 bit prime field
  secp256k1 : SECG curve over a 256 bit prime field
  secp384r1 : NIST/SECG curve over a 384 bit prime field
  secp521r1 : NIST/SECG curve over a 521 bit prime field
  prime192v1: NIST/X9.62/SECG curve over a 192 bit prime field
  prime192v2: X9.62 curve over a 192 bit prime field
  prime192v3: X9.62 curve over a 192 bit prime field
  prime239v1: X9.62 curve over a 239 bit prime field
  prime239v2: X9.62 curve over a 239 bit prime field
  prime239v3: X9.62 curve over a 239 bit prime field
  prime256v1: X9.62/SECG curve over a 256 bit prime field
  sect113r1 : SECG curve over a 113 bit binary field
  sect113r2 : SECG curve over a 113 bit binary field
  sect131r1 : SECG/WTLS curve over a 131 bit binary field
```

• 图 5-20　支持的所有椭圆曲线

如果读者使用商用密码的公、私钥对，名字就选择“sm2p256v1”SM2 的 256 位素数域上的曲线或者“sm9bn256v1”SM9 的 256 位素数域上的曲线。当然 SM2 使用环境更普遍些，支持商用密码的数字证书都是基于 SM2 算法的。

2）生成证书请求。有了密钥对，就可以生成证书请求了，具体命令如下。

```
gmssl req -new -key user.key -out user.req
```

这里命令 req 指定使用证书请求命令。

- new：生成一个新的证书请求。它将提示用户输入相关的字段值，提示的实际字段及其最大值和最小值在配置文件和任何请求的扩展名中指定。
- key：指定从 user. key 文件中读取私钥。如果不指定私钥则使用配置文件信息生成默认的 RSA 密钥对。
- out：指定要写入的输出文件名 user. req，如果不指定则输出到标准输出上。

生成证书请求命令执行如图 5-21 所示。

执行命令时，需要输入国家简称、省市的简称，组织机构的简称等标志证书主题（Subject）的元素，最后 password 和 optional company name 直接按〈Enter〉键即可。这样我们的证书请求文件就生成了，是以 PKCS#10 编码格式存储的。内容如图 5-22 所示。

有了证书请求文件，接下来可以将该文件发送给 CA 认证机构，由 CA 认证机构来签发一个数字证书。

3）自签名证书。当然读者也可以自己用 GMSSL 来生成自签名证书。具体命令如下所示。

```
C:\Users\xuyanbai>gmssl req -new -key user.key -out user.req
You are about to be asked to enter information that will be incorporat
ed
into your certificate request.
What you are about to enter is what is called a Distinguished Name or
a DN.
There are quite a few fields but you can leave some blank
For some fields there will be a default value,
If you enter '.', the field will be left blank.
-----
Country Name (2 letter code) [CN]:CN
State or Province Name (full name) [Some-State]:BJ
Locality Name (eg, city) []:BJ
Organization Name (eg, company) [Internet Widgits Pty Ltd]:CTSI
Organizational Unit Name (eg, section) []:CTSI
Common Name (e.g. server FQDN or YOUR name) []:User1
Email Address []:test@test.cn

Please enter the following 'extra' attributes
to be sent with your certificate request
A challenge password []:
An optional company name []:

C:\Users\xuyanbai>_
```

• 图 5-21　生成证书请求

user.req


```
-----BEGIN CERTIFICATE REQUEST-----
MIIBLjCB1AIBADByMQswCQYDVQQGEwJDTjELMAkGA1UECAwCQkoxCzAJBgNVBAcM
AkJKMQ0wCwYDVQQKDARDVFNJMQ0wCwYDVQQLDARDVFNJMQ4wDAYDVQQDDAVVc2Vy
MTEbMBkGCSqGSIb3DQEJARYMdGVzdEB0ZXN0LmNuMFkwEwYHKoZIzj0CAQYIKoEc
z1UBgi0DQgAEiPLXI0z87U8CrOh9tdUxeQM7g2HyjcayyR593LXjMOQ/Zj+kCFCh
81LZEp8Mhi4b9cjB5Xcu+vhpO4gS7yzFXqAAMAoGCCqBHM9VAYN1A0kAMEYCIQCY
YWuh17HkPpqZ+90LlqrIVANhZTDA/WQKGCOyyRrTfAIhAM4e7fis1olJELAPVBy0
RErr+FOqqX7Iq/CktNMTm3jI
-----END CERTIFICATE REQUEST-----
```


• 图 5-22　证书请求格式文件

```
gmssl x509-req -in user.req -out bai.pem -sm3
-signkey user.key -days 3650
```

这个语句使用了 x509，证书显示和签名命令如下。

- in user. req：指定从文件 user. req 中读取证书请求，如果不指定则使用标准输入。
- out bai. pem：指定输出的文件名为 bai. pem，如果不指定则使用标准输出。
- sm3：指定签名使用的杂凑算法是 SM3 算法。
- signkey user. key：指定使用密钥文件 user. key 中的私钥进行签名。
- days 3650：指定证书的有效期是 3650 天，即 10 年。

4）查看自签名证书。执行命令后，会在用户的目录下生成文件 bai. pem，文件是用 Base64 编码的，可以用文本编辑工具打开查看。当然也可以直接使用 gmssl 命令来查看该自签名证书，如下命令所示。

```
gmssl x509 -text -in bai.pem -noout
```

这个语句使用了 x509，证书显示和签名命令如下。

- text：以文本的格式打印数字证书的各个主题内容。
- in bai. pem：指定从文件 bai. pem 中读取证书。

- noout：指定读取的结果输出直接到标准输出中。

命令执行结果如图 5-23 所示。

```
C:\Users\xuyanbai>gmssl x509 -text -in bai.pem -noout
Certificate:
    Data:
        Version: 1 (0x0)
        Serial Number:
            ee:78:29:18:f5:10:35:a6
    Signature Algorithm: sm2sign-with-sm3
        Issuer: C = CN, ST = BJ, L = BJ, O = CTSI, OU = CTSI, CN = User1,
 emailAddress = test@test.cn
        Validity
            Not Before: Jul 19 03:30:54 2020 GMT
            Not After : Jul 17 03:30:54 2030 GMT
        Subject: C = CN, ST = BJ, L = BJ, O = CTSI, OU = CTSI, CN = User1
, emailAddress = test@test.cn
        Subject Public Key Info:
            Public Key Algorithm: id-ecPublicKey
                Public-Key: (256 bit)
                pub:
                    04:88:f2:d7:23:4c:fc:ed:4f:02:ac:e8:7d:b5:d5:
                    31:79:03:3b:83:61:f2:8d:c6:b2:c9:1e:7d:dc:b5:
                    e3:30:e4:3f:66:3f:a4:08:50:a1:f3:52:d9:12:9f:
                    0c:86:2e:1b:f5:c8:c1:e5:77:2e:fa:f8:69:3b:88:
                    12:ef:2c:c5:5e
                ASN1 OID: sm2p256v1
                NIST CURVE: SM2
    Signature Algorithm: sm2sign-with-sm3
         30:44:02:20:4f:49:79:2a:40:02:d6:0e:75:e8:85:21:54:38:
         c6:5f:8d:88:c5:a9:8d:fe:3b:bc:48:e2:49:19:c8:41:b0:2e:
         02:20:24:d6:35:6b:1f:79:d5:03:f0:f9:ee:48:b0:38:d9:89:
         c4:98:b3:9e:4d:8d:45:68:2b:ee:66:39:4b:40:0d:11
```

● 图 5-23 gmssl 查看证书内容

从输出中读者可以看到，证书的签名算法是商用密码推荐算法“sm2sign-with-sm3”，ASN1 OID 显示是“sm2p256v1”，证书的有效期到 2030 年 7 月 17 日。

读者可以把 bai. pem 改名成 bai. crt，即可。在 Windows 中用鼠标双击打开并查看证书，如图 5-24 所示。

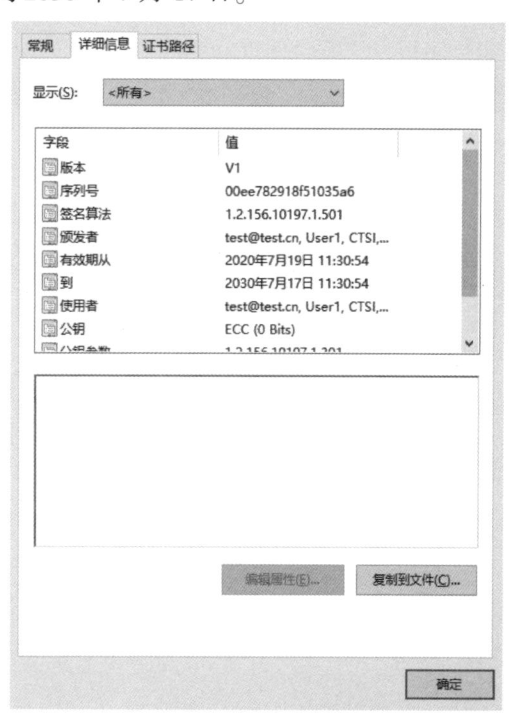

● 图 5-24 Windows 查看商用密码算法证书

从图 5-24 中可以看到，签名算法显示的是“1. 2. 156. 10197. 1. 501”而不是正确的名字。这是因为我国的商用密码算法还没有被微软厂商加到算法库解析程序中。附录 A 中有关于 OID 和算法名字对应的列表，读者可以自己查找对照。

5）生成 V3 版本证书。这里有个现象，读者可能已经发现了，就是数字证书版本是 V1。我们前一小节都是产生 V3 的证书。这个证书产生过程也非常流畅，问题出现在哪里？接下来就用技巧来生成 V3 的证书，该技巧要用到配置文件 openssl. cnf。在 GMSSL 的安装目录下有这个文件，编者目录“C:\Program Files (x86)\Common Files\SSL\”是配置生成证书的配置选项文件默认目录。目前先不用修改这个文件，建议读者直接复制该文件到 cmd 运行所在的当前目录中，然后执行下面的命令：

```
gmssl x509 -req -in user.req -out bai1.crt -sm3 -signkey user.key
    -days 3650 -extfile openssl.cnf -extensions v3_req
```

这个自签名证书和前面相比增加了最后面的两个参数，参数说明如下。

- extfile openssl. cnf：指定使用的配置文件是当前目录下的 openssl. cnf。
- extensions v3_req：指定证书使用的扩展选项是 v3_req 块定义。

然后读者再使用命令“gmssl x509 -text -in bai. crt -noout”展示出该证书的信息，如图 5-25 所示。

```
C:\Users\xuyanbai>gmssl x509 -text -in bai1.crt -noout
Certificate:
    Data:
        Version: 3 (0x2)
        Serial Number:
            f6:9c:9c:66:48:33:dd:46
    Signature Algorithm: sm2sign-with-sm3
        Issuer: C = CN, ST = BJ, L = Xicheng, O = Beijing ctsi.,
 OU = BSRC of CTSI, CN = server sign (SM2)
        Validity
            Not Before: Jul 19 05:36:48 2020 GMT
            Not After : Jul 17 05:36:48 2030 GMT
        Subject: C = CN, ST = BJ, L = Xicheng, O = Beijing ctsi.
, OU = BSRC of CTSI, CN = server sign (SM2)
        Subject Public Key Info:
            Public Key Algorithm: id-ecPublicKey
```

● 图 5-25 gmssl 查看 V3 版商用密码算法证书

通过命令输出证书，发现证书版本已经是 V3 了。出现 V1 版本是因为证书使用的是 SM2 的算法，该算法还不被国际主流系统认可，软件对它的支持不够，当首次采用默认定义产生证书时，它会认为没有证书扩展而显示出 V1 版本。

GMSSL 工具非常强大和方便，可以显示证书中的每一部分，具体命令如下。

```
    openssl x509 -in bai1.crt -noout -serial
显示证书的序列号
    openssl x509 -in bai1.crt -noout -subject
显示证书的主题
    openssl x509 -sm3 -in bai1.crt -noout -fingerprint
显示证书的指纹
    openssl x509 -in bai1.crt -noout  -pubkey
显示证书的公钥
    openssl x509 -in bai1.crt -noout -enddate
显示证书的结束日期
```

要查看 openssl. cnf 文件的 v3_req 块的具体内容，可以用文本编辑器打开该文件，在文件中搜索这个关键字，找到［ v3_req ］所在位置。openssl. cnf 配置文件遵循 Apache 文件的通常格式。两个中括号的中间是块名称，到下一个块之间都是本块的定义。#号开头的行是注释。本书编辑的配置文件中 v3_req 块有两行关键定义：第一个是定义了基本约束 basicConstraints，指明它不是 CA 证书而是用户证书；第二个定义是密钥用途，它也是证书扩展项。

接下来则是块[v3_ca]。

```
[ v3_req ]
# Extensions to add to a certificate request
basicConstraints = CA:FALSE
keyUsage = nonRepudiation, digitalSignature, keyEncipherment
[ v3_ca ]
… ….
```

在我国商用密码双证书体系中对密钥用途有着明确规定，签名的证书就做签名用，加密证书专作加密用等。在 X509 标准中也定义了如下密钥用途。

```
用途值                  中文意思
-----                   -------
nonRepudiation          不可否认
digitalSignature        数字签名
keyEncipherment         密钥加密
dataEncipherment        数据加密
keyAgreement            密钥协商
keyCertSign             证书签名
encipherOnly            仅加密
cRLSignCRL              签名
decipherOnly            仅解密
serverAuth              SSL/TLS Web 服务器认证
clientAuth              SSL/TLS Web 客户端认证
codeSigning             代码签名
emailProtection         E-mail 保护(S/MIME)
timeStamping            可信时间戳
OCSPSigning             OCSP 签名
IPSecIKE                IPSec 密钥交换
msCodeInd               Microsoft Individual Code Signing (authenticode)
msCodeCom               Microsoft Commercial Code Signing (authenticode)
msCTLSign               Microsoft Trust List Signing
msEFS                   Microsoft Encrypted File System
```

（5）GMSSL 模拟 CA 签发用户证书实践

GMSSL 的证书功能非常强大，它包含了几乎一个完整的 CA 认证中心的功能，本小节前面只演示了自签名证书功能。下面继续演示证书链功能，生成一个 CA 证书，然后再用该 CA 证书签出一个用户的证书，形成一个可测试验证的证书链。

1）生成 CA 密钥对。生成 CA 密钥对，输出的文件名是 cakey. pem，具体命令如下。

```
gmssl ecparam -genkey -name sm2p256v1  -outcakey.pem
```

2）修改 openssl. cnf 文件，定义主题。紧接着用文本编辑工具打开和 cakey. pem 同一目录下的 openssl. cnf 文件（如果没有该文件，就从 GMSSL 安装目录中复制一份）。在文件中找到[CA_default]所在行，做如下修改，主要是指定私钥定义。

```
[ CA_default ]
private_key     = cakey.pem
```

在文件中找到[req_distinguished_name]所在的行做如下修改，主要就是定义主题，这样做的目的是避免每次制作证书时还要自己交互输入这些信息的操作。

```
[ req_distinguished_name ]
countryName                     = Country Name (2 letter code)
countryName_default             = CN
countryName_min                 = 2
countryName_max                 = 2
stateOrProvinceName             = State or Province Name (full name)
stateOrProvinceName_default     = Beijing
localityName                    = Locality Name (eg, city)
localityName_default            = Beijing
0.organizationName              = Organization Name (eg, company)
0.organizationName_default      = CTSI
```

3）生成 CA 自签证书。接下来再次使用 gmssl req 直接生成自签名的 CA 证书，命令如下所示。

```
gmssl req -new -x509 -sm3 -key cakey.pem -out cacert.crt -days 3650
     -config openssl.cnf -extensions v3_ca
```

该命令使用 req 来自动产生证书请求文件来执行后续动作：

- new：指定产生一个新的请求，需要输入主题信息或使用配置文件的信息。
- x509：指定产生一个 X.509 格式的证书请求。
- sm3：指定使用的摘要算法是 SM3。
- key cakey.pem：指定证书的密钥来源于 cakey.pem 文件。
- out cacert.crt：指定输出的自签名的 CA 证书。
- days 3650：指定证书的有效期是 10 年。
- config openssl.cnf：指定使用的配置文件是当前目录下的 openssl.cnf。
- extensions v3_ca：指定证书使用的扩展选项是 v3_ca 块定义。

执行后，可以发现，几个交互输入都使用了默认值，这是因为前面已经在配置文件[req_distinguished_name]块定义好了这些主题。生成自签名 CA 证书过程如图 5-26 所示。

```
C:\Users\xuyanbai>gmssl req -new -x509 -sm3 -key cakey.pem -out
cacert.crt -days 3650 -config openssl.cnf -extensions v3_ca
You are about to be asked to enter information that will be inco
rporated
into your certificate request.
What you are about to enter is what is called a Distinguished Na
me or a DN.
There are quite a few fields but you can leave some blank
For some fields there will be a default value,
If you enter '.', the field will be left blank.
-----
Country Name (2 letter code) [CN]:
State or Province Name (full name) [Beijing]:
Locality Name (eg, city) [Beijing]:
Organization Name (eg, company) [CTSI]:
Organizational Unit Name (eg, section) []:CA
Common Name (e.g. server FQDN or YOUR name) []:MYCA
Email Address []:testCA@test.cn
```

● 图 5-26　生成自签名 CA 证书

4）安装 CA 证书。接下来将 cacert. crt 安装到 Windows 系统中，方便后续的证书链验证。安装方法就是在证书上右击鼠标，在弹出的菜单中选择“安装证书”命令即可，如图 5-27 所示。如果证书格式生成的是 der、cer 的扩展名，改名字即可，Windows 操作系统可以自动识别证书编码。

在接下来的步骤中，存储位置选择“本地计算机”。单击“下一步”按钮，选择“将所有的证书都放入下列存储”，单击“浏览”按钮，选择“受信任的发布者”选项，如图 5-28 所示，将该 CA 证书放到指定的“受信任的发布者”存储区。

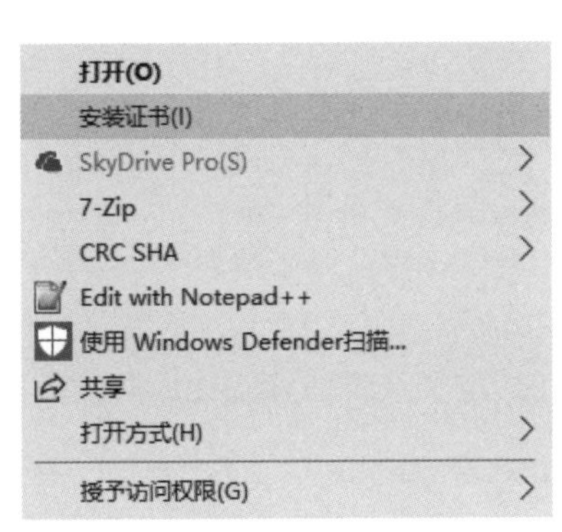

• 图 5-27　安装证书

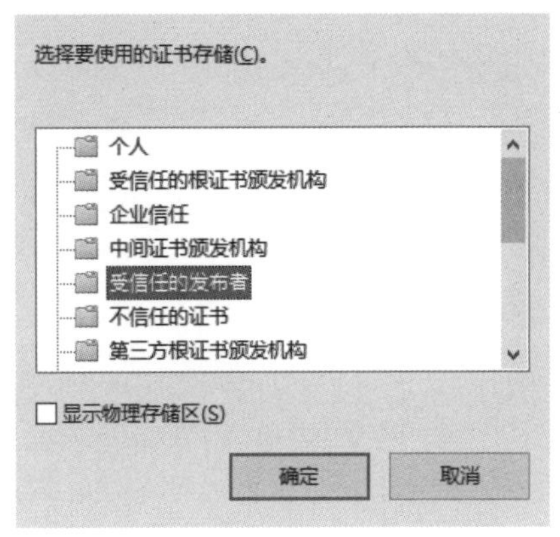

• 图 5-28　选择安装证书存储区

单击“确定”按钮，然后单击“安装”按钮，完成证书的安装。

5）查看已安装的 CA 证书。接下来打开 Windows 的工具查看证书。具体方法有 3 种。

- 打开 IE 浏览器，按〈AIT+X〉组合键，弹出菜单。在菜单中选择“Internet 选项”命令，单击“内容”标签页，再单击“证书”按钮就可以看到证书展示的全貌了。
- 打开控制面板，找到“Internet 选项”，后续步骤与第一个方法一样。
- 右击“网络”选项，选择“属性”命令，在弹出的窗口左下角有“Internet 选项”命令，后续步骤与第一个方法一样。

如果安装没有出错，在“受信任的发布者”标签页中就可以看到 MYCA 的证书已经在对应的列表中了，如图 5-29 所示。

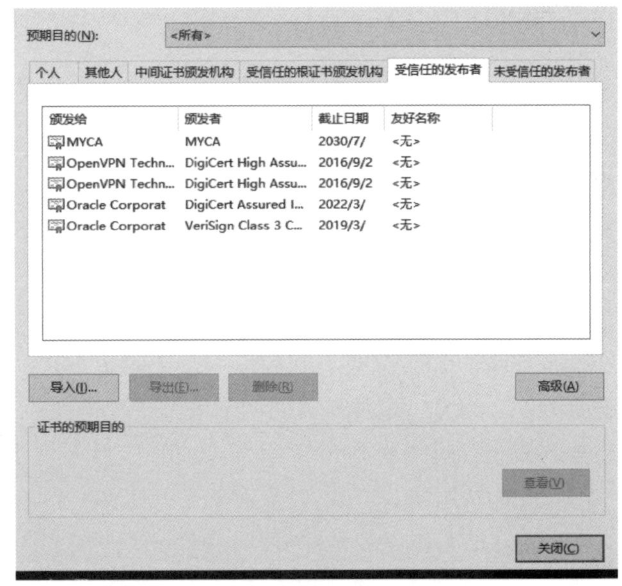

• 图 5-29　查看安装 CA 证书

6）生成 Web 服务器密钥对。下面再生成一个用在 Web 服务器上的密钥对，这里命名为 httpd. key。

```
gmssl ecparam -genkey -name sm2p256v1  -out httpd.key
```

7）生成 Web 服务器证书请求。用 httpd. key 的密钥对生成证书请求文件 httpd. csr，前面例子使用的证书请求扩展名是 req，使用哪个扩展名都没关系，两个扩展名在实践中都可以，而扩展名 csr 更常用。文件内容是经过 PKCS#10 编码的证书请求格式。命令如下。

```
gmssl req -new -sm3 -key httpd.key -out httpd.csr  -days 3650
    -config openssl.cnf -extensions v3_req
```

8）为 Web 服务器证书签名。命令的参数前面都已经解释过，接下来再执行如下命令来用 CA 证书给这个 Web 服务器证书做签名。

```
gmssl x509 -req -days 3650 -in httpd.csr -CA cacert.crt -CAkey cakey.pem
    -extfile openssl.cnf -extensions v3_req -out httpd.crt -CAcreateserial
```

该命令出现了几个新的参数，都是关于 CA 证书给用户证书签名的。

- CA cacert. crt：指定 CA 证书的名字为 cacert. crt。
- CAkey cakey. pem：指定 CA 的密钥，这里是指私钥文件。
- CAcreateserial：创建一个序列文件，如果不存在的时候，文件扩展名是“. srl”。

这里使用的 CA 证书的名字是 cacert. crt，所以它对应的序列文件就是 cacert. srl。这时读者双击鼠标打开该 httpd. crt 证书时，可以看出这个证书是由前面生成的 MYCA 来签发的，这样证书链就形成了。由于 Windows 操作系统目前还不支持 SM2 证书签名的验证，所以证书状态中显示是“验证信任关系时，系统层上出现了一个错误”，但安全性并没有影响。证书颁发者和证书使用者的效果显示如图 5-30 所示。

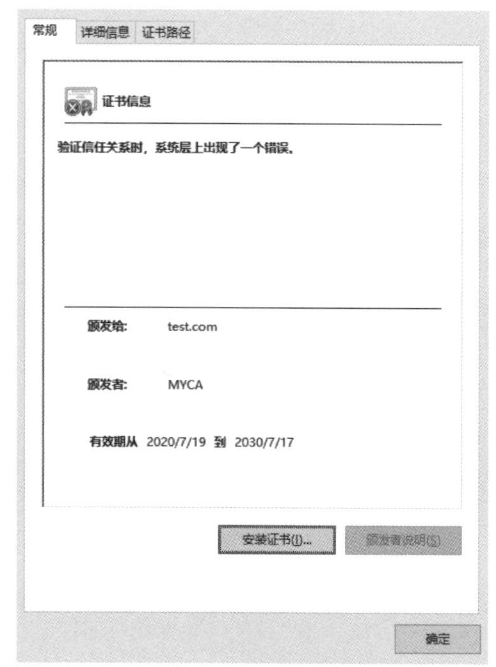

• 图 5-30　查看证书链

（6）P12 证书

1）P12 证书生成。在实际的证书使用中，很多时候都会用到公钥和私钥，比如 Web 服务器配置时，这就会涉及 P12 证书格式。标准 PKCS#12 为存储和传输用户或服务器私钥、公钥和证书指定了一个可移植的格式。它是一种二进制格式，这些文件也被称为 PFX 文件，这种编码的证书也通常被称为 P12 证书。开发人员通常需要将 PFX 文件转换为其他不同的格式，如 PEM 或 JKS，以便在 SSL 通信的独立 Java 客户端或 WebLogic Server 软件中使用。本书附录 B 有关于 PKCS 的 15 个标准的统计表格，读者可以去查阅。

P12 证书的扩展名为“p12”和“pfx”。很多证书和私钥的备份工作也采用 P12 格式的证书。所以这种格式简单理解就是证书加私钥。用 GMSSL 工具可以很方便地生成 P12 证书，命令如下。

```
gmssl pkcs12 -export -clcerts -in httpd.crt -inkey httpd.key -out httpd.p12
```

这里使用了 pkcs12 命令，指定了是这种 P12 文件格式的操作。

- export：指定了是导出操作。
- clcerts：该选项主要解决导出多个私钥和证书的场景下，证书与私钥匹配的问题。使用该选项后 gmssl 仅输出与私钥相对应的书。
- in httpd. crt：指定了导出使用的证书为 httpd. crt。
- inkey httpd. key：指定了导出使用的私钥文件为 httpd. key。
- out httpd. p12：指定导出的结果文件名，该文件是二进制格式。

命令执行后，要输入导出文件的密码，为了演示需要，这里输入两遍“testtest”才显示导出成功，在当前的目录中生成了文件 httpd. p12。命令执行如图 5-31 所示。

```
Microsoft Windows [版本 10.0.17134.165]
(c) 2018 Microsoft Corporation。保留所有权利。

C:\Users\xuyanbai>gmssl pkcs12 -export -clcerts -in httpd.crt -inkey h
ttpd.key -out httpd.p12
Enter Export Password:
Verifying - Enter Export Password:

C:\Users\xuyanbai>
```

● 图 5-31 导出 P12 证书

2）密钥保护措施。在本小节前面生成的密钥，比如 user. key、httpd. key 等都没有保护措施，直接用文本编辑器就可以查看并复制密钥。在信息化项目建设中需要保护私钥，显然不能采用这种方式。这里使用 gmssl 非常方便就可以做到保护密钥，具体命令如下。

```
gmssl sm2 -in httpd.key -sms4 -passout pass:111111
    -out httpd_sm4_private.key
```

这里使用 sm2 命令，指明了后面的操作是针对 SM2 算法密钥。

- in httpd. key：指定使用的私钥文件是 httpd. key。
- sms4：指定了加密所使用的算法是 SM4 算法。
- passout pass：111111：指定了加密的口令是 111111。
- out httpd_sm4_private. key：指定了结果输出的文件名。

命令执行后，在执行的当前目录中可以发现刚刚生成的文件 httpd_sm4_private. key，用文本编辑工具打开，读者可以看到有明显的私钥开始和私钥结束的标志。在有明显的加密的标志 ENCRYPTED 位置，加密采用的算法 SMS4-CBC 和初始化向量也都在文件中指定了。

```
-----BEGIN EC PRIVATE KEY-----
Proc-Type: 4,ENCRYPTED
DEK-Info: SMS4-CBC,6202E0F9E004600D3BF3E86160EBF7C3

QKtBd70Pu2jgXUSHl8gAQlZo0wCzjVB6wt5+VEg3PUVbFXmT0BZo/+ydifMFHSuP
IfvtK1nykrj1/citw/t0WwCRtibP9gdLFjv1LgQWFiMXisODqqywpi381MG+hSr7
```

```
kR6WMIFOPCjtTiJjbiHjWFxfb9Xu1BKiz0BvDomEgUc=
-----END EC PRIVATE KEY-----
```

以后再使用私钥 httpd_sm4_private. key 时，会弹出如下提示，提示输入密码，这里输入了 111111 之后才能使用，这就保证了私钥的安全性。

```
Enter pass phrase for httpd_sm4_private.key:
```

3）P12 证书导出公钥和私钥。这里用 GMSSL 工具也可以从 P12 证书里面将私钥导出来，具体命令如下。

```
gmssl pkcs12 -in httpd.p12 -password pass:testtest -passout pass:111111
    -nocerts -out daochu_httpd.key
```

这里采用了 pkcs12 命令，指定了是 P12 这种文件格式的操作。

- in httpd. p12：指定了输入的 P12 证书文件名为 httpd. p12。
- password pass：testtest：指定打开 P12 证书的口令是 testtest。
- passout pass：111111：指定导出私钥的保护口令是 111111。
- nocerts：指明不导出证书。
- out daochu_httpd. key：指定导出私钥的文件名是 daochu_httpd. key。

同样也可以从 P12 证书里面将公钥证书导出来，具体命令如下。

```
gmssl pkcs12 -in httpd.p12 -password pass:testtest -nokeys
    -out daochu_httpd.crt
```

这里使用了 pkcs12 命令，指定了是这种 P12 文件格式的操作。

- in httpd. p12：指定了输入的 P12 证书文件名为 httpd. p12。
- password pass：testtest：指定打开 P12 证书的口令是 testtest。
- nokeys：指定不导出私钥。
- out daochu_httpd. crt：指明导出的公钥证书的文件名为 daochu_ httpd. crt。

（7）证书格式转换

数字证书的格式也是可以互相转换的。比如前面章节生成的证书都是 Base64 编码的 PEM 格式，可以用文本编辑工具打开查看；还有些证书是 der 编码的二进制格式。格式之间的转换用 gmssl 命令非常方便，下面的命令就是将 pem 格式的证书转换成 der 格式证书。

```
gmssl x509 -in daochu_httpd.crt -outform der -out daochu_httpd.der
```

这里的“-outform der”指明了输出的格式是 der 格式。这个格式就不能用文本编辑工具查看了，因为它是二进制格式的。

下面的命令则是将 der 格式的证书转换成 pem 格式证书。

```
gmssl x509 -in daochu_httpd.der -inform der  -outform pem
    -out daochu_httpd.pem
```

这里的“-inform der”指明了输入的格式是 der 格式，“-outform pem”指明了输出的格式是 pem 格式。pem 格式就可以用文本编辑工具直接打开查看。

当然用 gmssl 命令也不能只用文本形式展示 der 证书，如下命令将会出现错误。

```
gmssl x509 -in daochu_httpd.der -text -noout
```

这个时候必须加上参数“-inform der”显示的指定证书的格式，命令才能正确执行并显示。总之，完整正确的展示 der 证书格式的命令如下。

```
gmssl x509 -in daochu_httpd.der -text - noout -inform der
```

5.3.4 数字证书应用

数字证书的应用非常广泛，本小节主要介绍了数字证书属性值的提取方法、签名验签的方法、证书链的验证方法，以及证书吊销列表的实践方法等内容。

1. 数字证书属性提取和有效性判定

根据数字证书的算法不同，本小节分为 RSA 数字证书的属性提取和证书有效性判断，SM2 数字证书的属性提取和证书有效性判断，这两种情况实践代码类似，但有细微的不同，未来随着商用密码算法和密评的展开，SM2 数字证书会越来越普遍。

（1） RSA 数字证书属性提取和有效性判定

前面证书管理工具小节用 KeyTool 和 GMSSL 两个工具分别做了大量的证书生成和查看的命令，相信读者应该可以轻松地生成一个数字证书用来测试。由于 SM2 的证书在目前的很多 Web 服务器和浏览器中还不能友好地被支持，所以下面部分例子的编程还是先使用 RSA 证书。当然代码的原理都是一样的，对于包装良好的框架（如 BC 库、GMSSL）支持商用密码算法的 SM2 证书和 RSA 证书并没有多大技术区别，通过实践例子精通了 RSA 证书使用方法同样可以应用到 SM2 证书中。

1） 加载提取证书。用 eclipse 定义一个 RSA 证书打印类 printRSACert，勾选生成 main( ) 方法的选项。在 main( ) 方法中首先添加如下的代码。

```
BouncyCastleProvider bcp = new BouncyCastleProvider();
Security.addProvider(bcp);
```

使用这两句将 BC 库添加到新建的工程中，方便下面代码使用 BC 库的类和方法。继续添加如下代码语句。

```
CertificateFactory cf = CertificateFactory.getInstance("X.509");
FileInputStream in = new FileInputStream("e:\\CA.rsa.crt");
Certificate c =cf.generateCertificate(in);
in.close();
```

定义证书工厂 cf，使用证书工厂 CertificateFactory 来完成证书的加载工作，首先使用 getInstance( ) 静态方法获得类的实例对象，对应的证书格式为 X. 509 形式。

接着定义一个 FileInputStream 对象 in，参数选择证书文件“CA. rsa. crt”，这样就可以使用这个文件输入流对象来读取该证书了。

第三句是用证书工厂的 generateCertificate( )方法生产证书，原料就是上面定义的文件输入流对象，产品就是 Certificate 类型的一个实例 c。

证书生成完之后，最后需要关闭文件输入流对象 in，调用 close( )方法。继续添加代码如下。

2）读取证书属性。

```
X509Certificate t=(X509Certificate)c;
```

这一句把通用证书格式转换成 X.509 证书格式，因为最常见到和使用到的证书均是 X.509 证书，目前是 V3 版本。有了该证书格式，下面就可以调用其获取属性的具体方法。输出打印的语句分别如下所示。

```
    System.out.println("版本:"+ t.getVersion());
打印出 X.509 证书的版本。
    System.out.println("序列号:"+ t.getSerialNumber().toString(16));
打印出 X.509 证书的序列号,是以十六进制形态展示。
    System.out.println("主题:"+ t.getSubjectDN().toString());
打印出 X.509 证书的主题,是以字符串形态展示。
    System.out.println("签发者:"+t.getIssuerDN().toString());
打印出 X.509 证书的签发者,是以字符串形态展示。
    System.out.println("开始日期:"+t.getNotBefore().toString());
打印出 X.509 证书的开始使用日期,是以字符串形态展示。
    System.out.println("结束日期:"+t.getNotAfter().toString());
打印出 X.509 证书的最后有效日期,是以字符串形态展示。
    System.out.println("签名算法:"+t.getSigAlgName());
打印出 X.509 证书的签名算法,是以字符串形态展示。
    System.out.println("签名:"+
    new BigInteger(t.getSignature()).toString(16));
打印出 X.509 证书的签名值,是以十六进制的字符串形态展示。
byte[] bP=t.getPublicKey().getEncoded();
System.out.println("公钥:"+new BigInteger(bP).toString(16) );
打印出 X.509 证书的公钥值,是以大整数转换十六进制的字符串形态展示。
System.out.println("公钥:"+Hex.toHexString(bP) );
打印出 X.509 证书的公钥值,是以字符字节十六进制的形态展示。
```

这里之所以使用两种方式显示公钥值，是给读者一个选择。编者自己比较喜欢直接使用 BC 库中的 Hex 类来转换，简洁方便。当然先转换成大整数，然后再用大整数的 toString( )方法指定十六进制也完全可以，两者的输出内容是完全一样的。

3）判断证书有效性。除了展示证书的各个属性值之外，还需要判定证书的有效性，这也是证书使用的重要环节，无效的证书就如同一个假证一样毫无意义。下面添加的代码就是判断证书有效性的。

```
try {
    t.checkValidity(); //判断证书是否有效
    System.out.println("证书有效");
} catch (CertificateExpiredException e) {
    System.out.println("证书过期了!");
```

```
        //可以做很多其他事情
    }
    catch ( CertificateNotYetValidException e) {
        System.out.println("证书尚未生效!");
        //可以做很多其他事情
    }
```

这里判定证书有效非常简单，就是调用 checkValidity( )方法，但该方法的有效结论的告知结果有点特殊：通过异常抛出告知调用者结果。所以要用 try…catch 块将代码包裹起来。如果没有异常抛出，证书验证就是有效的。如果 CertificateExpiredException 异常被抛出，说明证书过期了。如果是 CertificateNotYetValidException 异常被抛出了，说明证书还没有生效。

至此，整个证书属性提取和证书有效性验证的例子全部添加并解释完毕。

4）本例中 printRSACert 类的完整代码如下，读者可以自行编写练习。

```
public class printRSACert {
    public static void main(String[] args) throws Exception {
    // 打印证书
    BouncyCastleProvider bcp =new BouncyCastleProvider();
    Security.addProvider (bcp);

    CertificateFactory cf = CertificateFactory.getInstance ("X.509");
    FileInputStream in = new FileInputStream("e:\\CA.rsa.crt");
    Certificate c =cf.generateCertificate(in);
    in.close();
    X509Certificate t=(X509Certificate)c;
    System.out .println("版本:"+ t.getVersion());
    //大整数的 toString(16)是以十六进制形态展示
    System.out .println("序列号:"+ t.getSerialNumber().toString(16));
    System.out .println("主题:"+ t.getSubjectDN().toString());
    System.out .println("签发者:"+t.getIssuerDN().toString());
    System.out .println("开始日期:"+t.getNotBefore().toString());
    System.out .println("结束日期:"+t.getNotAfter().toString());
    System.out .println("签名算法:"+t.getSigAlgName());
    System.out .println("签名:"+
    new BigInteger(t.getSignature()).toString(16));
    byte[] bP=t.getPublicKey().getEncoded();
    System.out .println("公钥:"+new BigInteger(bP).toString(16) );
    System.out .println("公钥:"+Hex.toHexString (bP) );
    try {
        t.checkValidity(); //判断证书是否有效
        System.out .println("证书有效");
    } catch (CertificateExpiredException e) {
        System.out .println("证书过期了!");
        //可以做很多其他事情
    }
    catch ( CertificateNotYetValidException e) {
        System.out .println("证书尚未生效!");
        //可以做很多其他事情
     }
```

```
    }//end main
}
```

5）代码结果输出。

```
版本:3
序列号:adf429809cd00bf9
主题:CN=Test CA (rsa), OU=SORB of CTSI, O=Beijing ctsi., L=Xicheng, ST=BJ, C=CN
签发者:CN=Test CA (rsa), OU=SORB of CTSI,O=Beijing ctsi., L=Xicheng, ST=BJ, C=CN
开始日期:Fri Jun 05 23:54:09 CST 2020
结束日期:Sun Jul 14 23:54:09 CST 2024
签名算法:SHA256withRSA
签名:a75754adc63f080e072792f4985…da1c24d0545300ad18e4a3c9d09c5604cb
公钥:30820122300d06092a864886f70d01010105…50203010001
公钥:30820122300d06092a864886f70d01010105…50203010001
证书有效
```

由于签名值和公钥太长，对输出进行了省略，请读者注意。

（2）SM2 数字证书属性提取和有效性判定

SM2 算法数字证书是我国商用密码里面推荐使用的证书类型，而且现在的 CA 认证中心也都要求必须具有 SM2 证书的签发能力。其实从证书格式上，RSA 证书和 SM2 证书没有技术使用上的区别，都遵循 X. 509 的格式。下面就展示 SM2 证书的属性提取和有效性判定。

1）实现步骤。读者可以用前面小节的 GMSSL 工具自行签发一个 SM2 证书，不熟悉的读者可以重复阅读前面 GMSSL 工具小节，生成一个测试用的 SM2 证书即可。有了证书后，用 eclipse 生成一个 printSM2Cert 类，勾选 main( )方法，在类中的 main( )中添加如下代码。

```
    BouncyCastleProvider bcp = new BouncyCastleProvider();
    Security.addProvider(bcp);
```

使用这两句将 BC 库添加到工程中，方便使用 BC 库的类和方法，而且 SM2 证书的算法只有 BC 代码库支持，JCE 还不支持商密算法。接下来再添加如下语句，细心的读者可以比较下它与前面 RSA 证书之间的区别。

```
    CertificateFactory cf = CertificateFactory.getInstance("X.509","BC");
    FileInputStream in = new FileInputStream("e:\\CA.sm2.crt ");
    Certificate c =cf.generateCertificate(in);
    in.close();
```

使用证书工厂 CertificateFactory 来完成证书的加载工作，首先使用 getInstance( )静态方法获得类的实例对象，与 RSA 不同的是，这里要用到两个参数，第一个参数是“X. 509”，第二个参数“BC”，两个参数必须都指定，否则工厂生产不出 SM2 算法的“证书产品”。

接着定义一个 FileInputStream 对象 in，参数选择一个 sm2 的证书文件，这样就可以使用这个文件输入流对象来读取证书了。

第三句是用证书工厂的 generateCertificate( )方法生产出证书来，原料就是上面定义的文件输入流对象，产品就是 Certificate 类型的一个实例 c。

证书生成完成之后，就可以关闭文件输入流对象 in，调用其 close( )方法。

本例子余下的代码和前面 RSA 证书实例的完全一样，就不再重复了，读者可以自行复制添加并进行验证。

2）实现代码。本实践示例中的 printSM2Cert 类的完整的代码如下，读者可以自行参考并试验。

```
public class printSM2Cert {
    public static void main(String[] args) throws Exception {
    BouncyCastleProvider bcp = new BouncyCastleProvider();
    Security.addProvider(bcp);
    //此句和前面例子不同,其余完全一样!!!!
    CertificateFactory fact =
    CertificateFactory.getInstance("X.509", "BC");
    FileInputStream bIn = new FileInputStream("e:\\CA.sm2.crt");
    Certificate cert = fact.generateCertificate(bIn);
    bIn.close();

    X509Certificate t=(X509Certificate)cert;
    System.out.println("版本:"+ t.getVersion());
    System.out.println("序列号:"+ t.getSerialNumber().toString(16));
    System.out.println("主题:"+ t.getSubjectDN().toString());
    System.out.println("签发者:"+t.getIssuerDN().toString());
    System.out.println("开始日期:"+t.getNotBefore().toString());
    System.out.println("结束日期:"+t.getNotAfter().toString());
    System.out.println("签名算法:"+t.getSigAlgName());
    System.out.println("签名:"+ new
    BigInteger(t.getSignature()).toString(16));
    byte[] bP=t.getPublicKey().getEncoded();
    System.out.println("公钥:"+new BigInteger(bP).toString(16) );
    System.out.println("公钥:"+Hex.toHexString(bP) );
    try {
        t.checkValidity(); //判断证书是否有效
        System.out.println("证书有效");
    } catch (CertificateExpiredException e) {
        System.out.println("证书过期了!");
      //可以做很多其他事情
    }
    catch ( CertificateNotYetValidException e) {
        System.out.println("证书尚未生效!");
        //可以做很多其他事情
    }//end catch
    }//end main
}//end printSM2Cert
```

3）代码结果输出。

```
版本:3
序列号:c7b32223314e7a52
主题:C=CN,ST=BJ,L=Xicheng,O=Beijing ctsi.,OU=SORB of CTSI,CN=Test CA (SM2)
签发者:C=CN,ST=BJ,L=Xicheng,O=Beijing ctsi.,OU=SORB of CTSI,CN=Test CA (SM2)
开始日期:Tue May 19 08:38:37 CST 2020
```

```
结束日期:Thu Jun 27 08:38:37 CST 2024
签名算法:SM3WITHSM2
签名:3046022100d40314cf2d7cc3…52435c9433c8f
公钥:3059301306072a8648ce3d02010608…449a953ae8e1215b8d63f76668a060151e4d7a
公钥:3059301306072a8648ce3d02010608…449a953ae8e1215b8d63f76668a060151e4d7a
```

由于签名和公钥太长，这里对输出进行了省略。

2. 数字证书验签实践

实践了证书属性提取的功能后，接下来就实践数字证书签名有效性的判断，这也是数字证书最为重要的实践环节。

（1）RSA 数字证书签名有效性验证

数字证书拿到手上，还要验证签名是不是正确，以保证数字证书没有被篡改。本例子将验证 RSA 证书的签名是不是有效。验证签名分为自签名证书和 CA 签名证书两类，这两类的验证方法是一致的。

1）加载 CA 证书，提取公钥。用 eclipse 添加一个类 verifyRSASign，勾选 main( ) 方法，在 main( ) 方法中添加如下的程序代码。

```
BouncyCastleProvider bcp = new BouncyCastleProvider();
Security.addProvider(bcp);
```

使用这两句将 BC 库添加到工程中，方便接下来使用 BC 库的类和方法。

```
CertificateFactory cf = CertificateFactory.getInstance("X.509");
FileInputStream in = new FileInputStream("e:\\CA.rsa.crt");
Certificate c =cf.generateCertificate(in);
in.close();
```

使用证书工厂 CertificateFactory 来完成证书的加载工作，这里依然使用 getInstance( ) 静态方法获得类的实例对象，赋值给 cf。

接着定义一个 FileInputStream 对象 in，参数选择一个证书文件“CA. rsa. crt”，这样就可以使用这个文件输入流对象来读取证书了。

第三句是用证书工厂 cf 的 generateCertificate( ) 方法生产出证书来，原料就是上面定义的文件输入流对象，产品就是 Certificate 类型的一个实例 c。

证书工厂生成完成之后，接下来就可以关闭文件输入流对象 in 了。调用 close( ) 方法，然后就把证书 c 强制转变为 X. 509 证书格式，并通过 getPublicKey( ) 方法提取证书的公钥。

```
X509Certificate ca=(X509Certificate)c; //获取 CA 证书
PublicKey pk = ca.getPublicKey();
```

代码第一句把通用证书格式转换成 X. 509 证书格式，因为工程项目中最常见到和使用到的证书均是 X. 509 证书，目前证书版本普遍是 V3。第二句是调用证书对象 ca 的 getPublicKey( ) 方法，提取证书的公钥，将公钥保存在公钥对象 pk 中。

2）验证 CA 证书有效性。接下来添加的代码是验证证书有效性。

```
try { //ca 证书是自签名的,验证自签名的有效性
    ca.verify(pk);
```

```
        System.out.println("CA 自签名正确");
    } catch (InvalidKeyException e) {
        System.out.println("CA 公钥错");
        e.printStackTrace();
    } catch (NoSuchAlgorithmException e) {
        System.out.println("CA 算法错");
        e.printStackTrace();
    } catch (NoSuchProviderException e) {
        System.out.println("CA 无效的提供者");
        e.printStackTrace();
    } catch (SignatureException e) {
        System.out.println("CA 签名错");
        e.printStackTrace();
    }
```

这里最重要的方法就是证书对象 ca 的 verify( )方法，传递的参数是刚刚提取的公钥对象 pk。verify( )方法也同样是通过异常来反馈验签结果的，所以要用 try…catch 代码块将代码包裹起来。如果没有异常出现，说明自签名正确。

- 如果方法抛出了 InvalidKeyException 异常，则意味着公钥是错误的。
- 如果方法抛出了 NoSuchAlgorithmException 异常，则意味着 CA 签名算法是错误的。
- 如果方法抛出了 NoSuchProviderException 异常，则意味着算法提供者是无效的。
- 如果方法抛出了 SignatureException 异常，则意味着 CA 的签名是无效的。

3）加载用户证书。接下来继续读取一个用户证书，是前面证书签发的客户端证书 CS，用来验证证书链。具体添加代码如下所示。

```
    in = new FileInputStream("e:\\CS.rsa.crt");
    Certificate cs =cf.generateCertificate(in);
    in.close();
```

打开并读取一个证书“CS. rsa. crt”，这个证书是使用前面的 CA 证书“CA. rsa. crt”签发出来的，也就是说这个 CS 证书和 CA 证书已经形成了一个证书链，现在只是演示两级证书的签名正确性。关于证书链的代码示例，后面还会专门讲解到。

后面两句是使用证书工厂 cf 的 generateCertificate( )将证书提取到证书对象 cs 当中，然后把文件输入流对象 in 关闭，调用其 close( )方法。

4）验证用户证书的有效性。准备工作完成后，就可以对证书签名正确性进行验证了。

```
    try {
        cs.verify(pk);
        System.out.println("客户证书签名正确");
    } catch (InvalidKeyException e) {
        System.out.println("客户证书公钥错");
        e.printStackTrace();
    } catch (NoSuchAlgorithmException e) {
        System.out.println("客户证书算法错");
        e.printStackTrace();
    } catch (NoSuchProviderException e) {
```

```
        System.out.println("客户证书无效的提供者");
        e.printStackTrace();
    } catch (SignatureException e) {
        System.out.println("客户证书签名错");
        e.printStackTrace();
    }
```

这里调用了证书对象 cs 的 verify( )方法，注意参数是 CA 证书的公钥 pk。因为该证书是由 CA 证书签发出来的（CA 用私钥做签名），所以必须用 CA 的公钥来验证签名。

同前面一样 verify( )方法是通过异常来反馈结果，所以要用 try…catch 代码块将代码包裹起来。如果没有异常出现，说明 CS 的签名是 CA 正确签发。

- 如果方法抛出了 InvalidKeyException 异常，则意味着 CA 公钥是错误的。
- 如果方法抛出了 NoSuchAlgorithmException 异常，则意味着签名算法是错误的。
- 如果方法抛出了 NoSuchProviderException 异常，则意味着算法提供者是无效的。
- 如果方法抛出了 SignatureException 异常，则意味着 CA 的签名是无效的。

到此，本示例已经读取了两个证书：一个是“CA. rsa. crt”，另一个是“CS. rsa. crt”。CA 证书是自签名的证书，CS 证书是用 CA 的私钥做的签名形成的证书链。示例先验证了 CA 证书的自签名有效，然后用 CA 证书的公钥来验证下级证书 CS 的签名的有效性，这样就完成了整个验证签名的过程。

5）完整代码。

```
public class verifyRSASign {
    public static void main(String[] args) throws Exception {
        //验证证书签名有效
        BouncyCastleProvider bcp =new BouncyCastleProvider();
        Security.addProvider (bcp);

        CertificateFactory cf =
        CertificateFactory.getInstance ("X.509");
        FileInputStream in = new FileInputStream("e:\\CA.rsa.crt");
        Certificate c =cf.generateCertificate(in);
        in.close();

        X509Certificate ca=(X509Certificate)c; //获取 CA 证书
        PublicKey pk = ca.getPublicKey();

        try{ //ca 证书是自签名的,验证自签名的有效性
            ca.verify(pk);
            System.out .println("CA 自签名正确");
        } catch (InvalidKeyException e) {
            System.out .println("CA 公钥错");
            e.printStackTrace();
        } catch (NoSuchAlgorithmException e) {
            System.out .println("CA 算法错");
            e.printStackTrace();
        } catch (NoSuchProviderException e) {
```

```
                System.out .println("CA 无效的提供者");
                e.printStackTrace();
            } catch (SignatureException e) {
                System.out .println("CA 签名错");
                e.printStackTrace();
            }
            //下面读取由 CA 签发的客户证书 cs
            in = new FileInputStream("e:\\CS.rsa.crt");
            Certificate cs =cf.generateCertificate(in);
            in.close();
            try {
                cs.verify(pk);
                System.out .println("客户证书签名正确");
            } catch (InvalidKeyException e) {
                System.out .println("客户证书公钥错");
                e.printStackTrace();
            } catch (NoSuchAlgorithmException e) {
                System.out .println("客户证书算法错");
                e.printStackTrace();
            } catch (NoSuchProviderException e) {
                System.out .println("客户证书无效的提供者");
                e.printStackTrace();
            } catch (SignatureException e) {
                System.out .println("客户证书签名错");
                e.printStackTrace();
            }
        }//end main
    }//end verifyRSASign
```

6）代码结果输出。

```
CA 自签名正确
客户证书签名正确
```

（2）SM2 数字证书签名有效性验证

SM2 数字证书目前已经获得了较广泛的支持，特别是一些国产的 VPN 和国产的密码机等安全设备技术规范都要求 SM2 支持，这也是目前商用密码安全性评估的合规检查点之一。

实现步骤如下。

1）加载 CA 证书，提取公钥。SM2 数字证书的签名验证方式和 RSA 数字证书的区别不大。下面就实践示例签名的验证方法，先用 eclipse 添加一个类，这里定义类名字为 verifySM2Sign，注意在创建类时勾选 main( ) 方法，下面的程序也是直接添加到 main( ) 方法中的。

```
BouncyCastleProvider bcp = new BouncyCastleProvider();
Security.addProvider(bcp);
```

这两句添加 BC 库到新建的工程中，因为 SM2 算法在 JCE 中目前是不支持的，所以必须引入 BC 库实现对 SM2 算法的支持。接着添加代码读取证书。

```
CertificateFactory cf = CertificateFactory.getInstance("X.509","BC");
FileInputStream in = new FileInputStream("e:\\CA.sm2.crt");
```

```
Certificate c =cf.generateCertificate(in);
in.close();
```

第一句创建证书工厂的实例 cf，它通过调用证书工厂类 CertificateFactory 的静态方法 getInstance( )来生成对象，传递两个参数，第一个“X.509”是指证书格式，第二个“BC”指出使用的算法库提供者（Provider），如果不指定则默认搜寻 JCE 库中的类。

接下来定义了一个文件输入流对象 in，用该文件输入流打开文件“e:\\CA.sm2.crt”，该文件是 CA 的自签名证书。读者可以用本书前面 gmssl 生成证书的方法，自己生成两个 sm2 算法的数字证书，并形成证书链。

通过证书工厂 cf 的 generateCertificate( )方法从输入流读取证书保存在通用证书对象中，方法参数就是文件输入流，返回的“产品”就是证书，格式是通用的 Certificate 对象。

证书完成提取和存储后，就可以关闭文件输入流了，直接调用 in.close( )即可。

```
X509Certificate ca=(X509Certificate)c; //获取 CA 证书
PublicKey pk = ca.getPublicKey();
```

将通用的 Certificate 对象强制转换成 X509Certificate 格式对象，因为前面生成的证书本身就是 X.509 格式证书，转换结果保存在 ca 的对象中。

接下来调用 ca 的 getPublicKey( )方法，提取证书中的公钥，放到 PublicKey 类型的公钥对象 pk 中，因为随后的证书验签代码要用公钥来验证。

2）验证 CA 证书有效性。

```
try { //ca 证书是自签名的,验证自签名的有效性
    ca.verify(pk);
    System.out.println("CA 自签名正确");
} catch (InvalidKeyException e) {
    System.out.println("CA 公钥错");
    e.printStackTrace();
} catch (NoSuchAlgorithmException e) {
    System.out.println("CA 算法错");
    e.printStackTrace();
} catch (NoSuchProviderException e) {
    System.out.println("CA 无效的提供者");
    e.printStackTrace();
} catch (SignatureException e) {
    System.out.println("CA 签名错");
    e.printStackTrace();
}
```

这段代码重要的方法就是证书对象 ca 的 verify( )方法，传递的参数是刚刚提取的公钥对象 pk。该方法是通过异常来反馈执行结果的，所以要用 try…catch 代码块将代码包裹起来。如果没有异常出现，说明自签名是正确的。

- 如果方法抛出了 InvalidKeyException 异常，则意味着公钥是错误的。
- 如果方法抛出了 NoSuchAlgorithmException 异常，则意味着 CA 签名算法是错误的。
- 如果方法抛出了 NoSuchProviderException 异常，则意味着算法提供者是无效的。

- 如果方法抛出了 SignatureException 异常，则意味着 CA 的签名是无效的。

验证完 CA 证书，程序再接着验证 CA 签出的用户证书的有效性，也就是证书链条上的完整验证。

3）加载用户证书。

```
in = new FileInputStream("e:\\CS.sm2.crt");
Certificate cs =cf.generateCertificate(in);
in.close();
```

读取一个用 CA 签发的客户签名证书 CS，该证书用文件输入流 in 来读取，参数文件名为“e:\\CS. sm2. crt”，然后用证书工厂把文件输入流原料加工成证书对象产品 cs。证书完成提取和保存后，直接调用文件输入流的 close( ) 方法，关闭文件输入流对象。至此准备工作全部完成，接下来继续添加验签代码。

4）验证用户证书有效性。

```
try {
    cs.verify(pk);
    System.out.println("客户证书签名正确");
} catch (InvalidKeyException e) {
    System.out.println("客户证书公钥错");
    e.printStackTrace();
} catch (NoSuchAlgorithmException e) {
    System.out.println("客户证书算法错");
    e.printStackTrace();
} catch (NoSuchProviderException e) {
    System.out.println("客户证书无效的提供者");
    e.printStackTrace();
} catch (SignatureException e) {
    System.out.println("客户证书签名错");
    e.printStackTrace();
}
```

这里调用了证书对象 cs 的 verify( ) 方法，注意参数是 CA 证书的公钥 pk，而不是自身的公钥，因为该证书是由 CA 证书签发出来的（CA 用私钥做签名），所以必须用 CA 的公钥来验证签名，使用时千万别用错了公钥。

verify( ) 方法同前面一样是通过异常来反馈结果的，所以要用 try…catch 代码块将代码包裹起来。如果没有异常出现，说明 CA 的签名正确。

- 如果方法抛出了 InvalidKeyException 异常，则意味着 CA 公钥是错误的。
- 如果方法抛出了 NoSuchAlgorithmException 异常，则意味着签名算法是错误的。
- 如果方法抛出了 NoSuchProviderException 异常，则意味着算法提供者是无效的。
- 如果方法抛出了 SignatureException 异常，则意味着 CA 的签名是无效的。

到此，可以总结下，示例已经读取了两个证书：一个是“CA. sm2. crt”，另一个是“CS. sm2. crt”。CA 证书是自签名的证书，CS 证书是用 CA 的私钥做的签名形成的证书链。示例中先验证了 CA 证书的自签名有效，然后用 CA 证书的公钥来验证下级证书 CS 的签名的有效性，这样就完成了整个验证签名的过程。

5）SM2 证书验签类 verifySM2Sign 的完整代码如下，读者可以参考并练习。

```
public class verifySM2Sign {
    public static void main(String[] args) throws Exception {
        // 验证证书签名有效
        BouncyCastleProvider bcp =new BouncyCastleProvider();
        Security.addProvider (bcp);
        CertificateFactory cf =
        CertificateFactory.getInstance ("X.509","BC");
        FileInputStream in = new FileInputStream("e:\\CA.sm2.crt");
        Certificate c =cf.generateCertificate(in);
        in.close();

        X509Certificate ca=(X509Certificate)c; //获取 CA 证书
        PublicKey pk = ca.getPublicKey();

        try { //ca 证书是自签名的,验证自签名的有效性
            ca.verify(pk);
            System.out .println("CA 自签名正确");
        } catch (InvalidKeyException e) {
            System.out .println("CA 公钥错");
            e.printStackTrace();
        } catch (NoSuchAlgorithmException e) {
            System.out .println("CA 算法错");
            e.printStackTrace();
        } catch (NoSuchProviderException e) {
            System.out .println("CA 无效的提供者");
            e.printStackTrace();
        } catch (SignatureException e) {
            System.out .println("CA 签名错");
            e.printStackTrace();
        }
        //下面读取由 CA 签发的客户证书
        in = new FileInputStream("e:\\CS.sm2.crt");
        Certificate cs =cf.generateCertificate(in);
        in.close();
        try {
            cs.verify(pk);
            System.out .println("客户证书签名正确");
        } catch (InvalidKeyException e) {
            System.out .println("客户证书公钥错");
            e.printStackTrace();
        } catch (NoSuchAlgorithmException e) {
            System.out .println("客户证书算法错");
            e.printStackTrace();
        } catch (NoSuchProviderException e) {
            System.out .println("客户证书无效的提供者");
            e.printStackTrace();
        } catch (SignatureException e) {
            System.out .println("客户证书签名错");
```

```
            e.printStackTrace();
        }
    }
}
```

6）代码结果输出。

```
CA 自签名正确
客户证书签名正确
```

3. 数字证书链实践

在前面例子中，已经采用两个有关联的证书进行签名的验证，这种证书之间的关联就是证书链。证书链实际上就是一组按顺序排列好的数字证书，也常称为证书路径 CertPath。在现实世界，经常 A 证书是由 B 的私钥签发的，B 证书是用 C 的私钥签发的，C 证书是由 D 的私钥签发的，而 D 是自签名生成证书（通常称之为根证书）。这样 A—B—C—D 就形成了一个证书链。如果要验证 A 证书是不是有效，就需要顺着证书链进行验证，直到找到可信 CA 证书或者称为可信锚。

在 Java 中已经有完整的包装类 CertPath 来完成证书链的管理工作，CertPathValidator 类可以完成证书链的有效性验证工作。本实践例子就来展示证书链验证主题。

（1）加载 CA 证书，并保存证书对象

用 eclipse 开发工具创建一个新类 certPathGetValid，同时勾选 main( ) 方法，方便例子代码的调试和结果验证。依然惯例，代码只聚焦于核心功能实现，并不处理异常，读者在工程中需要对代码的健壮性进行再包装。

在 main( ) 方法中先添加如下代码来开启这个实践示例。

```
BouncyCastleProvider bcp = new BouncyCastleProvider();
Security.addProvider(bcp);
```

首先将 BC 库添加到的实践例子中，因为本实践示例采用的是商用密码算法 SM2 的证书链，该算法在标准的 JCE 环境下目前还是不被支持的，所以程序开头必须引用 BC 库。

```
CertificateFactory cf = CertificateFactory.getInstance("X.509","BC");
FileInputStream in = new FileInputStream("e:\\CA.sm2.crt");
Certificate c =cf.generateCertificate(in);
in.close();
```

上面代码定义了一个证书工厂类对象，调用证书工厂类的静态方法 getInstance( ) 来生成实例 cf，指定了工厂的产品类型是“X.509”，产品的生产线是“BC”。接着定义一个文件输入流对象 in 来读取证书文件资料。有了“生产原料”就交给工厂，然后用 generateCertificate( ) 加工生成证书对象 c。

有了证书对象，需要一个合适的存储对象，方便证书链对象使用。继续添加如下代码。

```
List certList = new ArrayList();
certList.add(c);
```

定义一个数组列表 ArrayList 对象 certList，用来保存证书对象。然后将刚刚工厂生成的产品 c 添加到列表 certList 中。

（2）加载用户证书，并保存证书对象

```
in = new FileInputStream("e:\\CS.sm2.crt");
Certificate cs =cf.generateCertificate(in);
in.close();
certList.add(cs);
```

再通过文件输入流对象读取证书链上的另一个证书，该证书文件“CS. sm2. crt”是用前面的 CA 证书“CA. sm2. crt”签出的，两者已经形成一个证书链。同样用工厂把证书“生产”出来，保存在证书对象 cs 中，并最终把 cs 也添加到列表 certList 中。继续添加代码。

（3）获取证书链对象

```
CertPath cp = cf.generateCertPath(certList);
```

使用工厂类的 generateCertPath( ) 方法“生产”出来证书链对象（CertPath 类型）cp，参数就是前面保存了证书的列表 certList。有了证书链对象，可以用如下代码进行展示。

```
System.out.println(cp);
```

有了证书链对象 cp，可以直接调用 println( ) 输出方法打印查看证书链。

（4）定义信任锚

```
Set<TrustAnchor> trustAnchors = new HashSet<TrustAnchor>();
trustAnchors.add(new TrustAnchor((X509Certificate)c, null));
PKIXParameters params = new PKIXParameters(trustAnchors);
```

这段代码可能读者会有点陌生，接下来分析它们。类 TrustAnchor 是信任锚类，信任锚用来指定包含可信根证书的密钥库或者根证书。这里定义了一个 HashSet 集合类型，它的泛型就是信任锚对象类型，用该集合对象来添加信任证书。

第二句把 c 证书强制转换成 X509Certificate 格式的证书，再作为参数添加到 TrustAnchor 类的构造函数中，构造出一个对象，最后将新构造的对象通过前面定义好的集合对象 trust-Anchors 的 add( ) 方法把构造好的信任锚对象添加到集合内。

第三句定义一个类 PKIXParameters 对象 params，在它的构造方法中把已经定义好的信任锚列表对象 trustAnchors 传递进去。信任锚相关的工作完成后，继续添加如下代码。

（5）构建证书路径验证对象

```
CertPathValidator cpv = CertPathValidator.getInstance("PKIX", "BC");
```

这一句定义了一个证书路径验证类 CertPathValidator 对象 cpv，直接通过类的静态方法 getInstance( ) 构造返回实例，静态方法的第一个参数是定义证书路径有效性算法名字，JCE 里面只有唯一的一个算法名字“PKIX”，第二个参数定义了第三方接入库 provider 的名字，这里使用“BC”。

```
params.setRevocationEnabled(false);
```

设置 RevocationEnabled 标志，如果此标志为 true，则将使用基础 PKIX 服务提供程序的默认吊销检查机制。如果此标志为 false，则将禁用（不使用）默认吊销检查机制。

（6）证书路径验证

接下来把证书链对象和参数对象联合起来，继续添加如下代码。

```
CertPathValidatorResult cpvr = cpv.validate(cp, params);
 PKIXCertPathValidatorResult result = (PKIXCertPathValidatorResult)cpvr;
```

使用证书路径验证类对象 cpv 的 validate( ) 方法执行证书链的验证工作，第一个参数就是证书链对象 cp，第二个参数是 parmas 对象，验证的结果是 CertPathValidatorResult 类型，这里定义结果对象名字为 cpvr。

第二句把返回值 cpvr 强制转化成 PKIXCertPathValidatorResult 类型，因为这个类型更具体，易于使用，转化后的对象名字是 result。

读者需要注意，前面的验证方法 validate(cp，params)是会抛出异常的，在这里只展示核心技术代码，并没有处理 CertPathValidatorException 等异常，所以在实际使用时读者一定要捕获这些异常，使得应用代码更健壮。最后对返回的验证结果进行判断。

```
if(null ! = result) {
      System.out.println("验证成功!");
}
```

这段代码就是简单的判断结果值是不是空，如果不为空，就打印一个字符串到标准输出上。程序运行后完整的输出结果如下文所示，先打印的是证书路径类，最后打印的是“验证成功!”。

（7）实现代码

该实践示例的完整代码如下，读者可以参考并练习。

```
public class certPathGetValid {
   public static void main(String[] args) throws Exception {
      //生成证书链对象并验证
      BouncyCastleProvider bcp =new BouncyCastleProvider();
      Security.addProvider (bcp);
      CertificateFactory cf =
      CertificateFactory.getInstance ("X.509","BC");
   FileInputStream in = new FileInputStream("e:\\CA.sm2.crt");
   Certificate c =cf.generateCertificate(in);
   in.close();
   List certList = new ArrayList();
   certList.add(c);
   in = new FileInputStream("e:\\CS.sm2.crt");
   Certificate cs =cf.generateCertificate(in);
   in.close();
   certList.add(cs);
   CertPath cp = cf.generateCertPath(certList);
   System.out .println(cp);
   Set<TrustAnchor> trustAnchors = new HashSet<TrustAnchor>();
   trustAnchors.add(new TrustAnchor((X509Certificate)c, null ));
   PKIXParameters params = new PKIXParameters(trustAnchors);
```

```
        CertPathValidator cpv =
CertPathValidator.getInstance("PKIX",
        "BC");
            params.setRevocationEnabled(false);
        CertPathValidatorResult cpvr = cpv.validate(cp, params);
        PKIXCertPathValidatorResult result =
        (PKIXCertPathValidatorResult)cpvr;
        if (null != result) {
            System.out.println("验证成功!");
        }
    }
}
```

（8）结果输出

```
X.509 Cert Path: length = 2.
[
=======================================================Certificate 1 start.
    [0]        Version: 3
        SerialNumber: 15510537876605884222
            IssuerDN: C=CN,ST=BJ,L=Xicheng,O=Beijing ctsi.,
                OU=SORB of CTSI,CN=Test CA (SM2)
          Start Date: Tue May 19 08:38:37 CST 2020
          Final Date: Thu Jun 27 08:38:37 CST 2024
            SubjectDN: C=CN,ST=BJ,L=Xicheng,O=Beijing ctsi.,
                OU=BSRC of CTSI,CN=client sign (SM2)
          Public Key: EC Public Key
          [c1:54:94:c2:1e:d2:90:b3:e2:a7:0a:19:39:43:68:e1:86:58:d8:8c]
          X:f5f053c7e86d8d6dc9b571fd60bc191d602224b76a75df063030fc6b6c99b296
          Y:1c5a6c3f38ebe41b5a0f625f32407d3d26e131748a46589000904285cf75ee5a
            Signature Algorithm: SM3WITHSM2
              Signature: 3045022069f28aa3bb31aca3075a098fdc22717a
                        9a416fbeea0c3079f12840b115e492f1022100be
                        83e8c26d63ec78893011398ae8907da1f492819e
                        cb4bf91e483e1029022ed1
        Extensions:
                        critical(false) BasicConstraints: isCa(false)
                        critical(false) KeyUsage: 0xe0

=======================================================Certificate 1 end.


=======================================================Certificate 2 start.
  [0]        Version: 3
        SerialNumber: 14389882768925293138
            IssuerDN: C=CN,ST=BJ,L=Xicheng,O=Beijing ctsi.,
                OU=SORB of CTSI,CN=Test CA (SM2)
          Start Date: Tue May 19 08:38:37 CST 2020
          Final Date: Thu Jun 27 08:38:37 CST 2024
            SubjectDN: C=CN,ST=BJ,L=Xicheng,O=Beijing ctsi.,
```

```
              OU=SORB of CTSI,CN=Test CA (SM2)
          Public Key: EC Public Key
          [11:b9:a9:68:ae:29:6a:d0:e2:cd:d1:b5:10:b9:de:d6:e7:f9:9c:e5]
  X:b59ee2693d089f054eb767ead0b95a157e79fa24852fece924bcc2eb055984c1
      Y:4f1cd93ac205b7055b73b266a449a953ae8e1215b8d63f76668a060151e4d7a

       Signature Algorithm: SM3WITHSM2
          Signature: 3046022100d40314cf2d7cc3d2db3c187c5eb106
               3c7bdeec5f3edb493c5d4e203762d19e59022100
               d8e531cb78df3a2b507338506afe2a1a8ad25119
               b4b0686664e52435c9433c8f
       Extensions:
               critical(false) 2.5.29.14 value = DER Octet String[20]

               critical(false) 2.5.29.35 value = Sequence
      Tagged [0] IMPLICIT
        DER Octet String[20]

               critical(true) BasicConstraints: isCa(true)

  ============================================================Certificate 2 end.



      ]
      验证成功!
```

4. 数字证书撤销列表 CRL 实践

本章前面展示制作和使用了不少数字证书，读者知道了数字证书都是有期限的，有生效日期和失效日期。特别是现在各大银行也都发行了 USBKey 形式的 U 盾类产品，USBKey 内部都存储有用户的个人数字证书，少则两年有效期，多则五年有效限，到期之前会提醒用户去网上银行在线更新证书，如果介质丢失，也可以申请吊销数字证书。

虽然数字证书因为安全的原因已经指定了“寿命”，但 CA 中心可通过称为证书吊销的过程来缩短这一寿命期限。比如当用户的密钥被泄露时，通常就会启动吊销过程，终止证书的使用。CA 中心会发布一个证书吊销列表（Certificate Revocation List，CRL），列出被认为不能再使用的证书的序列号。

（1）获取证书撤销列表

读者如果没有 CRL 文件，可以在网络上下载，因为 CRL 是公开的，格式也都是符合 X509 规范的。比如网站 http://crl.cnca.net/crl.html 就有很多个 CRL 文件可以下载。这里选择下载了一个“NETCA-SM2CA.crl”作为本书的例子。

下载后，可以双击鼠标打开该文件，CRL 证书属性如图 5-32 所示。

从图 5-32 中读者可以看到证书撤销列表的版本、颁发者等信息，还能看出该证书吊销列表的生成日期时间以及下一次的更新日期时间，这里展示的吊销列表文件可以看到该吊销操作是每日更新一次。

该证书吊销列表使用的算法是 1. 2. 156. 10197. 1. 501，读者可以通过查询附录中的 OID 列表得到算法的名字是基于 SM2 算法和 SM3 算法的签名。

继续单击“吊销列表”标签页，可以看到该 CRL 吊销列表中的吊销证书的序列号和吊销的具体时间。CRL 证书吊销列表如图 5-33 所示。

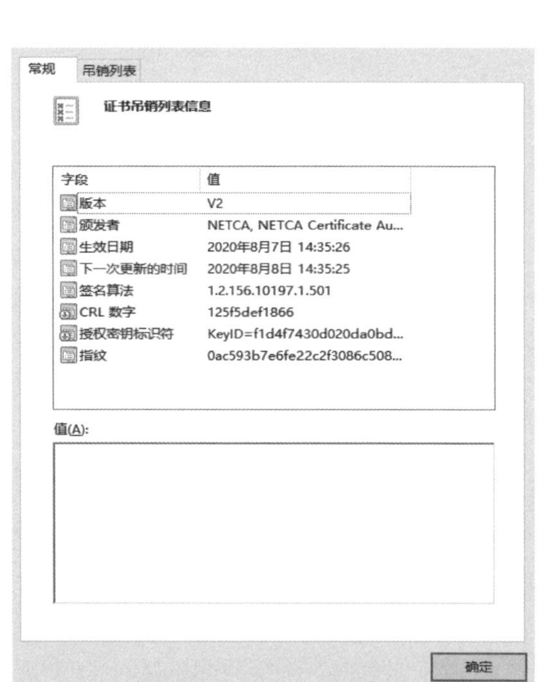

• 图 5-32　CRL 证书属性

• 图 5-33　CRL 证书吊销列表

（2）证书撤销列表实践

有了可以使用的 CRL 文件，接下来就可以通过编写代码来实践如何使用该证书吊销文件。用 eclipse 添加一个类 CRLCoder，创建时同时勾选 main( ) 方法。

继续在 main( ) 方法中添加如下的代码，开启本次的实践示例。

```
//初始化 BC 库
 BouncyCastleProvider bcp = new BouncyCastleProvider();
 Security.addProvider(bcp);
```

首先将 BC 库添加到吊销列表验证的例子中，因为本示例采用的是国密算法 SM2 的证书吊销列表，该算法在标准的 JCE 环境下目前还是不支持的，所以程序开头必须引用 BC 库。

1）加载证书撤销列表。

```
CertificateFactory cf = CertificateFactory.getInstance("X.509", "BC");
```

接着定义一个证书工厂类 CertificateFactory 的实例 cf，通过它的静态方法 getInstance( ) 来构造，该构造方法传递两个参数，一个是“X. 509”代表“产品类型”，另一个参数是

“BC”代表要使用的密码服务提供者。

```
FileInputStream bIn = new FileInputStream("e:\\NETCA-SM2CA.crl");
```

这里定义一个文件输入流 FileInputStream 的实例对象 bIn，它的构造中直接打开提前从网上下载的证书吊销列表文件“NETCA-SM2CA. crl”，读者也可以使用自己下载的文件。

如果读者在使用证书列表数据时，不是文件形式，而是从网络上提取的数据，则可以通过字节输入流来实现同样的功能，比如 ByteArrayInputStream 流。

```
X509CRL crl = (X509CRL) cf.generateCRL(bIn);
```

这里调用证书工厂的 generateCRL( ) 方法来生成证书吊销列表对象，参数就是前面的文件输入流对象，返回值是证书吊销列表对象是 X509CRL 类的一个实例。有了 crl 对象就可以提取内部的信息，继续添加如下代码。

2）读取证书撤销列表信息。

```
Set set = crl.getRevokedCertificates();
```

这里调用了证书吊销列表对象的 getRevokedCertificates( ) 方法，获取此 CRL 中的所有条目。方法返回值是一个集合包含的所有实体，如果 CRL 没有实体（即没有吊销的证书），则返回 null。该方法还有如下两个重载变形。

```
(1)getRevokedCertificate(BigInteger serialNumber)
(2)getRevokedCertificate(X509Certificate certificate)
```

从参数上可以不难看出：①通过给定的序列号在吊销列表中去查找实体；②通过给定的证书在吊销列表中去查找实体。对于集合 set，可以用迭代器进行循环访问。

```
Iterator it = set.iterator();
```

该行代码是调用了集合对象的迭代器方法 iterator( ) 来返回集合的迭代器，这样就可以通过迭代器来遍历集合的元素，找到吊销列表中需要的实体（entry）。

3）证书吊销查询。

```
while (it.hasNext())
{
    X509CRLEntry entry = (X509CRLEntry)it.next();
    System.out.println("序列号是:"+entry.getSerialNumber());
    System.out.println("吊销时间是:"+entry.getRevocationDate());
}//end while
```

定义一个 while 循环，当迭代器中还有元素，hasNext( ) 为真，则通过 it. next( ) 方法提取下一个元素实体，并把类型强制转化成证书撤销实体 X509CRLEntry 类型。有了具体的实体类型，可以通过实体对象的 getSerialNumber( ) 方法提取实体的序列号，通过 getRevocationDate( ) 方法来提取实体的吊销日期。这里程序为了演示直接选择了输出到屏幕上。

在实际信息系统中通过证书来查询其是否在吊销列表中是比较常用的证书验证过程之一。

4）完整实现代码。

```
public class CRLCoder {
    public static void main(String[] args) throws Exception  {
        //初始化 BC 库
        BouncyCastleProvider bcp = new BouncyCastleProvider();
        Security.addProvider (bcp);

    CertificateFactory cf = CertificateFactory.getInstance ("X.509", "BC");
        FileInputStream bIn = new
        FileInputStream("e:\\NETCA-SM2CA.crl");
        X509CRL crl = (X509CRL) cf.generateCRL(bIn);
        Set set = crl.getRevokedCertificates();
        Iterator it = set.iterator();
        while (it.hasNext())
        {
            X509CRLEntry entry = (X509CRLEntry)it.next();
            System.out .println("序列号是:"+entry.getSerialNumber());
            System.out .println("吊销时间是:
                    "+entry.getRevocationDate());
        }//end while
    }//end main
}
```

5）代码结果输出如下所示，为了节省篇幅，只显示了五个实体。

```
序列号是:20096881331524236178240293
吊销时间是:Fri Apr 19 11:49:02 CST 2019
序列号是:19995681420169929023565389
吊销时间是:Wed Apr 08 17:00:06 CST 2020
序列号是:39392388808658736362024653
吊销时间是:Thu Apr 16 17:44:25 CST 2020
序列号是:39837311521255205800948279
吊销时间是:Tue Mar 13 09:22:36 CST 2018
序列号是:20059249080726757620239705
吊销时间是:Mon Dec 09 10:01:43 CST 2019
… ….
```

5. 数字证书综合实践

更快更好地完成应用开发是每一个程序员追求的目标，而站在前人的肩膀上无疑是最好的方法之一。在本例中，不提倡读者自己再去从头编写实践代码，因为数字证书应用已经非常成熟，完全可以使用业界成熟的案例。本实践示例程序来自于 Apache 的开源项目源代码，代码质量非常高。

为了读者在工程建设中使用方便，现将开源代码的地址公布如下。

https：//svn. apache. org/repos/asf/cxf/tags/cxf-2. 4. 9/distribution/src/main/release/samples/sts_issue_operation/src/main/java/demo/sts/provider/cert/

读者注意网址是在一行。打开网址后，共有四个 Java 源代码文件，网页截图如图 5-34 所示。

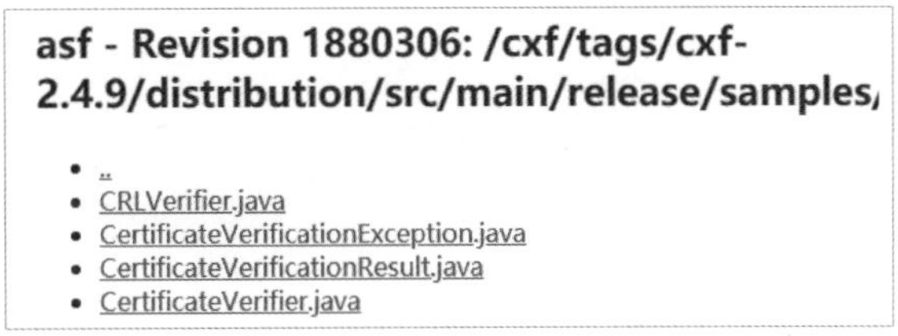

asf - Revision 1880306: /cxf/tags/cxf-2.4.9/distribution/src/main/release/samples/

- ..
- CRLVerifier.java
- CertificateVerificationException.java
- CertificateVerificationResult.java
- CertificateVerifier.java

● 图 5-34　下载代码网页截图

这四个文件的作用如下。

- CRLVerifier 类验证给定 X509 证书的 CRL，提取 CRL 证书的分发点（如果可用），并用该分发点来检查来自的 CRL 的证书吊销状态。本类支持基于 HTTP、HTTPS、FTP 和 LDAP 的 url。
- CertificateVerificationException 类定义了证书验证抛出异常的类型，该异常继承至 Exception，该类内容非常简单，就两个构造函数，调用了父类的对应构造方法。
- CertificateVerificationResult 类用来保留证书验证过程的结果。如果证书被验证为有效，则生成的证书链将存储在 Result 属性中。如果证书无效，则问题存储在异常属性中。
- CertificateVerifier 类为给定证书生成证书链并验证它。依赖一组根 CA 证书和将用于构建证书链的中间证书。验证过程假定集中的所有自签名证书都是受信任的根 CA 证书，集中的所有其他非自签名证书都是中间证书。该类用到前面定义的三个类来工作。

本例开始前先将这四个文件下载下来，然后新建一个工程，将这四个文件复制添加到工程中，再新建一个测试用的类 Maintest，勾选自动生成 main( ) 方法。在该类内的 main( ) 方法添加如下代码（读者需要注意一个问题：本书所有的实践示例均没有关注异常处理和 import 类的展示。在建设一个友好健壮的应用工程时，要把各个方法的异常都友好地处理掉，但本书的代码焦点是核心密码功能的实现）。在 main( ) 函数里添加如下代码。

```
BouncyCastleProvider bcp = new BouncyCastleProvider();
Security.addProvider(bcp);
```

添加对 BC 库的引用。因为后面的一些类和方法都要依赖 BC 库的代码实现。

```
Set<X509Certificate> certSet = new HashSet<X509Certificate>();
```

定义一个 X. 509 的证书集合 certSet，在该集合中添加要验证的证书，顺序通常是从根证书开始向下级证书依次添加。接下来就是读取证书的代码，添加如下。

```
CertificateFactory cf = CertificateFactory.getInstance("X.509","BC");
FileInputStream in = new FileInputStream("e:\\CA.rsa.crt");
Certificate c =cf.generateCertificate(in);
in.close();
```

通过证书工厂类的静态方法 getInstance( ) 构造出对象实例 cf，然后定义一个文件输入流对象 in，打开一个 ca 证书文件“CA. rsa. crt”，该证书是自签名的信任证书。接着使用 cf 对象的 generateCertificate( )来生产证书对象，参数就是已经定义的文件输入流 in，返回的证书对象保存在 c 中。最后关闭文件输入流对象。

```
X509Certificate ca=(X509Certificate)c; //获取 CA 证书
certSet.add(ca);
```

接下来把读取的数字证书转换成 X. 509 格式类型，然后把该证书对象 ca 放入定义好的集合对象 certSet 中。然后再继续读取证书链中的其他证书。

```
in = new FileInputStream("e:\\CS.rsa.crt");
Certificate cs =cf.generateCertificate(in);
X509Certificate cc=(X509Certificate)cs; //获取 CS 证书
in.close();
certSet.add(cc);
```

这段代码继续通过文件输入流对象 in 读取一个证书文件“CS. rsa. crt”，它是用前面的 CA 证书签发出来的客户端证书，同样使用证书工厂 cf 的 generateCertificate( )方法生产出证书对象，将证书对象转换成 X. 509 格式对象 cc。关闭文件输入流。最后添加 cc 对象到定义好的集合对象 certSet 中。准备好证书链之后，就可以进行验证了。

```
PKIXCertPathBuilderResult ver = CertificateVerifier.verifyCertificate(
    cc,certSet );
```

这行代码就是调用包装好的 Apache 源代码库的类 CertificateVerifier 中的方法 verifyCertificate( )来验证证书的有效性。这里既有时间有效性验证、签名有效性验证，还有 CRL 有效性验证。所以这个源代码还是有非常丰富的使用和学习价值的。

方法 verifyCertificate( )传递两个参数：第一个是需要验证的证书，第二个就是证书的信任链，也就是它和上级（或者上上级，如有）组成的一个完整的证书链。

如果没有抛出异常，则表明验证正确，会把验证的结果放入一个 PKI 证书路径包装结果类 PKIXCertPathBuilderResult 中，这里指 ver 对象。

```
System.out.println(ver);
```

这时可以将这个验证结果输出打印到屏幕进行观察。程序运行后的结果输出如下。

```
PKIXCertPathBuilderResult: [
  Certification Path:
X.509 Cert Path: length = 1.
[
==================================================Certificate 1 start.
  [0]  Version: 3
       SerialNumber: 15510537876605884229
       IssuerDN: C=CN,ST=BJ,L=Xicheng,O=Beijing ctsi.,OU=SORB of
       CTSI,CN=Test CA (rsa)
       Start Date: Fri Jun 05 23:54:09 CST 2020
       Final Date: Sun Jul 14 23:54:09 CST 2024
       SubjectDN: C=CN,ST=BJ,L=Xicheng,O=Beijing ctsi.,OU=BSRC of
```

```
        CTSI,CN=client sign (rsa)
        Public Key: RSA Public Key
        [5e:07:e9:66:4e:fb:62:74:ab:49:dd:2e:83:52:55:1f:c2:f1:fc:32],
    [56:66:d1:a4]
        modulus: ad0c602810……
```

以上输出结果是将证书链上的所有证书均展示出来，鉴于篇幅有限，本书只截了一部分，有兴趣的读者可以自己试验，运行代码查看完整的输出结果。

本例的完整代码如下，读者可以参考并练习。

```
public class Maintest {
    public static void main(String[] args) throws Exception {
        BouncyCastleProvider bcp = new BouncyCastleProvider();
        Security.addProvider (bcp);
        Set<X509Certificate> certSet = new
          HashSet<X509Certificate>();
        CertificateFactory cf =
          CertificateFactory.getInstance ("X.509","BC");
        FileInputStream in = new FileInputStream("e:\\CA.rsa.crt");
        Certificate c =cf.generateCertificate(in);
        in.close();

        X509Certificate ca=(X509Certificate)c; //获取 CA 证书
        certSet.add(ca);
        //下面读取由 CA 签发的客户证书
        in = new FileInputStream("e:\\CS.rsa.crt");
        Certificate cs =cf.generateCertificate(in);
        X509Certificate cc=(X509Certificate)cs; //获取 CS 证书
        in.close();
        certSet.add(cc);
        //如果验证失败会抛出异常
        PKIXCertPathBuilderResult ver=
        CertificateVerifier.verifyCertificate (cc,certSet );
        System.out .println(ver);
    }//end main
}//end Maintest
```

为了方便读者阅读本书，本书虽然提供了四个类的下载地址，但还是把四个类的代码完整展示如下，方便读者反复查阅，以提升数字证书相关的应用能力。

CRLVerifier. java 文件的核心代码如下，读者可以下载本书的代码包，里面有完整的代码。

```
import java.io.ByteArrayInputStream;
import java.io.IOException;
……
import org.bouncycastle.asn1.DERIA5String;
import org.bouncycastle.asn1.DEROctetString;
import org.bouncycastle.asn1.x509.CRLDistPoint;
import org.bouncycastle.asn1.x509.DistributionPoint;
import org.bouncycastle.asn1.x509.DistributionPointName;
```

```
import org.bouncycastle.asn1.x509.Extension;
import org.bouncycastle.asn1.x509.GeneralName;
import org.bouncycastle.asn1.x509.GeneralNames;
public class CRLVerifier {
    /**
    * Extracts the CRL distribution points from the certificate (if available)
    * and checks the certificate revocation status against the CRLs coming from
    * the distribution points. Supports HTTP, HTTPS, FTP and LDAP based URLs.
    *
    * @param cert the certificate to be checked for revocation
    * @throws CertificateVerificationException if the certificate is revoked
    */
    public static void verifyCertificateCRLs(X509Certificate cert)
    throws CertificateVerificationException {
            try {
            List<String> crlDistPoints = getCrlDistributionPoints(cert);
            for (String crlDP : crlDistPoints) {
            X509CRL crl = downloadCRL(crlDP);
            if (crl.isRevoked(cert)) {
                throw new CertificateVerificationException(
                "The certificate is revoked by CRL: " + crlDP);
                }
            }
            } catch (Exception ex) {
                if (ex instanceof CertificateVerificationException) {
                    throw (CertificateVerificationException) ex;
                } else {
                    throw new CertificateVerificationException(
                    "Can not verify CRL for certificate: " +
                    cert.getSubjectX500Principal());
                }
            }
    }
    /**
    * Downloads CRL from given URL. Supports http, https, ftp and ldap based URLs.
    */
    private static X509CRL downloadCRL(String crlURL) throws IOException,
    CertificateException, CRLException,
    CertificateVerificationException, NamingException {
            if (crlURL.startsWith("http://") ||
                crlURL.startsWith("https://")
            ||crlURL.startsWith("ftp://")) {
                X509CRL crl = downloadCRLFromWeb(crlURL);
                return crl;
            } else if (crlURL.startsWith("ldap://")) {
                X509CRL crl = downloadCRLFromLDAP(crlURL);
                return crl;
            } else {
            throw new CertificateVerificationException(
                "Can not download CRL from certificate " +
```

```
                "distribution point: " + crlURL);
            }
        }
        ... ...
}
```

CertificateVerificationException. java 文件的核心代码如下，读者可以下载本书的代码包，里面有完整的代码。

```
public class CertificateVerificationException extends Exception {
    private static final long serialVersionUID = 1L;

    public CertificateVerificationException(String message, Throwable cause)
    {
        super(message, cause);
    }
    public CertificateVerificationException(String message) {
        super(message);
    }
}
```

CertificateVerificationResult. java 文件的核心代码如下，读者可以下载本书的代码包，里面有完整的代码。

```
import java.security.cert.PKIXCertPathBuilderResult;
public class CertificateVerificationResult {
    private boolean valid;
    private PKIXCertPathBuilderResult result;
    private Throwable exception;
    /* *
    * Constructs a certificate verification result for valid
    * certificate by given certification path.
    * /
    public CertificateVerificationResult(PKIXCertPathBuilderResult result)
    {
        this.valid = true;
        this.result = result;
    }
    /* *
    * Constructs a certificate verification result for invalid
    * certificate by given exception that keeps the problem
    * occurred during the verification process.
    * /
    public CertificateVerificationResult(Throwable exception) {
        this.valid = false;
        this.exception = exception;
    }
    public boolean isValid() {
        return valid;
    }
```

```
    public PKIXCertPathBuilderResult getResult() {
        return result;
    }
    public Throwable getException() {
        return exception;
    }
}
```

CertificateVerifier. java 文件的核心代码如下，读者可以下载本书的代码包，里面有完整的代码。

```
import java.security.GeneralSecurityException;
import java.security.InvalidKeyException;
… …
import java.security.cert.PKIXBuilderParameters;
import java.security.cert.PKIXCertPathBuilderResult;
import java.security.cert.TrustAnchor;
import java.security.cert.X509CertSelector;
import java.security.cert.X509Certificate;
import java.util.HashSet;
import java.util.Set;

public class CertificateVerifier {
/* *
*  Attempts to build a certification chain for given certificate and to verify
*  it. Relies on a set of root CA certificates (trust anchors) and a set of
*  intermediate certificates (to be used as part of the chain).
*  @ param cert - certificate for validation
*  @ param trustedRootCerts - set of trusted root CA certificates
*  @ param intermediateCerts - set of intermediate certificates
*  @ return the certification chain (if verification is successful)
*  @ throws GeneralSecurityException - if the verification is not successful
*        (e.g. certification path cannot be built or some certificate in the
*        chain is expired)
* /
private static PKIXCertPathBuilderResult verifyCertificate(
    X509Certificate cert, Set<X509Certificate> trustedRootCerts,
    Set<X509Certificate> intermediateCerts)
        throws GeneralSecurityException {
        // Create the selector that specifies the starting certificate
        X509CertSelector selector = new X509CertSelector();
        selector.setCertificate(cert);

        // Create the trust anchors (set of root CA certificates)
        Set<TrustAnchor> trustAnchors = new HashSet<TrustAnchor>();
        for (X509Certificate trustedRootCert : trustedRootCerts) {
            trustAnchors.add(new TrustAnchor(trustedRootCert, null));
        }

        // Configure the PKIX certificate builder algorithm parameters
```

```
        PKIXBuilderParameters pkixParams =
        new PKIXBuilderParameters(trustAnchors, selector);

        // Disable CRL checks (this is done manually as additional step)
        pkixParams.setRevocationEnabled(false);

        // Specify a list of intermediate certificates
        CertStore intermediateCertStore =
            CertStore.getInstance("Collection",
        new CollectionCertStoreParameters(intermediateCerts), "BC");
        pkixParams.addCertStore(intermediateCertStore);

        // Build and verify the certification chain
        CertPathBuilder builder = CertPathBuilder.getInstance("PKIX", "BC");
        PKIXCertPathBuilderResult result =
        (PKIXCertPathBuilderResult) builder.build(pkixParams);
        return result;
    } //end verifyCertificate

}
```

第 6 章　通信安全与密码协议

保障信息的安全不能单纯依靠密码算法，还需要通过安全的密码协议在实体之间分配密钥或其他秘密信息，以及进行实体之间的鉴别等。可以说密码算法解决的是即时安全问题，而密码协议解决的是信息交互问题。本章首先对密码协议的原理和使用意义进行了描述，随后对两个国际上使用最广泛的密码协议——SSL 协议和 IPSec 协议，进行了介绍。

6.1　密码协议阐述

密码技术有三大核心内容：密码算法、密钥管理和密码协议。密码算法已经在前面章节进行了详细分析并实践，涉及杂凑算法、对称算法和非对称算法等。密钥管理将在本书密码应用安全合规相关章节具体分析。本章节将重点讲解密码协议。

密码协议是指两个或两个以上参与者使用密码算法，为达到加密保护或安全认证目的而约定的交互规则。从这个定义可以看出，密码协议有三个要点：第一是两个或者两个以上的参与者，第二是为了加密保护或安全保护的目的，第三是约定好的交互规则。密码协议是将密码算法等应用于具体使用环境的重要密码技术之一，具有十分丰富的内容，所以了解现有的应用广泛的密码协议非常有必要。

我国密码国家标准 GB/T 15843 介绍了实体鉴别协议，可以在应用系统建设中作为用户身份实体鉴别的规范文档来落地实现。另外两个著名的协议是 IPSec 协议和 SSL 协议，这两个协议是较为综合的密码协议，支持采用多种密码技术或者密码套件为通信交互双方的业务数据提供全面安全保护，包括数据机密性、数据完整性校验、数据源身份鉴别和抗重放攻击等。

协议在现实生活中也非常重要，随着互联网的深入，它几乎影响到我们每一个人。下面介绍几种典型的基础型协议，让读者在面对协议，特别是采用了密码技术的协议时，能正确、有效地使用它们。

（1）仲裁协议

首先谈到的是仲裁协议，该协议需要一个可信任的第三方。仲裁协议示意图如图 6-1 所示。

这里的仲裁者通常是指可以获得交易双方认可的、公正的、可以信任的机构或者人。因此第三方在该仲裁协议中必须是非既得利益者，与参与该协议的任何人都没有利益关系。关键是参与协议的多方都认为该第三方（仲裁者）是值得信赖的、正确的。

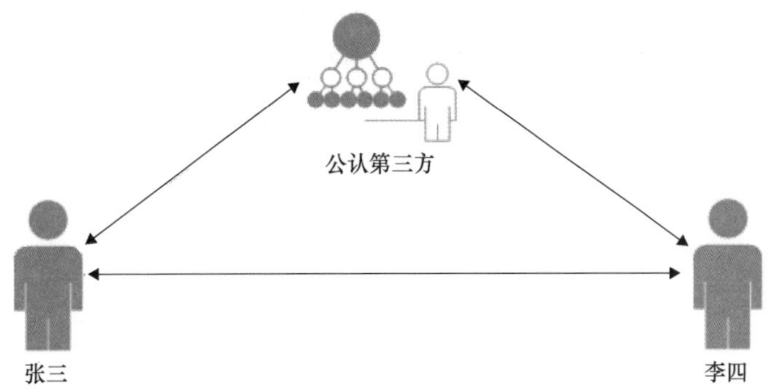

• 图 6-1 仲裁协议示意图

（2）大嘴青蛙协议

下面再介绍一个简单的三方协议，也是一个简单的对称密钥管理协议，就是大嘴青蛙协议（Wide-Mouth Frog Protocol），该协议使用了一个公认的可信的服务器 Trent。协议的双方是 Alice 和 Bob，两方均需要和 Trent 共享一个秘密密钥。具体协议如图 6-2 所示。

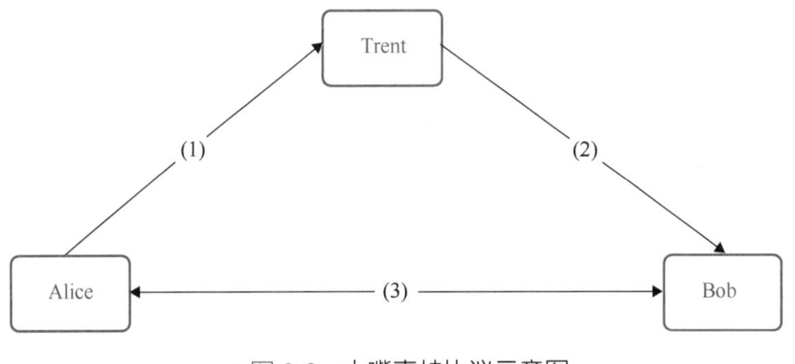

• 图 6-2 大嘴青蛙协议示意图

该协议前提是 Alice 和 Trent 之间共享密钥 E_A，Bob 和 Trent 之间共享密钥 E_B，具体协议交互步骤如下。

Alice 选择一个随机的密钥 K，在提取当前的时间标记 T_A，再加上协议对方的身份标识 B，用和 Trent 之间的共享密钥 E_A 对整个数据进行加密，将加密后的密文信息和身份标识一起发送给 Trent，报文是 A，E_A（K，T_A，B）。

Trent 收到报文后，用密钥解密报文，再用一个新的时间标识 T_B，和协议发起人 Alice 的身份标识 A 与随机密钥 K 一起，用与 Bob 之间的共享密钥 E_B 加密报文。将加密后的密文信息发送给 Bob，报文是 E_B（K，T_B，A）。

Bob 用密钥 E_B 解密报文，获得与 A 之间的通信密钥 K，这样 Alice 和 Bob 之间就可以使用 K 来加密保护通信数据了。

（3）Kerberos 协议

下面再来介绍一个比较有名的协议——Kerberos 协议，它是麻省理工学院开发出来的一套基于计算机网络的授权协议，可以保证通信中能以安全的方式进行身份认证。Trent 是协议的密钥管理服务器，它保存有协议参与方的所有共享密钥，如 Alice 和 Trent 之间的共享密钥是 E_A、Bob 和 Trent 之间的共享密钥 E_B。具体协议如图 6-3 所示。

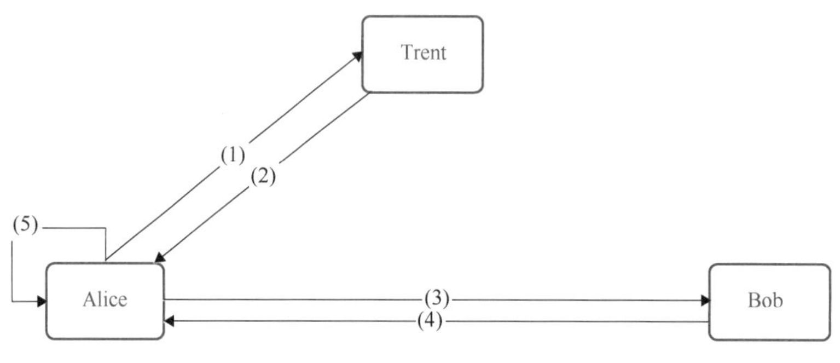

● 图 6-3　Kerberos 协议示意图

首先 Alice 给 Trent 发起通信需求，把自己的身份标识 A 和需要交互的对方身份标识 B，一起发送给 Trent，报文是 A，B。

Trent 选择当前的时间标识 T，选择一个有效期 L，生成一个临时密钥 K，用和 Alice 之间的共享密钥加密形成密文 E_A(T,L,K,B)，再用和 Bob 之间的共享密钥加密形成密文 E_B(T,L,K,A)，最后将两个密文信息发送回 Alice，报文是 E_A(T,L,K,B)，E_B(T,L,K,A)。

Alice 解密第一个在上一个步骤收到的加密信息，求出临时密钥 K，然后向 Bob 发送信息，这里的信息除了 E_B(T,L,K,A) 外，还需要用 K 加密身份标识和时间标识，即 E_K(T,A)，然后将这两个密文传递给 Bob，报文是 E_K(T,A)，E_B(T,L,K,A)。

Bob 对收到的密文进行解密，取出解密后的 T、L、K、A 等信息，然后用 K 解密密文 E_K(T,A)，验证 Alice 加密信息的正确性。之后 Bob 将时间标识 T 加 1，再用 K 加密发送给 Alice，报文是 E_K（T+1）。

Alice 收到密文信息后进行解密求出 T+1，验证时间标识的正确性。

由于信息系统的部署形态多样，特别是互联网系统多会用到 SSL 和 IPSec 两个密码协议来保障业务数据的传输安全性。下面重点分析 SSL 协议和 IPSec 协议，SSL 协议运行在传输层和应用层之间，IPSec 协议运行在网络层。

6.2　SSL 安全协议

安全套接层协议（Secure Sockets Layer，SSL）是计算机网络中使用非常广泛的一种应用层安全传输协议，它可以实现数据安全传输。SSL 协议最初由网景公司（NetScape）在推出该公司浏览器产品时同步发布，主要用于保护通过 Web 传输的重要和敏感的数据。基于浏览器和 Web 服务器架构（B/S）的应用和移动互联网应用，经常使用 SSL 协议来提供安全数据通信，这也是该协议最常用的一种方式。

SSL 协议在工作传输层与应用层之间对网络连接进行加密保护，它可分为上下两层，发展史如下。

- 1994 年，NetScape 公司设计了 SSL 协议的 1.0 版，但是并未正式发布。
- 1995 年，NetScape 公司发布 SSL 2.0 版，但是很快发现有严重漏洞。
- 1996 年，SSL 3.0 版问世，因为 2.0 版漏洞完全重新设计，得到大规模应用。
- 1999 年，互联网标准化组织 IETF 接替 NetScape 公司发布 SSL 的升级版 TLS 1.0 版。
- 2006~2008 年，TLS 进行了两次版本升级，分别为 TLS 1.1 版和 TLS 1.2 版。
- 2018 年，TLS 再次进行了升级，发布了 TLS 1.3 版本，该版本在安全和效率上都有很大提升。

SSL 协议对通信数据进行安全保护，它有数据加密、完整性保护、数据源鉴别和抗重放攻击等安全功能。虽然从 3.0 版本之后 IETF 将名字修改成传输层安全（Transport Layer Secure，TLS），但安全套接层协议称呼还是有非常广泛的用户习惯。所以现在 TLS 和 SSL 通常都是指同一个协议，可以不对其进行区别。

根据我国密评相关标准，SSL 1.0、SSL 2.0、SSL 3.0、TLS 1.0 已经明确为高风险协议，不建议再使用。目前主流浏览器都已经实现了对 TLS 1.2 的支持，Chrome 和 Firefox 最新版本都已支持 TLS 1.3，但需要用户手动开启该安全配置。TLS 1.3 是在 RFC 8446 中定义，对安全性进行了加强，引入了新的密钥协商机制——PSK，剔除了 MD5、3DES、RC4 等几个不安全算法，放弃了对许多不安全特性的支持，如数据压缩、重新协商静态 DH 密钥交换等等。

作为 TLS 1.3 最重要、最著名的实现，OpenSSL 也配合发布了 OpenSSL 1.1.1 版本，该版本全面支持 TLS 1.3，是一个长期支持版本。Facebook 开源工具也有一个 TLS 1.3 实现软件 Fizz，支持 TLS 1.3。另外还有一个比较流行的 TLS 协议实现就是 NSS，其 3.39 版本也全面支持 TLS 1.3。流行的 Web 服务器 Nginx 从 1.13.0 版本开始支持 TLS 1.3。网络协议分析工具 Wireshark 也支持 TLS 1.3。随着移动互联网的普及和深入，TLS/SSL 协议必将是未来应用系统采用的重要安全密码协议之一。

6.2.1 SSL VPN 协议规范

我国于 2014 年发布了密码行业标准 GM/T 0024—2014《SSL VPN 技术规范》，对 SSL 协议技术进行了规范化。标准 GM/T 0024—2014 是基于 TLS1.1 版本编著的，并在其基础上增加了对国产算法 SM2、SM3 等的支持，如在握手协议增加了 ECC、IBC 身份鉴别模式和密钥交换模式，取消了 DH 密钥交换模式，增加了商用密码套件的定义和支持。

SSL VPN 协议包括握手协议、密码规格变更协议、报警协议、网关到网关协议和记录层协议等几个子协议，通过这些子协议的配合完成安全传输过程。握手协议用于身份鉴别和安全参数协商；密码规格变更协议用于通知安全参数的变更；报警协议用于关闭通知和对错误进行报警；网关到网关协议用于建立网关到网关的传输层隧道；记录层协议用于传输数据的分段、压缩和解压缩、加密和解密、完整性校验等功能。接下来对主要内容进行解释。

- 记录层协议包含长度字段、描述字段和内容字段。记录层协议接收到将要传递的报文消息，将内容进行分块、压缩（可选）、计算 HMAC、加密，然后通过网络送走。接收到的网络数据要经过解密、验证、解压缩（可选）、重新组装，把处理好的数据传递给上层的应用。记录层协议包括握手、报警、密码规格变更和网关到网关等记录类型。该协议还可以支持扩展，自定义其他记录类型。

- **握手协议**是一个协议族，该协议由密码规格变更协议、握手协议和报警协议三个子协议组成，用于双方协商出供记录层使用的安全参数，完成身份验证以及向对方发送错误消息等。握手协议族负责通信双方协商出一个会话参数，这个会话中包含的参数有会话标识、X509 证书、压缩数据的算法、密码算法、共享的主密钥、重用标识等重要内容。
- 密码规格变更子协议主要用于通知通信对端使用刚刚协商好的安全参数来保护随后的通信数据，该子协议由一条消息组成。
- 报警子协议用于关闭连接的通知以及对整个连接过程中出现的错误进行报警，其中关闭通知由发起方发送，错误报警由错误的发现方负责发送，该协议由一条消息组成。

完整的握手消息流程如图 6-4 所示。

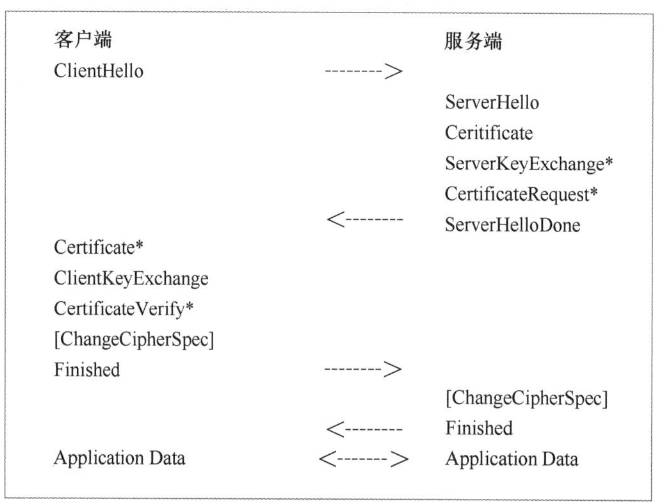

● 图 6-4 握手协议示意图⊖

注：* 号表示可选的或者上下文关心的消息，不是每次都存在。
[ ] 号表示消息不属于握手协议。

客户端发送 ClientHello 消息给服务器，服务器应答一个 ServerHello 消息，否则就会用报警协议发出错误通知并断开连接。

根据规范说明，两端的 Hello 消息主要用于在客户端和服务器端进行基于 ECC 或 RSA 或 IBC 的密码算法协议，以及确定安全传输能力，包括协议的版本、会话的标识和密码套件等参数，并且产生和交换随机数。

⊖ 资料来源于 GM/T 0024—2014《SSL VPN 技术规范》，国家密码管理局，2014. 2. 13。

服务器端在发送 ServerHello 消息之后会紧接着发送 Certificate 消息、ServerKeyExchange 消息，由于我国协议标准指定需要双证书，而且必须是签名证书在前、加密证书在后。如果协议配置需要对客户端进行认证，还需要发送 CertificateRequest 消息，要求客户端提供其证书。最后服务器端发送 ServerHelloDown 消息，通知客户端，Hello 阶段结束发送。

客户端接收到服务器的 ServerHello 消息、Certificate 消息、ServerKeyExchange 消息以及 CertificateRequest 消息之后，如果配置了双向身份认证，就需要发送自己的证书消息给服务器端，同时发送 ClientKeyExchange 消息和证书验证消息 CertificateVerify 消息。

当服务器发送了 CertificateRequest 消息给客户端时，客户端必须返回 Certificate 消息作为应答，同时发送 CertificateVerify 消息，带有数字签名内容供服务器来验证客户端的身份。当然这几个消息都是可选的。其实在很多真实的应用系统中，很多 SSL 都配置了单向证书认证，而不是双向认证，客户端仅使用浏览器并无证书。

最后客户端发送密码规格变更消息 ChangeCipherSpec，然后立即使用刚协商好的密码算法和密钥，加密并发送握手结束消息 Finished。服务器端回应一个密码规格变更消息 ChangeCipherSpec，也使用刚协商好的密码算法和密钥，加密并发送握手结束消息 Finished。

至此，一个完整的握手过程就完成了，接下来服务器和客户端就可以开始进行数据的安全传输了，也就是后续的 Application Data 消息（消息均是加密的）。

由于 SSL 上层协议目前多数是 Web 层协议，传递数据是网页，而网页浏览通常传递完一个网页就会中断连接，状态往往通过服务器的 session 或者客户端的 cookie 等手段保持。这样 SSL 协议保持连接的情况就会变得复杂，协议为此设计了一个重用标记。也就是说，如果客户端和服务器端决定重新使用之前的会话，可不必重新协商安全参数，这样可以提高协议效率。客户端发送 ClientHello 消息，并且带上要重用的会话标识，如果服务器查询匹配上该会话标识，则使用已经存在的会话参数和状态接受客户端的连接，返回一个带有同样会话标识的 ServerHello 消息。然后客户端发送密码规格变更消息 ChangeCipherSpec，这时客户端立即使用刚协商好的密码算法和密钥，加密并发送握手结束消息 Finished。服务器端回应一个密码规格变更消息 ChangeCipherSpec，也使用刚协商好的密码算法和密钥，加密并发送握手结束消息 Finished。所以该重用协议的步骤就变得快捷和高效。

重用会话标识的握手消息流程如图 6-5 所示。

客户端		服务端
ClientHello	-------->	
		ServerHello [ChangeCipherSpec]
	<-------	Finished
[ChangeCipherSpec] Finished	-------->	
Application Data	<------->	Application Data

• 图 6-5　重用握手协议示意图⊖

⊖ 资料来源于 GM/T 0024—2014《SSL VPN 技术规范》，国家密码管理局，2014. 2. 13。

注意：在行业标准 GM/T 0024—2014《SSL VPN 技术规范》中，协议的版本号是 1.1，未来随着 TLS1.3 的发布，预计很快就会有相应的升级和修订。

SSL 协议标准中指定的密码套件定义，读者可以参考附录 D，了解协议使用的密码算法对于密码应用安全性评估的检测非常有帮助。

6.2.2 SSL VPN 合规要求

SSL VPN 产品工作模式分为客户端-服务器模式和网关-网关模式两种。其中客户端-服务器模式是产品的必备模式，网关-网关模式是可选模式。

SSL VPN 产品须配置基于数字证书或者 IBC 标识算法的鉴别机制，鉴别机制至少完成服务器端的鉴别功能，客户端是可选选项。

关于访问控制能力，SSL VPN 产品应该可以进行细粒度的控制，对用户或者用户组进行资源的权限分配。对网络访问的控制能力要可以控制到 IP 和端口级别，对 Web 站点的访问可以控制到某个具体的 URL 地址，并且可以控制访问的时间段，比如白天工作时间开放连接，晚上下班后禁用远程连接能力。

密钥更新周期配置是产品的一个必备能力，在规范中指定了当设备配置成客户端-服务器模式时，密钥更新周期最长 8 小时；当设备配置成网关-网关模式时，密钥更新周期最长 1 小时。

在合规要求中还指定了产品对客户端的安全检查功能。产品可以根据需要对连接的客户端进行安全策略的检查，以判断用户的操作系统的安全性，没通过安全检查的用户将无法使用 SSL VPN 设备的联网功能。这些检查项主要有客户端是否安装了杀毒软件、客户端是否启用了个人防火墙、客户端是否安装了最新的补丁和客户端是否设置了登录口令等。

性能上主要考虑的参数包括最大并发用户数、最大并发连接数、每秒新建连接数和吞吐率等几个指标。

SSL VPN 产品的密钥主要有两层密钥体系：服务器密钥和工作密钥。服务器密钥主要是指签名密钥对和加密密钥对，以证书的形式进行导入导出。工作密钥是会话过程产生的密钥，通常保存在设备内存中，在设备断电、链接断开等情况下须销毁该工作密钥。

在密评的检查中，作为一个检查项，通常会查看产品配置数据的安全性和配置正确性，产品要能对配置文件进行完整性保护。

SSL VPN 产品管理需要有完整的日志功能，包括日志的存储、查询、统计和导出功能。在密评检查中日志完整性保护也是一个检查点。

标准 GM/T 0024—2014 中关于设备的管理员也有具体的要求：管理员职责是进行系统的配置，密钥的生成、导入、备份和恢复等操作。管理员登录设备应采用双因素认证的方式。口令的长度不得小于 8 个字符，使用错误口令或非法尝试登录的次数应限制小于或等于 8 次。

6.2.3 通过代码获取 SSL 服务器证书链实践

在本实践示例中，通过 Java 代码建立一个 SSL 的客户端链接，通过连接 Web 服务器，获得服务器的证书链，最后再通过代码把证书保存下来。这里用例子主要是给读者一个熟悉 SSL 协议并获取数字证书的方法，读者可以通过 SSLSocket 等类的其他功能继续展开实践。

用 eclipse 建立一个新类，类名称定义为 getSSLCert，勾选 main( )方法选项，在该类中首先添加如下两行代码。

```
BouncyCastleProvider bcp = new BouncyCastleProvider();
Security.addProvider(bcp);
```

1. 服务器连接与证书获取

首先将 BC 库添加到本次的实践例子中，方便使用 BC 库中的一些类和方法。

```
SSLSocketFactory fc = HttpsURLConnection.getDefaultSSLSocketFactory();
SSLSocket socket = (SSLSocket) fc.createSocket("www.baidu.com", 443);
socket.startHandshake();
```

代码首先定义一个套接层工厂类变量 fc，变量 fc 的初始化通过 HttpsURLConnection 的静态方法 getDefaultSSLSocketFactory( )获得实例对象。

第二行代码是套接层工厂类 fc 通过 createSocket( )方法建立一个套接层链接，链接地址选择了最常用的“www. baidu. com”，端口选择 443，是 HTTPS 服务的默认端口。

第三行代码就是启动套接层 socket 的握手链接，方法是 startHandshake( )，这样就开始建立与 Web 服务器的网络链接。有了 socket 链接就可以获取会话相关的数据。

```
SSLSession session =socket.getSession();
Certificate[] servercerts = session.getPeerCertificates();
```

通过 socket 对象的 getSession( )方法获取当前链接的会话对象。

再通过会话对象 session 的 getPeerCertificates( )方法获得对端的数字证书，数字证书可能有多个，这里把获取的证书保存在一个证书数组 servercerts 中。

```
List<Certificate> mylist = new ArrayList<Certificate>();
for (int i = 0; i < servercerts.length; i++) {
    mylist.add(servercerts[i]);

}
```

为了操作和使用方便，接下来定义一个 ArrayList，泛型是<Certificate>，有了这个 mylist 对象之后，就开始把数组中的每一个证书，依次调用 add( )方法添加到列表对象中。接下来的代码和第 5 章证书链类似，就是对证书进行证书链对象的包装，这样读者可以进行证书链的验证等工作。

2. 证书链验证

```
CertificateFactory cf = CertificateFactory.getInstance("X.509","BC");
CertPath cp = cf.generateCertPath(mylist);
byte[] encoded = cp.getEncoded("PkiPath");
ByteArrayInputStream inStream = new ByteArrayInputStream(encoded);
CertPath certPath2 = cf.generateCertPath(inStream, "PkiPath");
```

定义一个证书工厂类的对象 cf，通过调用静态方法 getInstance( )实现实例。

将 mylist 作为参数传递给证书工厂 cf 的 generateCertPath( )方法，生成证书路径对象 cp，这在第 5 章的实践中已经使用过。

3. 证书路径演示

接下来的三句是为了更多地演示证书路径 CertPath 的用法而添加的，与本实践例子的获取 SSL 证书关联不大，读者可以扩充了解证书路径的灵活用法。通过证书路径对象的 getEncoded( )方法可以返回指定编码格式的证书路径结果，“PkiPath”是一种编码格式。

通过字节数组输入流 ByteArrayInputStream 类构造一个“中间输入流”，类似一个传输用的管道。

证书工厂类可以通过带有两个参数的 generateCertPath( )方法，从管道中重新生成指定编码格式的证书路径对象，这里就是指 certPath2 对象。第一个参数就是上一句定义的流对象，第二个参数是编码格式，目前标准的 JCE 实现了两种编码格式“PkiPath”和“PKCS7”，在 BC 库中还可以支持“PEM”的编码格式。

4. 保存证书

接下来添加证书保存代码。

```
FileOutputStream outf;
List<Certificate> getlist = (List<Certificate>)
        certPath2.getCertificates();
for (int i = 0; i < getlist.size(); i++) {
        Certificate cer = getlist.get(i);
        outf=new FileOutputStream("e:\\cert"+i+".crt");
        outf.write(cer.getEncoded());
        outf.close();
}
```

通常生成证书路径对象后，可以进行证书的验证判断等工作，这些在第 5 章的例子中已经实践过了。这里实践例子仅通过证书路径对象保存所有的证书，每个证书一个文件。

定义一个文件输出流 FileOutputStream 的对象 outf。

通过调用 certPath2. getCertificates( )提取对象里的所有的证书，方法返回值是个列表对象，列表内容是 Certificate 类型。

然后通过循环 getlist 列表的内容，把每一个证书通过 get( )方法提取出来，放到临时变量对象 cer 中。实例化文件输出流对象，输出文件名就是“cert**N**. crt”，这里的 N 就是顺序号。然后调用文件输出流 outf 的 write( )方法将证书的字节编码内容写入文件中，最后关闭该文件对象。

该程序运行之后，会在指定的目录“e:\”下产生两个证书文件 cert0. crt 和 cert1. crt。读者可以多试验几个网址，观察证书下载效果。

类 getSSLCert 的完整代码如下。

```
public class getSSLCert {
    public static void main(String[] args) throws Exception {
    /* 连接 ssl 服务器,通过会话提取证书链
    * * /
```

```
            BouncyCastleProvider bcp =new BouncyCastleProvider();
            Security.addProvider(bcp);

            SSLSocketFactory fc =
                HttpsURLConnection.getDefaultSSLSocketFactory();
            SSLSocket socket = (SSLSocket)
                fc.createSocket("www.baidu.com", 443);
            socket.startHandshake();
            SSLSession session =socket.getSession();
            Certificate[] servercerts = session.getPeerCertificates();
            List<Certificate> mylist = new ArrayList<Certificate>();
            for (int i = 0; i < servercerts.length; i++) {
                mylist.add(servercerts[i]);
            }
            CertificateFactory cf =
                CertificateFactory.getInstance("X.509","BC");
            CertPath cp = cf.generateCertPath(mylist);
            byte[] encoded = cp.getEncoded("PkiPath");
            ByteArrayInputStream inStream = new
                ByteArrayInputStream(encoded);
            CertPath certPath2 = cf.generateCertPath(inStream,
                "PkiPath");
            FileOutputStream outf;
            List<Certificate> getlist = (List<Certificate>)
                certPath2.getCertificates();
            for (int i = 0; i < getlist.size(); i++) {
                Certificate cer = getlist.get(i);
                outf=new FileOutputStream("e:\\cert"+i+".crt");
                outf.write(cer.getEncoded());
                outf.close();
            }
        }
    }
```

6.3 IPSec 安全协议

IPSec（Internet Protocol Security）协议是国际组织 IETF 以 RFC 形式公布的一组 IP 密码协议集，它是基于 IP 层的密码协议。由于所有支持 TCP/IP 的业务系统/主机进行通信时都要经过 IP 层的处理，所以提供了 IP 层的安全性就相当于提供了安全通信的基础，IP 层安全对于通信传输保证有着非常重要的意义和使用场景。IPSec 最初是针对 IPv6 网络环境开发的，鉴于当时 IPv4 的应用仍然非常广泛，所以后来在 IPSec 的制定中也增添了对 IPv4 的支持，目前 IPv4 网络中 IPSec 的使用非常广泛。

最初的一组有关 IPSec 标准由 IETF 在 1995 年制定，但由于其中存在一些未解决的问题，从 1997 年开始 IETF 又开展了新一轮的 IPSec 制定工作，1998 年 11 月份主要协议已经基本制定完成。不过这组新的协议仍然存在一些问题，在 2005 年 12 月 IETF 进行了新一轮

IPSec 的修订工作和发布工作，新标准规范文件 RFC4301、RFC4309 等发布出来。其中 RFC4301 规定了 IPSec 的标准框架，RFC4309 提出了密钥协商的第二个版本标准 IKEv2。

当前，IPSec 的规范标准修订工作还在 IETF 组织下持续进行着。我国于 2014 年发布了 IPSec 行业标准，标准的编号名称是 GM/T 0022—2014《IPSec VPN 技术规范》，规范对 IPSec 进行了详细的规定，该行业标准比 RFC4301 增加了双证书和商用密码算法的支持。

IPSec 协议是一组 IP 密码协议集，它只为 IP 层的数据通信提供了一整套完善的安全体系结构，包括 AH 协议、ESP 协议和 IKE 协议等几个子协议。

- AH 协议是 Authentication Header 的简写，也称为认证头协议，是用以保证数据包的完整性和真实性，防止黑客截断数据包或向网络中插入伪造数据包的协议。AH 协议主要有数据源鉴别认证和数据完整性保护两个功能。AH 没有对通信数据报文进行加密。当需要身份验证而不需要机密性的时候，使用 AH 协议是最好的选择，但我国 IPSec 规范规定 AH 不能单独使用，请读者在配置 IPSec 产品时注意。
- ESP 协议是 Encapsulate Security Payload 的简写，也称为封装安全载荷协议，用于为 IP 报文提供机密性和抗重播服务，包括数据包内容的机密性和有限的流量机密性。作为可选的功能，ESP 也提供和 AH 鉴别头部同样的数据完整性和鉴别服务。由于 ESP 要对数据进行加密处理，因而它比 AH 需要更多的处理时间，对传输效率有一定的影响。
- IKE 协议是 Internet Key Exchange 的简写，也称为互联网密钥交互协议，它是一种由多个协议组合而成的混合型协议，由互联网安全关联和密钥管理协议（Internet Security Association and Key Management Protocol，ISAKMP）和 OAKLEY 密钥交互协议（Oakley Key Determination Protocol）与安全密钥交换机制（Secue Key Exchange Mechanism，SKEME）混合组成。IKE 创建在由 ISAKMP 定义的基础框架上，沿用了 OAKLEY 的密钥交换模式以及 SKEME 的共享和密钥更新技术，IKE 还定义了它自己的两种密钥交换方式：主模式和快速模式（或积极模式）。IKE 协议负责 IPSec 选项的协商、认证双方身份（公钥交换）和管理会话密钥等工作，协商后的结果保存在安全联盟中。

认证头协议 AH 和封装安全载荷协议 ESP 可以工作在两种模式下：传输模式和隧道模式。传输模式一般用在端到端的网络通信应用场景中，这种模式中 IP 的数据被保护起来，但 IP 头不做变化；隧道模式通常用在网关通信的情况下，它对整个 IP 报文提供保护，然后再在原 IP 保护壳外增加一个新的 IP 头，大家经常听说的虚拟专用网（VPN）就是典型的安全隧道建立的应用场景。

为了更细节地讨论 IPSec 协议，在这里需要先了解几个概念。本书采用 GM/T 0022—2014《IPSec VPN 技术规范》中的定义来规范说明。

- 载荷（Payload）：通信双方交换信息的数据格式，是构造协议交换消息的基本单位。
- 安全联盟（Security Association，SA）：两个通信实体经协商建立起来的一种协定，它描述了实体如何利用安全服务来进行安全的通信。安全联盟包括了执行各种网络安全服务所需要的所有信息，如 IP 层服务（如 AH 和 ESP）、传输层和应用层服务或者协商通信的自我保护。

- 互联网安全联盟和密钥管理协议（Internet Security Association and Key Management Protocol，ISAKMP）：定义了建立、协商、修改和删除安全联盟 SA 的过程和报文格式，并定义了交换密钥产生和鉴别数据的载荷格式。这些格式为传输密钥和鉴别信息提供了一致的框架。

6.3.1 IKE 协议

IKE（Internet Key Exchange）协议，主要用于鉴别通信双方的身份，生成会话密钥用于通信双方的数据加密，还要创建安全联盟 SA，在协议交互中双方会协商好密钥算法套件，而 ISAKMP 就是 IKE 的核心协议，所有 SA 的增、删、改和查等动作都需要 ISAKMP 协议来完成，而 SA 是关于通信双方的工作模式定义、数据报文封装协议定义、密码算法的定义等具体内容。前面提到了 IPSec 支持传输模式和隧道模式，并有两种封装协议 AH 和 ESP，现在行业标准里面在算法上也要求支持商用密码算法，这些都是通过 SA 的具体条目进行规范的。SA 是单向的，通信一方既要有发送用的 SA 还要有接收用的 SA，而不同的安全服务也要使用不同的 SA，比如加密用的 SA 和认证用的 SA 等，之所以定义这么细，还是为了安全的原因，可以有效地防止破解扩散。

IKE 协议基于无连接的 UDP 协议，端口 500 用于源和目的双方的通信。

既然 IKE 的核心协议是 ISAKMP，那我们先从它开始讲解。ISAKMP 主要有两个工作阶段：第一个阶段是主模式，第二个阶段是快速模式。

- 主模式阶段，通信双方建立 ISAKMP SA 来实现通信双方的身份鉴别和密钥的交换，并在协议之后生成工作密钥，用该工作密钥进行快速模式下的保护。
- 快速模式阶段，通信双方根据 ISAKMP SA 实现 IPSec SA 的协商，该阶段完成时，通信用的安全策略和会话密钥协商完毕。

主模式是个身份保护的交换，其交换过程由 6 个消息组成。双方的身份鉴别采用数字证书的方式。具体的交换过程如图 6-6 所示。

消息序列	发起方i	方向	响应方R
1	HDR,SA	---->	
2		<----	HDR,SA,CERT_sig_r,CERT_enc_r
3	HDR,XCHi,SIGi	---->	
4		<----	HDR,XCHr,SIGr
5	HDR*,HASHi	---->	
6		<----	HDR*,HASHr

• 图 6-6 主模式消息传递示意图⊖

⊖ 资料来源于 GM/T 0022—2014《IPSec VPN 技术规范》，国家密码管理局，2014.2.13。

- 消息 1，发送方发送一个 ISAKMP 的头和一个安全联盟载荷（一个安全联盟载荷会封装一个建议载荷，而建议载荷还会封装若干个变换载荷）。
- 消息 2，响应方发送一个 ISAKMP 的头和一个安全联盟载荷，同时还要包括应答方的签名证书和加密证书，这个反馈表明响应方接收的发起方的 SA 提议。
- 消息 3，通信双方进一步交换数据，在消息 3 中 XCHi 会有发送方的签名证书和加密证书。XCHi 由 5 个元素串接而成：第一个是非对称加密的随机数，第二个是对称加密用的 Nonce，第三个是对称加密的用户标识 Idi，第四、五个是发送者的签名和加密证书。SIGi 是个发送方签名值，数据用非对称的签名算法产生，签名用的原数据是由随机数、Nonce、ID 和加密证书组合而成的。
- 消息 4，通信双方进一步交换数据，在此消息中 XCHr 不用发送签名证书和加密证书，因为在消息 2 报文中已经发送，消息 4 报文其他的元素和消息 3 是一致的。SIGr 的签名计算和消息 3 一致。这个消息完成之后，参与通信的双方生成基本的密钥参数，也就是可以生成工作密钥了，规范中指定会产生三个对称密钥，分别用于产生会话密钥参数、用于验证完整性和数据源身份鉴别及用于加密的工作密钥。
- 消息 5，从这个消息开始，载荷内容就是加密的。加密的算法是由消息 1 和消息 2 协商产生的对称加密算法。密钥是消息 3 和消息 4 协商产生的。对称算法的工作模式是 CBC 模式，初始化向量通过对消息 3 和消息 4 协商产生的随机数串接起来用 HASH 运算产生的，HASH 算法也是由消息 1 和消息 2 协商产生的。由于对称加密算法是分组形式，所以数据要进行填充，规范指定所有填充字节的值都是 0。
- 消息 6，该消息和消息 5 在计算上完全一致。这个消息完成之后，第一阶段的工作就完成了，ISAKMP SA 已经建立。

快速模式依赖于第一阶段主模式的信息交换，作为 IPSec SA 协商过程的一部分，该阶段主要协商 IPSec SA 的安全策略并衍生会话密钥。快速模式中载荷信息是加密的，ISAKMP 头之后紧跟着的是 HASH 载荷，用这个载荷来完成消息完整性验证和数据来源的身份验证。快速模式需要三个消息完成，具体的交换过程如图 6-7 所示。

消息序列	发起方	方向	响应方
1	HDR*,HASH(1), SA,Ni[,IDci,IDcr]	---->	
2		<----	HDR*,HASH(2),SA,Nr[,IDci,IDcr]
3	HDR*,HASH(3)	---->	

• 图 6-7　快速模式消息传递示意图⊖

- 消息 1，第一个载荷是 ISAKMP 头载荷，紧跟着是 HASH 载荷，之后是安全联盟载荷和 Nonce 载荷，后面两个用中括号括起来的是可选的标识载荷。快速模式下身份标识 ID 默认定义为双方的 IP 地址，消息的填充模式和第一阶段一样。

⊖ 资料来源于 GM/T 0022—2014《IPSec VPN 技术规范》，国家密码管理局，2014. 2. 13。

- 消息 2，响应方返回一个 ISAKMP 头载荷，紧跟着是 HASH 载荷、一个安全联盟载荷、一个 Nonce 载荷和可选的发送方与接收方标识载荷。
- 消息 3，发起方发送一个 HASH 载荷，用于对前面的交换进行鉴别，完成本阶段协议。

6.3.2 AH 协议

AH（Authentication Header）协议，也就是鉴别头协议，用于为 IP 数据报文提供无连接的完整性、数据源鉴别和抗重放攻击服务。AH 协议依靠一个单向递增的抗重放攻击序列号来实现抗重放攻击服务。由于 AH 不能提供数据加密的机密性服务，因此在 GM/T 0022—2014《IPSec VPN 技术规范》中规定，AH 不能单独使用，应该和封装安全载荷协议 ESP 嵌套使用。

AH 头紧跟着 IP 协议头，在 IP 协议头的协议字段中用 51 来代表 AH 协议头。AH 的格式如图 6-8 所示，头中的所有字段都是必需的。

0	1	2	3	4
下一个头	载荷长度	保留		
安全参数索引（SPI）				
序列号				
鉴别数据（变长）				

● 图 6-8 AH 格式示意图㊀

- 下一个头：是一个字节长度的字段，它指定了 AH 头之后跟着的载荷的类型。这个字段的值是由 Internet 分配数字机构 IANA 根据最新的协议数字规划分配的。
- 载荷长度：是一个字节长度的字段，值是头长度减 2，它是 4 的倍数。
- 保留：两个字节的保留字段，留作未来扩充用。
- 安全参数索引（SPI）：是一个 4 字节的字段，它用于查询使用安全联盟 SA，从 1 到 255 的值是保留的，所以协商产生的 SPI 值大于 256。
- 序列号：是一个 4 字节的字段，它是无符号的递增计数器，用来实现抗重放攻击服务。
- 鉴别数据：这是一个变长的字段，其长度和使用的完整性与校验算法有关，鉴别数据提供对整个报文的完整性校验服务，该字段长度须是 4 的倍数。

前面提到 AH 有两种工作模式，它们是传输模式和隧道模式。AH 头在这两种模式下，分别被放在不同的位置，这基于不同的 IP 报文封装规范。

在传输模式下，AH 头应放在原 IP 头之后，并且在上层协议 ESP 之前，具体如图 6-9 所示。所以传输模式并不能隐藏原来的 IP 信息，但通信效率会高。

㊀ 资料来源于 GM/T 0022—2014《IPSec VPN 技术规范》，国家密码管理局，2014.2.13。

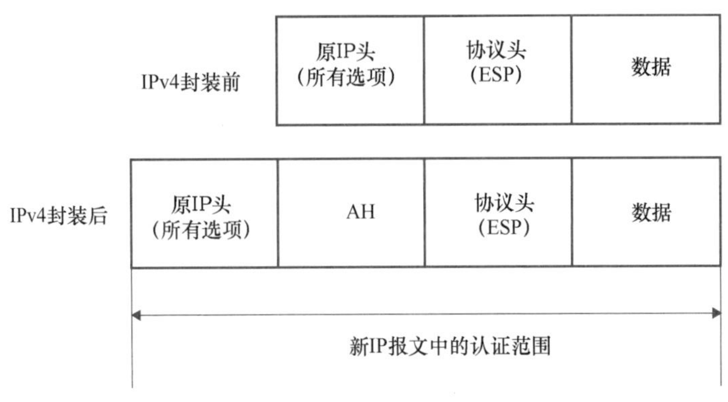

● 图 6-9　传输模式 AH 封装示意图㊀

在隧道模式下，AH 头要保护整个 IP 报文，包括原来的完整 IP 报文和新增加的 IP 头，具体如图 6-10 所示。由于增加了新的 IP 报文头，使得传输的数据增加，影响了通信效率。

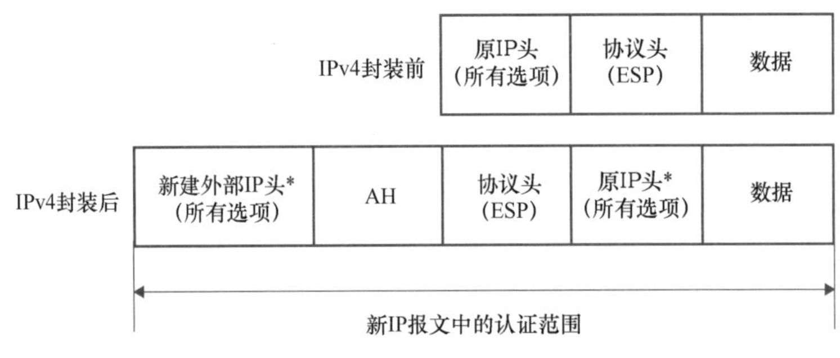

● 图 6-10　隧道模式 AH 封装示意图㊁

当然协议本身有很多复杂的规则和字段计算，如数据的填充方式和字段长度、数据报文的分片、数据的入站处理和报文重组、查找对应的 SA 进行运算等。感兴趣的读者可以查阅具体的规范文档，本书不再展开讨论协议实现细节，本书的目标是让读者了解协议的安全基础和应用场景，将来会配置和使用该协议即可。

6.3.3　ESP 协议

ESP（Encapsulating Security Payload）协议，即封装安全载荷协议，功能比 AH 协议更强大，该协议可以提供机密性、数据来源鉴别、无连接的完整性、抗重放攻击服务和有限信息流量保护。在标准 GM/T 0022—2014《IPSec VPN 技术规范》中规定，当 ESP 单独使用时，必须同时开启机密性和数据来源鉴别服务；当 ESP 和 AH 结合使用时，不应选择数据来源鉴别服务。读者在配置产品时需要按照规范要求进行配置。

ESP 头的位置根据模式的不同而不同，隧道模式下是在 IP 头或者扩展协议之前，并在

㊀ 资料来源于 GM/T 0022—2014《IPSec VPN 技术规范》，国家密码管理局，2014. 2. 13。

㊁ 资料来源于 GM/T 0022—2014《IPSec VPN 技术规范》，国家密码管理局，2014. 2. 13。

AH 头之后。在 IP 头的协议字段中 ESP 协议的标识是 50。

ESP 头的定义格式如图 6-11 所示。

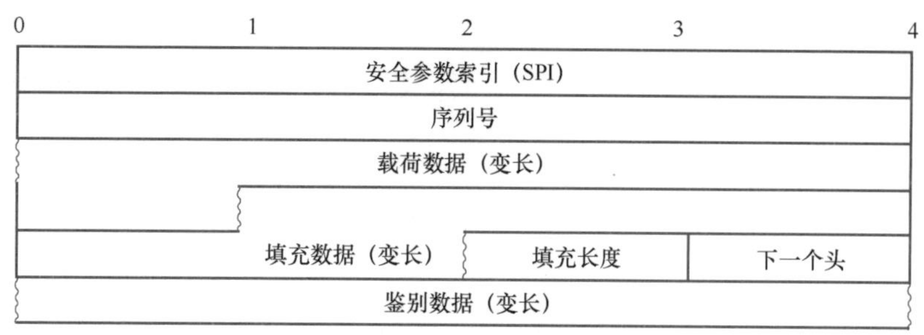

图 6-11 ESP 头格式示意图[⊖]

- 安全参数索引（SPI）：是一个 4 字节的字段，它用于查询通信双方使用的安全联盟 SA，从 1 到 255 的值是保留的，所以协商产生的 SPI 值大于 256。
- 序列号：是一个 4 字节的字段，它是无符号的递增计数器，用来实现抗重放攻击服务。
- 载荷数据（变长）：是一个变长的字段，内容有加密算法使用的初始化向量 IV 等关键信息，根据选择的算法的不同，该字段的长度也不同。
- 填充数据（变长）：因为通信数据长度不一定是加密算法需要的长度，根据数据的长度还要进行数据填充，方便分组对称加密的运算，所以该字段是变长字段。
- 填充长度：指填充的字节数，有效值范围是 0 到 255，其中 0 表示没有填充。
- 下一个头：是一个字节长度的字段，它指定了 ESP 头之后跟着的载荷的类型。这个字段的值是由 Internet 分配数字机构 IANA 根据最新的协议数字规划分配的。
- 鉴别数据（变长）：是一个变长的字段，该字段的长度由选择使用的完整性校验算法决定。鉴别数据字段是可选的，只有当 SA 选择了完整性校验服务时才包含鉴别数据字段，也就是说，如果 AH 和 ESP 结合使用，ESP 本身是不需要完整性校验服务的，该字段就没有。

ESP 与 AH 一样有两种工作模式，它们是传输模式和隧道模式。ESP 头在这两种模式下分别被放在不同的位置，读者应该根据应用场景选择正确的模式。

在传输模式下，ESP 头应放在原 IP 头和它包含的所有选项之后，并且在上层协议之前，具体如图 6-12 所示。传输模式对原 IP 地址不做处理，传输数据量小，传输效率会比隧道模式高，但容易泄露通信端 IP 地址信息。

在隧道模式下，ESP 头要保护整个原始 IP 报文，包括原来的完整 IP 报文头、上层协议的内容和报文数据，具体如图 6-13 所示。从该模式对报文的封装中读者可以看到，由于报文需要新增加 IP 报文头，通信数据量会增大，从而降低通信效率，但安全性也会更高。

⊖ 资料来源于 GM/T 0022—2014《IPSec VPN 技术规范》，国家密码管理局，2014. 2. 13。

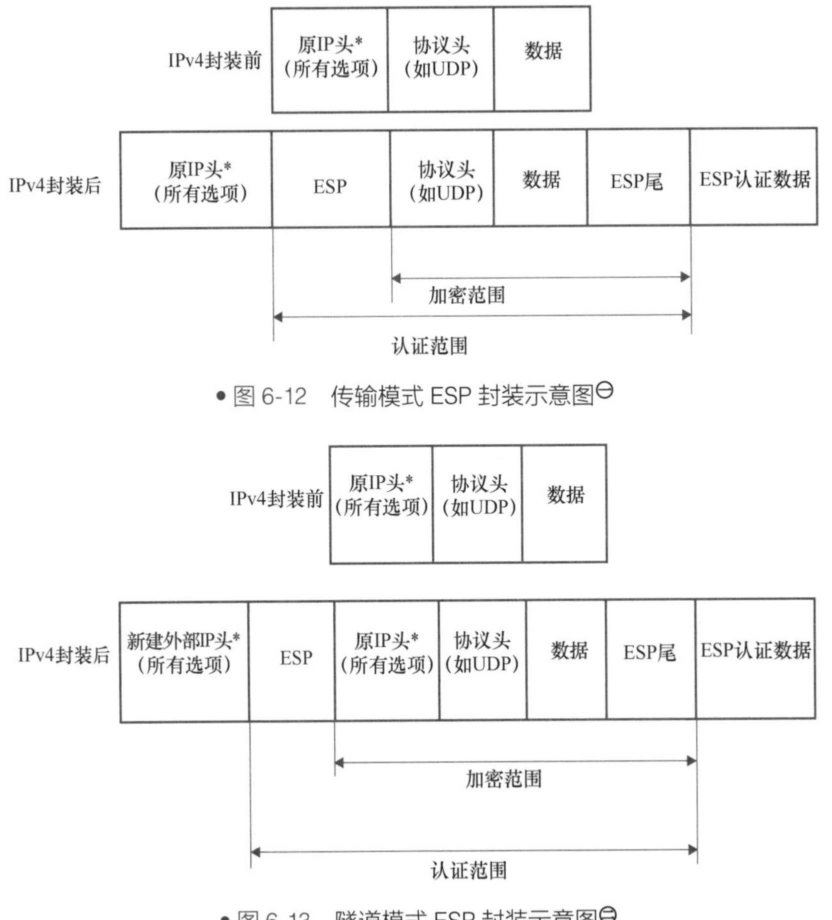

• 图 6-12　传输模式 ESP 封装示意图⊖

• 图 6-13　隧道模式 ESP 封装示意图⊜

ESP 协议本身非常复杂，它包括身份认证、数据加密、报文的封装、报文的分片、报文重组和报文重构很多实现细节。感兴趣的读者可以继续查阅具体的规范文档，这里不再展开讨论实现细节，本书的目标依然是帮助读者了解协议的安全基础知识，将来在应用中会配置和使用该协议即可。

6.3.4　IPSec VPN 合规要求

IPSec 协议在密码应用建设中多数是部署一些 IPSec VPN 设备，通过这类产品来建立数据传输的安全通道，保证业务数据中的重要内容或敏感数据不被恶意篡改和泄露。

在标准 GM/T 0022—2014《IPSec VPN 技术规范》中规定了产品使用的技术协议、产品功能、产品的性能和管理能力，用来指导 IPSec VPN 设备的安全检测、使用和管理。

性能上主要考虑的参数是加/解密吞吐率、加/解密时延、加/解密丢包率和每秒新建连

⊖　资料来源于 GM/T 0022—2014《IPSec VPN 技术规范》，国家密码管理局，2014. 2. 13。

⊜　资料来源于 GM/T 0022—2014《IPSec VPN 技术规范》，国家密码管理局，2014. 2. 13。

接数等几个指标，这在应用中要结合业务通信量综合考虑，还要考虑未来的业务增长率。因为等级保护测评项中对于业务的性能要求是有测评指标的，高峰时段如果没有限流措施，易造成性能瓶颈，不能顺畅提供服务，这引起的安全问题通常被称为拒绝服务。

在密钥管理层面，IPSec VPN 设备通常会涉及设备密钥、工作密钥和会话密钥的管理。设备密钥是非对称密钥，包括签名密钥对和加密密钥对，通常的密钥形态表现为双证书配置，在配置设备时，把双证书导入 IPSec VPN 设备中即完成设备密钥配置。工作密钥在密钥交换的第一阶段产生，产生后保存在存储器中，在连接断开、设备断电等条件下，该密钥必须销毁。会话密钥在密钥交换的第二阶段产生，产生后保存在存储器中，在连接断开、设备断电等条件下，该密钥必须销毁。其中设备配置双证书要求是我国规范中要求的，而且采用商用密码算法。

由于在密码应用与安全性评估中，对设备的配置管理和日志管理也都有具体的要求，比如密码设备配置文件要有完整性保护，日志文件也要有完整性的保护机制。配置这些完整性就需要登录设备，登录设备就要进行安全的身份鉴别，而远程管理设备需采用加密协议（如 SSH)，并且要通过双因素方式登录。

在规范中进一步明确了对商用密码算法 SM2、SM3、SM4 等的支持和使用方法。

在规范中进一步明确了对双证书（签名证书和加密证书）的支持，明确了要采用加密证书中的公钥对协商中产生的对称密钥进行加密保护，不能使用签名证书中的公钥进行对称密钥的保护。身份鉴别需采用数字证书的方式，不再支持公、私钥对的方式。

在 VPN 的规范和应用要点上又指出，除了国际互联互通需求的特殊情况外，产品应使用商用密码算法，否则会被判定为使用不合规，需要整改。具体到算法而言，公钥密码算法应该使用 SM2 或 SM9，对称密码算法应该使用 SM4，杂凑密码算法应该使用 SM3 算法。密码测评人员可以通过附录 C 的属性值来判定设备配置使用的算法是不是商用密码算法。

VPN 设备密钥管理分三层密钥体系，第一层是设备密钥，主要是签名证书和加密证书，在设备配置时导入。通过密钥协商第一阶段产生第二层的工作密钥，再通过密钥协商的第二阶段产生三层的会话密钥，后两种密钥是每次会话时产生，用后即销毁。

从密钥生命周期上看，设备密钥可以根据证书的有效期和 CRL 的情况进行周期更新，有设备内部的存储进行存储，备份时可以考虑采用分片形式保存密钥对，当设备密钥不用时，可以启用设备初始化，把密钥进行销毁。而工作密钥和会话密钥，不涉及密钥的导入和导出，也不涉及备份，每次掉电或者连接结束，密钥就自行销毁。

IPSec VPN 产品中协议封装模式分为传输模式和隧道模式，其中从国家规范要求来看，隧道模式是必须支持的模式，用于主机和网关的 VPN 实现；传输模式是可选的功能，主要用于主机到主机的 VPN 实现。

对于 VPN 设备的管理方面，应采取分权管理机制，并采用数字证书的形式对管理员身份进行鉴别。分权管理通常会有安全管理员、系统管理员和审计管理员不同的角色。其中安全管理员负责设备的参数配置、安全策略配置、权限管理和密钥的操作。系统管理员主要负责设备日常运维的管理，设备的备份和恢复等。审计管理员负责对设备中的日志进行安全审计。登录设备如果是远程管理，三级以上系统要采用双因素认证，除了硬件装置（如 USBKey）外还需要配合登录口令，而口令长度在规范里面要求不得少于 8 字节，应该包含大写字母、小写字母、数字、特殊字符四类中的三类。登录口令必须定期进行更换。使用错误口令或非法尝试登录的次数应限制小于或等于 8 次。

在产品的部署模式上，VPN 安全网关虽然可以支持物理串联和物理并联两种方式，但物理串联是产品的必备模式。而并联因为有现实的实际需要，所以也支持物理并联的模式。并联通常可以由应用或防火墙进行某种逻辑判断，来识别出没经过网关访问的用户，以达到逻辑上串联的效果。

6.4 密码协议的应用场景

协议（Protocol）是信息交互的两方或者多方通过一系列规定了的步骤，来完成一项任务的过程。这个定义说明了："一系列规定了的步骤" 要按照一定的序列进行，参与者至少需要两方，目的是为了完成一项任务。密码技术应用在协议上形成密码协议就是为了安全的目的而设计的一系列步骤，简单来说密码协议就是用密码技术实现了的协议。

随着互联网特别是移动互联网的发展，在虚拟空间中产生的恶意欺骗和诈骗越来越多，犯罪活动已经处于高发状态，所以要使得网络环境越来越安全，就需要密码协议的帮助。

随着《网络安全法》《密码法》《个人信息保护法》和《数据安全法》的相继出台，各种信息的共享和交换也需要使用密码协议来提供安全保障。

人们生活常使用的 QQ、微信、邮件等互联网通信工具，在保证方便和个人隐私传递的情况下，必须采用密码协议进行保护，否则可能会出现身份假冒、聊天记录被恶意泄露或篡改等情况。所以网络协议特别是密码协议和人们生活息息相关。

前面章节的杂凑算法、对称算法和公钥密码算法解决的是即时安全问题，而密码协议解决的是信息交互安全问题，只要存在信息交互就要用到密码协议，否则很难保证交互数据不被恶意篡改或偷窥。

第一个典型的应用场景是身份鉴别。在密评工作中，物理与环境层面、网络与通信层面、设备与计算层面和应用与数据层面均有身份鉴别的测评指标。身份确认，也称为"身份认证"或"身份鉴别"，是指在计算机及计算机网络系统中确认操作者身份的过程，在这个场景下主要是判定用户身份的真实性，有效防止攻击者假冒合法用户获得访问权限。国家标准 GB/T 15843 介绍了实体鉴别协议是应用建设时应该主要参考的技术标准。另外项目建设中还可以使用通过安全检测的身份认证网关等硬件设备来实现身份鉴别。

第二个典型的密码协议的应用场景是统一运维管理或运营中心。大型信息系统有众多的服务器、网络设备、安全设备和应用软件，这些设备均需要安全统一管理，除了实现安全的身份鉴别外，还需要实现机密性。大部分信息系统会采用堡垒机等硬件来实现统一运维，堡垒机会通过 SSL 或者 SSH 等密码协议实现安全连接。

第三个典型的应用场景是分支结构的接入，特别是大型的分布式的信息系统。各个分支通过互联网接入要实现防窃听和防假冒能力，通常会采用 VPN 的形式，比如购买 IPSec VPN 或者 SSL VPN 设备实现密码协议，完成安全通信。

第 7 章　口令加密和密钥交换

在有些场景中，密钥的产生是不需要随机的，却需要人们记住它，要记住 SM4 的 128 位密钥非常困难，这就需要基于口令的加密算法，用口令生成密钥再进行加密运算。这其实是新瓶装旧酒，实质上还是前面章节的算法的扩展和变化。本章开头对口令加密算法进行介绍，然后进行算法实践。同时本章还对秘密传递的过程进行了分析，并实践了 DH 密钥交互算法和 SM 密钥交互算法，通过这两个算法，读者可以熟知通信双方的密钥是如何协商出来的。

7.1　基于口令加密 PBE 的简介

基于口令加密算法（Password Base Encryption，PBE）的核心思想是用口令来产生密钥，通过口令将密文联系起来。接触密码知识少的读者可能会有点疑惑：口令、密码、密钥三者到底要如何区别呢？口令和密码通常是应用层面的概念，比如建设了一个 ERP 的应用系统，注册了一些业务用户，这时候最简单的用户身份鉴别就通常是基于口令/“密码”，用户通过输入正确的口令/“密码”来登录并使用系统功能。密钥是密码算法上的一个概念，是密码算法中参与计算的秘密因子。

口令/“密码”是需要用户记忆的，所以通常不会太长太复杂，长而复杂会不方便记忆。口令很多时候没有统一的长度要求，而密钥长度是根据算法强制要求的。比如 SM4 算法密钥需要 128 位，AES128 算法密钥就是 128 位长度的一个随机串，转换成字节，是 16 字节长；但是像银行卡的 pin“密码”、USBKey 的 pin 口令等大多是 6~8 个可见字符，通常情况下并没有固定的长度要求。另一方面口令不是随机的，而是可见字符，但密钥通常不一定是可见字符且具有较强的随机要求，而且长度是固定的。

在本书密码技术基础部分，展示了不少产生算法密钥或密钥对的示例，从这些密钥结果看，没有人能轻易记得住密码算法的密钥，而且从例子中也看到密钥的产生随机性很强。软件程序中经常是采用密钥工厂或者密钥生成器对象来随机产生一个密钥或密钥对。在安全级别高的应用中（比如三级或以上系统），密钥多是由加密机等安全模块设备来生成和存储的。

有一种安全应用场景是用户通过商用密码对称加密算法 SM4 来加密一个重要文件，密钥由用户自己掌握，并用它来加密数据，这时既安全又方便的方法就是使用基于口令加密。

PBE 的典型使用就是通过口令生成复杂密钥并进行加密。进一步展开其原理就是用口令和一个随机数一起，通过杂凑算法来生成需要的密钥，再通过加密算法进行加密。这样比单纯的用口令安全很多，即使穷举也不太可能破解，因为加了随机数，再杂凑之后密钥已经完全分散开。

从上面分析中读者可以看到，PBE 并没有构建一个新的算法，而是对前面的对称算法和杂凑算法的一个综合应用，好处是记忆自己常用的口令，并通过它安全地使用了加密算法而不用保存复杂的密钥。

在 PBE 算法中，这个随机数被称之为盐（Salt），读者如果使用过 UNIX 或 Linux 类的操作系统，可以知道用户的密码账户文件（Passwd 或 Shadow）中就有关于 Salt 的存储使用。这里的 Salt 就是为了增加安全性而添加的随机因子，可以防止彩虹表似的暴力破解方法。下面就是 Linux 中 Shadow 文件典型一行的前两字段，字段是通过冒号进行分隔，第一字段是用户名，第二字段就是密码域，密码域由三部分组成，每部分用 $ 做分隔，第一部分 6 是指 SHA-512 算法，第二部分 lDy6UAFW 是随机数 Salt，第三部分就是口令和随机数共同密码运算后的结果。

```
root:$6$lDy6UAFW$vffZBi7DrVjYwg…
```

PBE 算法在应用建设中可以有效提高口令安全性，因为最终的结果是由口令和随机数两个因素一起决定的，这样能有效地防止暴力破解攻击，而且在一些特殊的应用场合解决了密钥生成和记忆的难题。下面就给读者展示下 Java 中 PBE 的强大功能实践。

7.2 基于口令加密 PBE 算法实践

本节实现了口令加密算法的加密功能、解密功能和 MAC 计算功能。

7.2.1 PBE 算法实现口令加密

本小节首先实践基于 PBE 算法来实现加密功能，通过对本小节的熟悉和掌握，读者能更好地理解下面的解密小节和 MAC 小节的实践代码。

（1）实现步骤

1）首先定义明文信息和口令。定义了需要加密的原始数据，在本程序中选择了经典的"Hello World!"。

第二行是模拟的口令，由于 PBE 的密钥规范参数要用 char 数组，所以通过 toCharArray() 方法转换成 char 数组。

2）构造 PBE 密钥对象。第三行代码生成 pbes 的密钥规范对象，参数就是上一行的口令数组 passwd。

随后定义一个密钥工厂 kf，调用密钥工厂的静态函数 getInstance()，传递参数是 PBE

的算法名称“PBEWithHmacSHA384AndAES_128”，该名称比较冗长，但总数不多，其他常用的还有“PBEWithMD5AndDES”和“PBEWithHmacSHA256AndAES_128”。读者对这种组合了的名称不需要记忆，需要时可以查询 JCE 相关的手册。

接下来调用了密钥工厂 kf 的 generateSecret( )方法，参数就是前面的 pbes 密钥规范对象，返回的密钥 key 就是给 AES 算法加密用的。

3）构造 salt 盐数组，生成 pbeps 参数对象。定义了一个 8 字节的数组 salt，然后通过 Random 随机数类来产生并填充 salt。

随后定义加密类 Cipher 的一个对象 cp，通过调用静态方法 getInstance( )返回，参数和前面密钥工厂的参数一致。

下一行定义的是 PBE 参数规范 PBEParameterSpec 对象，构造时传递两个参数，第一个是前面的随机数 salt，另一个就是哈希迭代次数 1000。

4）构造 PBE 算法实例，执行加密。开始初始化算法，调用加密对象 cp 的 init( )方法，第一个参数指定为加密模式 ENCRYPT_MODE，第二个参数是密钥 key，第三个参数是 PBE 密钥参数规范 pbeps。

把原始数据 data 转码成字节数组 bdata，算法再通过调用 cp 的 doFinal( )方法开始运算，参数就是待处理数据 bdata，运算完成后返回结果的字节数组并保存在 pbe_data 中。

最后两行将 salt 和 pbe_data 的值打印输出。

（2）实现代码

```
public static void main(String[] args) {
    // 测试基于 PBE 算法(Password Based Encryption,基于口令加密)的实现
    String data ="Hello World!";
    char[] passwd ="123456".toCharArray();
    PBEKeySpec pbes= new PBEKeySpec(passwd);
    SecretKeyFactory kf=
      SecretKeyFactory.getInstance("PBEWithHmacSHA384AndAES_128");
    SecretKey key= kf.generateSecret(pbes);

    byte[]salt = new byte[8];
    Random random = new Random();
    random.nextBytes(salt);
    Cipher cp = Cipher.getInstance("PBEWithHmacSHA384AndAES_128");
    PBEParameterSpec pbeps =new PBEParameterSpec(salt, 1000);
    cp.init(Cipher.ENCRYPT_MODE ,key,pbeps);

    byte[] bdata=data.getBytes("UTF8");
    byte[] pbe_data =cp.doFinal(bdata);

    System.out .println("salt: " +       new String(Hex.encode (salt)));
    System.out .println("PBE 结果:"+new String(Hex.encode (pbe_data)));
}//end main
```

（3）代码结果输出

```
salt: b2a3855fc6024d07
PBE 结果: 76b8f88fdac37cc7df46866e3b6a7b81
```

7.2.2 PBE 算法实现口令解密

如果读者看完前面的加密方法，就迫不及待地想试验下解密，也非常简单，有了前面算法的功底应该可以手到擒来。将 ENCRYPT_MODE 换成 DECRYPT_MODE，就如前面对称算法实践一样，其他的解密方法和加密在 Cipher 类的完美包装中几乎无变化。

但是情况往往不会如读者所愿，在使用 PBEWithMD5AndDES 算法时，程序加密解密都没有问题，而换成“PBEWithHmacSHA384AndAES_128”时程序就会出错。这是因为 AES 算法为了提供安全性要求必须提供一个随机初始化向量才行，而使用分组算法 DES 时因为加密可以不需要提供该值，导致研发人员忘记或者忽略这个问题，容易在算法升级改造中出现异常错误。

读者可以进行代码验证，例子中的加密对象 cp 使用了默认的 iv 来进行加密，并没有显示设置初始化向量，读者可以添加如下一行语句到前面的代码中。

（1）改造步骤

```
System.out.println("iv: " + new String(Hex.encode(cp.getIV())));
```

多运行几次程序，读者会发现每次的默认 iv 都是不一样的，这是 JCE 内部随机产生的。所以在做解密运算时，如果不能给出一个完全匹配的 iv，程序当然就会报错。

了解了机理，就很容易解决问题了，需要研发人员自己定义一个 iv，而不是 JCE 默认随机产生。这里需要把前面的代码稍做改造，具体是在 PBEParameterSpec 定义 pbeps 的代码上面添加如下两行代码，第一行是定义一个初始化向量 iv，另一行是构造一个初始化向量对象规范对象。

```
byte[] iv="testtesttesttest".getBytes();//CBC 填充 16 字节
IvParameterSpec ivps =new  IvParameterSpec(iv);
```

注意：读者在生产系统中不要在代码中直接定义 iv，这不利于安全。

把 pbeps 定义语句修改成如下，就是给原语句增加第三个参数 ivps。

```
PBEParameterSpec pbeps =new PBEParameterSpec(salt, 1000,ivps);
```

相当于在程序中指定了初始化向量 iv。在前面例子的最后添加上解密代码，如下所示。

```
Cipher cp2 = Cipher.getInstance("PBEWithHmacSHA384AndAES_128");
cp2.init(Cipher.DECRYPT_MODE,key,pbeps);
byte[] result_data =cp2.doFinal(pbe_data);
System.out.println("解密结果: " + new String(result_data));
```

（2）改造后的完整实现代码

```
public class testPBE {
    public static void main(String[] args) throws IOException {
    //测试基于 PBE 算法(Password Based Encryption,基于口令加密)的实现
        String data ="Hello World!";
        char[] passwd ="123456".toCharArray();
```

```
        PBEKeySpec pbes= new PBEKeySpec(passwd);
        SecretKeyFactory kf= SecretKeyFactory
            .getInstance ("PBEWithHmacSHA384AndAES_128");
        SecretKey key= kf.generateSecret(pbes);
        //要随机数作为安全因子
        byte[]salt = new byte[8];
        Random random = new Random();
        random.nextBytes(salt);
        Cipher cp=Cipher.getInstance ("PBEWithHmacSHA384AndAES_128");
    //CBC 模式要填充 16 字节
        byte[] iv="testtesttesttest".getBytes();
        IvParameterSpec ivps =new  IvParameterSpec(iv);
        PBEParameterSpec pbeps =new PBEParameterSpec(salt, 1000,ivps);
        cp.init(Cipher.ENCRYPT_MODE ,key,pbeps);
        byte[] bdata=data.getBytes("UTF8");
        byte[] pbe_data =cp.doFinal(bdata);
        System.out .println("salt: " + new String(Hex.encode (salt)));
        System.out .println("PBE 结果: " + new
            String(Hex.encode (pbe_data)));

        Cipher cp2 = Cipher
          .getInstance ("PBEWithHmacSHA384AndAES_128");
        cp2.init(Cipher.DECRYPT_MODE ,key,pbeps);
        byte[] result_data =cp2.doFinal(pbe_data);
        System.out .println("解密结果: " + new String(result_data));
    }//end main
}
```

(3) 改造运行后的结果输出

```
salt: 3f4c59ce61d0fc62
PBE 结果: f8fdcf5aa1f90a4a8bd5a170186701a0
解密结果: Hello World!
```

7.2.3 PBE 算法实现 MAC 功能

在讲解杂凑算法时用实践演示了 SM3 和 SM4 等算法可以产生 MAC，当然它们也可以用在 PBE 里面。由于目前 SM3 的 HMAC 还在等待扩充中，BC 代码库中还没有实现 HMAC-SM3。所以接下来用 SHA256 来演示，读者将来直接换成 SM3 即可。

PBE 密钥规范除了前面例子中的单参数构造 PBEKeySpec（passwd）外，还有 4 个参数的构造方法：第一个参数是口令，第二个参数是随机数 salt，第三个参数是哈希迭代次数，第四个是密钥长度。这样就可以省去一个 PBEParameterSpec 对象了。

```
PBEKeySpec(char[] password, byte[] salt, int iterationCount, int keyLength)
```

在解释了 4 个参数的 PBEKeySpec 之后，其他代码都已经在前面出现过，不再多做解释，直接给出完整的实现代码。

（1）实现代码

```
public static void main(String[] args) throws Exception {
    Security.addProvider (new BouncyCastleProvider());
    SecretKey          key;
    byte[]             out;
    Mac                mac;
    byte[]  message ="for mac use data".getBytes();
    PBEKeySpec pbeksp;
    SecretKeyFactory fact=
      SecretKeyFactory.getInstance("PBEWithHmacSHA256","BC");
    pbeksp =new PBEKeySpec("hello".toCharArray(),       new byte[20],
    100, 256);
    key = fact.generateSecret(pbeksp);
    mac = Mac.getInstance("HMAC-SHA256", "BC");
    mac.init(key);
    mac.reset();
    mac.update(message, 0, message.length);
    out = mac.doFinal();
    System.out .println("Mac值:" + new String(Hex.encode (out)) );
    }
```

（2）实现步骤

1）定义消息原文及密钥的变量。

第一句是添加 BC 库，以前很多例子都是两句，这次合成一句，效果完全是一样的。

接下来定义了 5 个变量：第一个变量 key 是密钥变量，第二个变量 out 用来保存 MAC 结果，第三个变量定义 Mac 对象 mac，第四个变量 message 定义了一个原始数据，第五个变量定义了 PBE 密钥规范对象 pbeksp。

2）构造 PBE 密钥工厂实例，生成 PBE 密钥规范对象。

接下来代码第一句就是定义密钥工厂对象 fact，通过调用对象的 getInstance( )静态方法，参数传递“PBEWithHmacSHA256”和“BC”。

代码紧接着就是使用了 PBEKeySpec 的四参数构造方法，定义了 pbeksp 对象，参数解释：第一个参数是口令“hello”，第二个参数是 salt 随机数，第三个参数是哈希迭代 100 次，第四个参数是密钥长度 256 位。

生成 pbeksp 对象，就把它当作参数传给密钥工厂 fact 对象的 generateSecret( )方法，返回生成的安全透明密钥对象 key。

3）构造 PBEMAC 函数实例，执行 MAC 运算。

接下来的五行代码全部都是 Mac 类的标准功能代码。首先调用 Mac. getInstance( )生成对象 mac。然后调用 mac. init( )方法将密钥 key 传递进去。

调用 mac 的 reset( )方法使其处于初始形态；准备数据，把原数据 message 传递给 mac 的 update( )方法。

最后一步调用 mac 的 doFinal( )方法进行 MAC 计算，并返回结果到 out 变量中。

（3）Mac 结果输出

```
Mac 值:8071db0fe8c6bdb20ed3a8f704bbc7af76f044392b13a3f3f09f6932f8ecb99f
```

7.3 秘密可以安全传递

相隔两地的 A 用户和 B 用户如果要想交换一个非常重要的物件，需要怎么做才能保证传递安全。现实中可以想象如下场景来实现安全传递。

A 用户找一个非常安全的箱子，把重要物件放在箱子内部，用自己的安全锁，这里称为 a 锁，把箱子锁上，然后把锁好的箱子发送给 B 用户。因为箱子是锁的，中间没有人有钥匙，它是安全的。

B 用户收到有一把锁的箱子，由于他自己没有钥匙打不开，他也拿一把锁，这里称为 b 锁，照样锁在箱子上，再把箱子发送给 A 用户。中间没人有钥匙，它是安全的。

A 用户收到含两把锁的箱子，先把自己的锁解开，最后把只有 b 锁的箱子再发送给 B 用户。

B 用户用自己的钥匙把 b 锁打开，提取了重要物价。整个交互流程如图 7-1 所示。

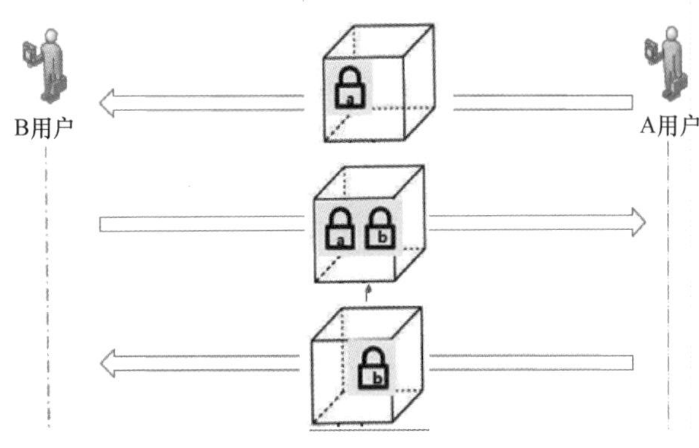

• 图 7-1　远程传递重要信息示意图

这里有一个前提就是两把锁可以并行锁在箱子上，并且是可交换的。如果换作密码算法来描述就是算法可以交换，即 Enc1(Enc2(text))= Enc2(Enc1(text))，这里的 Enc1 和 Enc2 都是密码算法。

密钥是一种非常重要的秘密。所以在现实应用中，有很多的场合需要密钥交换或者密钥协商。接下来本章就开始关注这块重要内容。

两个或多个实体通过协商，共同建立一个会话密钥，任何一个参与者均对结果产生影响，不需要任何可信的第三方，会话密钥是通过各个参与者的参数计算而成的，这就是密钥协商的典型实现方法。

虽然公钥算法可以提供加/解密能力，但公钥算法通常计算复杂度很大，不太适合大批量的数据加/解密运算。因为公钥可以公开发送，所以公钥算法经常被用来协商一个对称密钥，然后再用对称密钥进行加/解密运算，这就是密码技术的混合使用法。用公钥协商对称密钥第一个需要关注的当然就是最早出现的DH算法了，接下来实践DH算法密钥协商，读者可以再结合实践代码详细体会。

7.4 密钥交换算法

秘密传递的基础就是有共享的密钥，而密钥是通信双方通过密钥协商算法计算出来的，本节主要实践DH和SM2两个密钥协商算法。

7.4.1 DH算法实现密钥协商

1976年，非对称密码算法的思想被提出，当时W. Diffie和M. Hellman在IEEE期刊上给出了通信双方通过协议可以协商密钥的算法，后来根据俩人名字的字母简写，该算法被称为DH算法。该算法用来协商对称加密密钥，它的主要用途就是做密钥交换。

DH算法的原理是通过通信双方协商一个加/解密的对称密钥，该算法不能提供数据的加密和解密能力，这也是这个非对称算法的特点，同时也是其使用局限性，而本书前面讲过的RSA和SM2均可以提供加密和解密能力。

Java JCE提供DH算法的完整实现，不需要第三方库，DH算法的密钥长度在512位到8192位之间，但密钥必须是64位的整数倍，默认的长度是1024位。

接下来实践中先用eclipse工具构建一个testDH类。加/解密的密钥是用DH协商出一个共享对称密钥，用这个对称密钥来验证加密和解密功能。

（1）实现步骤

1）定义明文信息和通信双方的密钥对。在类的开头定义一个变量src，然后实现对src字符串的加密和解密运算。

```
private static final String src = "dh agree test";
```

接下来的代码均添加在main()方法中，如果生成类时忘记了生成main()方法，手工添加即可，实践后面也有完整的代码提供。先在main()方法中添加如下两行代码，产生一个密钥对发生器对象，长度是2048位。

```
KeyPairGenerator kpg = KeyPairGenerator.getInstance("DH");
kpg.initialize(2048);
```

首先定义的一个密钥对生成器对象kgp是通过调用密钥生成器类的静态方法getInstance()来返回对象实例的，参数“DH”，指明了需要使用DH算法。然后调用初始化方法initialize()，传递密钥长度2048。

```
KeyPair kpA = kpg.generateKeyPair();
KeyPair kpB = kpg.generateKeyPair();
```

接着从密钥对生成器中产生两对公、私钥，一个是 kpA 代表 A 用户的公、私钥对，一个是 kpB 代表 B 用户的公、私钥对。本例中用这两对密钥分别模拟通信的双方。

2）实例化通信协商对象，模拟双方的通信协商。

```
// B 用户方
KeyAgreement keyagreeB = KeyAgreement.getInstance("DH");
keyagreeB.init(kpB.getPrivate()); //用自己的私钥
keyagreeB.doPhase(kpA.getPublic(), true); //加上对端的公钥
SecretKey seckeyB = keyagreeB.generateSecret("AES"); //生成共享密钥
```

这几行代码代表 B 用户方执行的内容。首先定义一个 KeyAgreement 的对象，通过它的静态方法 getInstance( )获得 DH 算法的协商实例对象 keyagreeB。

接着对象 keyagreeB 调用初始化方法 init，将 B 用户自己的私钥 kpB. getPrivate( )作为参数传递进去。对象 keyagreeB 再调用下一阶段方法 doPhase，使用从 A 用户收到的公钥密钥执行此密钥协议的下一阶段参数计算，doPhase 第二个参数 true 表示这是否是此密钥协议的最后阶段，这里没有后续动作，直接给 true。

上述代码的最后一句 keyagreeB. generateSecret(" AES") 用来产生 AES 算法的对称密钥，并返回给密钥对象 seckeyB。

```
//A 用户方
KeyAgreement keyagreeA = KeyAgreement.getInstance("DH");
keyagreeA.init(kpA.getPrivate()); //用自己的私钥
keyagreeA.doPhase(kpB.getPublic(), true); //加上对端的公钥
SecretKey seckeyA = keyagreeA.generateSecret("AES"); //生成共享密钥
```

这几行代码代表 A 用户方执行的内容。首先定义一个 KeyAgreement 的对象，通过它的静态方法 getInstance( )获得 DH 算法的协商实例 keyagreeA。

接着对象 keyagreeA 调用初始化方法 init( )，将 A 用户自己的私钥 kpA. getPrivate( )作为参数传递进去。对象 keyagreeA 再调用下一阶段方法 doPhase( )，使用从 B 用户收到的公钥密钥执行此密钥协议的下一阶段，第二个参数 true 表示这是否是此密钥协议的最后阶段。

代码最后一句 keyagreeA. generateSecret(" AES") 用来产生 AES 算法的对称密钥，并返回给密钥对象 seckeyA。

3）提取模拟双方的协商结果，比较是否一致，并用它进行加/解密。

至此通信双方已经协商出来一个 AES 算法的对称密钥，下面就验证双方对称密钥的一致性和可用性。继续添加如下代码。

```
byte[] b = seckeyB.getEncoded();
byte[] a = seckeyA.getEncoded();
```

通信双方已经产生了密钥对象，通过 getEncoded( ) 方法将密钥以字节数组的形式返回，这样方便下面的程序代码判定并使用密钥。

```
        if(Arrays.equals(a, b)) {//密钥协商成功
            System.out.println("√"+"密钥分别打印如下:");
            System.out.println("A方协商密钥:"+new String(Hex.encode(a)));
            System.out.println("B方协商密钥:"+new String(Hex.encode(b)));
            // 发送方使用本地密钥加密
            Cipher cipher = Cipher.getInstance("AES");
            cipher.init(Cipher.ENCRYPT_MODE, seckeyB);
            byte[] result = cipher.doFinal(src.getBytes());
            System.out.println("AES encrypt:" +
                Base64.getEncoder().encodeToString(result));
            //接收方使用本地密钥解密
            cipher.init(Cipher.DECRYPT_MODE, seckeyA);
            result = cipher.doFinal(result);
            System.out.println("AES decrypt:" + new String(result));
        }
        else {
            System.out.println("X");
        }
```

验证代码用一个 if 语句做判断，如果 A 用户协商的密钥 a 和 B 用户协商的密钥 b 是相等的，则打印“√”，随后执行加密和解密。如果密钥 a 和 b 不相等则打印“X”。

验证功能主要集中在密钥相等的分支中，代码通过两行将“A 方协商密钥”和“B 方协商密钥”打印出来，用的是 Hex 类，输出为十六进制形式。

接下来定义 Cipher 类的实例，指明加密算法是 AES。调用 init( ) 方法指定加密模式 ENCRYPT_MODE，第二个参数是协商出来的会话密钥 seckeyB，也就是 B 用户代表的是发送方和加密方。

通过 Cipher 类的 doFinal( ) 传递明文数据给算法，返回密文到 result 字节数组中。

随后使用 Base64 编码把密文输出展示（实际应用中可以将编码后的信息通过网络传输给对端用户）。

而用户 A 作为接收方和解密方，也要定义一个 Cipher，同样调用对象的 init( ) 方法来执行解密，这里模式是 DECRYPT_MODE，第二个参数是协商出来的会话密钥 seckeyA。

接下来把 B 用户加密传递来的密文 result 传递给 cipher 的 doFinal( ) 方法中执行解密动作，明文返回，然后通过包装成 String 类型输出明文。

由于生成密钥对的随机性，读者的输出可能会不同，只要双方的密钥是一致的，就表明算法协商过程是正确的。

（2）程序运行后的结果输出

```
√密钥分别打印如下:
A方协商密钥:0037fe2e2c99ec3647a1cab626100508335f0bf9050d5b81bb6ee25ec85f726e
B方协商密钥:0037fe2e2c99ec3647a1cab626100508335f0bf9050d5b81bb6ee25ec85f726e
AES encrypt:VT7r0P5NhpMjRO501bnD6A==
AES decrypt:dh agree test
```

读者如果运行上面的代码出现如下错误：

```
    Exception in thread "main" java.security.NoSuchAlgorithmException: Unsupported secret
key algorithm: AESat
    com.sun.crypto.provider.DHKeyAgreement.engineGenerateSecret(DHKeyAgreement.java:387)
        at javax.crypto.KeyAgreement.generateSecret(KeyAgreement.java:648)
        at xu.edu81.testDHagree.testDH.main(testDH.java:32)
```

这是因为 JDK 版本的原因，由于 JDK8 update 161 版本之后密钥扩展算法的默认配置变更引起的。在 eclipse 解决方法如下。

在代码文件名上右击，在弹出的菜单中选择“运行方式”命令，再选择“运行配置”命令。弹出运行配置窗口，选择“自变量”选项卡，在“VM 自变量”列表框中添加如下一行：

```
    -Djdk.crypto.KeyAgreement.legacyKDF=true
```

具体配置界面如图 7-2 所示。

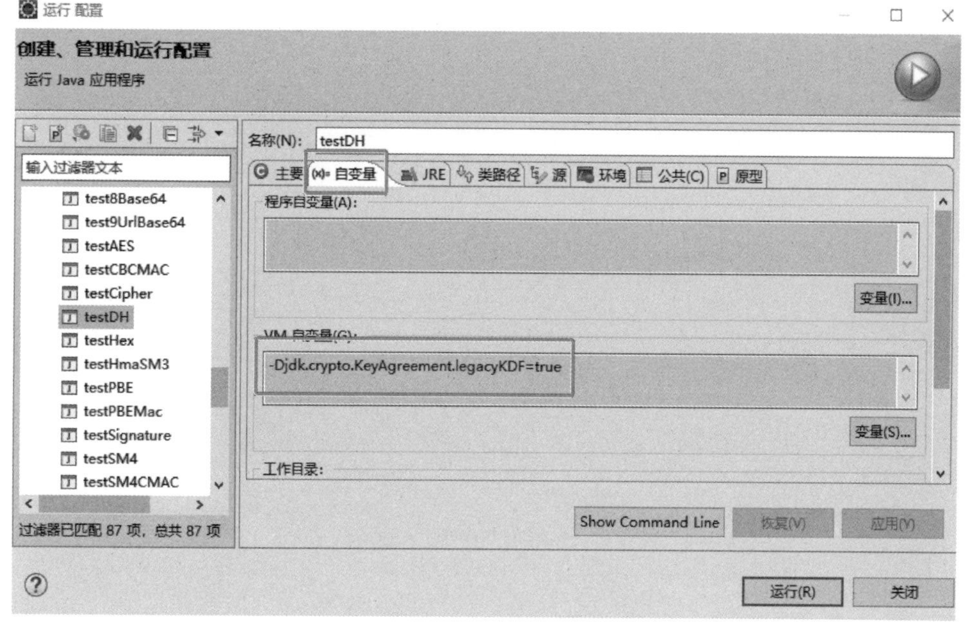

• 图 7-2　密钥扩展参数配置界面图

从前面的代码中读者可以看出 DH 算法有其必然的安全缺点，算法没有提供双方身份的任何信息。而 DH 原理是使用大素数 P 和生成元 G，用指数模运算生成会话密钥，它本质上不是真正的公、私钥对。没有身份标识且不是真正的公、私钥，容易遭受中间人攻击。公钥如果均被中间的 C 用户截获时，C 可以对 A 模拟 B，反过来对 B 模拟 A，这样两端是不知道的。

我国自主研发的 SM2 算法也有密钥协商的能力，而且它没有 DH 容易被中间人攻击的缺点。所以对于密钥协商算法，建议读者直接采用 SM2 算法来实现，后面实例中会详细描述。

testDH 类的完整代码如下，读者可以自己通过开发工具进行熟悉和测试。

```
    public class testDH {
        private static final String src = "dh agree test";
```

```
    public static void main(String[] args) throws Exception {
        //用 DH 算法协商共享密钥
        KeyPairGenerator kpg = KeyPairGenerator.getInstance ("DH");
        kpg.initialize(2048);
        //产生双方的公、私钥,模拟通信两方
        KeyPair kpA = kpg.generateKeyPair();
        KeyPair kpB = kpg.generateKeyPair();
        // B 用户方
        KeyAgreement keyagreeB = KeyAgreement.getInstance ("DH");
        keyagreeB.init(kpB.getPrivate()); //用自己的私钥
        keyagreeB.doPhase(kpA.getPublic(), true); //加上对端的公钥
        SecretKey seckeyB = keyagreeB.generateSecret("AES");
        //A 用户方
        KeyAgreement keyagreeA = KeyAgreement.getInstance ("DH");
        keyagreeA.init(kpA.getPrivate()); //用自己的私钥
        keyagreeA.doPhase(kpB.getPublic(), true); //加上对端的公钥
        SecretKey seckeyA = keyagreeA.generateSecret("AES");
        byte[] a = seckeyB.getEncoded();
        byte[] b = seckeyA.getEncoded();
        if (Arrays.equals (a, b)) {//密钥协商成功
            System.out .println("√"+"密钥分别打印如下:");
            System.out .println("A 方协商密钥:"+new
            String(Hex.encode (a)));
            System.out .println("B 方协商密钥:"+new
                String(Hex.encode (b)));
            // 发送方使用本地密钥加密
            Cipher cipher = Cipher.getInstance ("AES");
            cipher.init(Cipher.ENCRYPT_MODE , seckeyB);
            byte[] result = cipher.doFinal(src .getBytes());
            System.out .println("AES encrypt:" +
            Base64.getEncoder ().encodeToString(result));
            //接收方使用本地密钥解密
            cipher.init(Cipher.DECRYPT_MODE , seckeyA);
            result = cipher.doFinal(result);
            System.out .println("AES decrypt:" + new String(result));
        }
        else {
            System.out .println("X");
        }
    }
}
```

7.4.2 SM2 算法实现密钥协商

DH 密钥协商算法在前面小节已经实践演示过，它可以提供建立会话密钥的能力，但不能抵抗中间人攻击，不能提供互相鉴别通信双方身份的能力，这在非安全的通信条件下是个致命的缺点，容易导致信息泄露。

研究具有身份鉴别能力的密钥交换协议是一个新的思路，所以在 1995 年，Menezes 等人

给出了一个 MQV 方案，现在很多的密钥交换都是基于 MQV 方案（也称 MQV 协议）的。

MQV 协议在 DH 经典协议的基础上，用到了代表身份的公钥信息来参与运算。而 DH 只是大素数 P 和生成元 G，进行指数模运算，它本质上没有真正的公、私钥对，不能代表身份鉴别。MQV 协议中，只有拥有私钥的用户才能计算出与通信对端的相同的会话密钥，从而起到身份鉴别（隐式鉴别）的效果。

MQV 协议在基于效率方面的考虑上，选择了椭圆曲线作为计算的基础平台。令 G 为有限域的生成元，n 作为生成元 G 的阶数。用户 A 的私钥为 d_A，公钥就是 $P_A = d_A * G$；用户 B 的私钥为 d_B，公钥就是 $P_B = d_B * G$。最后两个用户再分别选择一个随机数，A 用户选择的是 r_A，B 用户选择的是 r_B。而会话密钥就是由以上这些变量经过数学运算产生的。

在标准 GB/T 32918.4—2016 文件中规定了 SM2 密钥交换的步骤和规范，并给出了密钥交换的验证示例和流程。根据标准，Z_A、Z_B分别表示用户的唯一性标识，| | 代表数据串的拼接，& 表示两个整数按位进行与运算，KDF(k,klen)为密钥派生函数，以 k 为种子，产生 klen 长度的伪随机序列，w 为大于等于（$\log_2 n+1$)/2 的最小整数。

算法具体密钥协商过程如下。

A 用户：

1）计算 $R_A = r_A * G$ 并发送给用户 B，记为（x_2，y_2）。

2）计算 $x_A = 2^w + (x_2 \& (2^w - 1))$ 和 $t_A = (d_A + x_A r_A) \bmod n$。

B 用户：

1）计算 $R_B = r_B * G$ 并发送给用户 A，记为（x_3，y_3）。

2）计算 $x_B = 2^w + (x_3 \& (2^w - 1))$ 和 $t_B = (d_B + x_B r_B) \bmod n$。

3）验证 R_A点是在椭圆曲线上，验证后计算 $x_A = 2^w + (x_2 \& (2^w - 1))$。

4）计算 $V = t_B(P_A + x_A R_A)$记为(x_V, y_V)，如果点 V 是椭圆上的无穷远点，则重新选择随机数 r_B，重新进行密钥协商。

5）计算 K_B = KDF($x_V || y_V || Z_A || Z_B$,klen)。

A 用户：

1）验证 R_B点是在椭圆曲线上，验证后计算 $x_B = 2^w + (x_3 \& (2^w - 1))$。

2）计算 $U = t_A(P_B + x_B R_B)$记为(x_U, y_U)，如果点 U 是椭圆上的无穷远点，则重新选择随机数 r_A，重新进行密钥协商。

3）计算 K_A = KDF($x_U || y_U || Z_A || Z_B$,klen)。

A 用户和 B 用户经过每人五步协商，分别产生了 K_A和 K_B共享密钥，它们是相等的。当然协议里面还可以互相进行结果确认，比如用共享密钥加密一个共同的信息 $Z_A || Z_B$传递给对方，以证明协商结果的正确性。有了前面的原理知识，再结合下面代码就更易于理解。

（1）实现步骤

1）定义椭圆曲线参数信息。用 eclipse 添加一个新类 SM2_Ag，并在类中添加如下的类成员变量。

```
    //来自 GB/T 32918.3—2016 和 BC
    static BigInteger SM2_ECC_P = new
    BigInteger("8542D69E4C044F18E8B92435BF6FF7DE457283915C45517D722EDB8B08F1DFC3", 16);
    static BigInteger SM2_ECC_A = new
    BigInteger("787968B4FA32C3FD2417842E73BBFEFF2F3C848B6831D7E0EC65228B3937E498", 16);
    static BigInteger SM2_ECC_B = new
    BigInteger("63E4C6D3B23B0C849CF84241484BFE48F61D59A5B16BA06E6E12D1DA27C5249A", 16);
    static BigInteger SM2_ECC_N = new
    BigInteger("8542D69E4C044F18E8B92435BF6FF7DD297720630485628D5AE74EE7C32E79B7", 16);
    static BigInteger SM2_ECC_H = ECConstants.ONE;
    static BigInteger SM2_ECC_GX = new
        BigInteger("421DEBD61B62EAB6746434EBC3CC315E32220B3BADD50BDC4C4E6C147FE-
DD43D", 16);
    static BigInteger SM2_ECC_GY = new
    BigInteger("0680512BCBB42C07D47349D2153B70C4E5D7FDFCBFA36EA1A85841B9E46E09A2", 16);
    //椭圆曲线域参数对象
    private static ECDomainParameters domainParams=null;
```

SM2_ECC_P 变量就是素域 F_p 里面的 P，是个大的素数；SM2_ECC_A 和 SM2_ECC_B，两个变量就是椭圆曲线的两个系数 a 和 b ；SM2_ECC_N 是生成元的阶数，前面讲解过生成元 G 做乘法时到第 n 次时就循环回来，即 $G=n*G \bmod p$，这个 n 就被称为该生成元的阶数。接下来的变量是 SM2_ECC_H，这个参数在数学上被称为余因子，程序代码里面均用一个常数 ECConstants. ONE 来代替，实质上就是 1。最后两个参数 SM2_ECC_GX 和 SM2_ECC_GY 就是生成元 G 的两个坐标值（x，y）的整数表示。

最后一个变量定义了一个椭圆曲线域参数对象，用 null 作为对象初始值，在构造曲线时它会获得实例化。

2）构造椭圆曲线对象。在类 SM2_Ag 中添加一个静态方法 getcurve( ) 来生成椭圆曲线，并赋值椭圆曲线域参数对象 domainParams 一个具体的曲线。

```
    private static void getcurve()
    {
        if(domainParams ! =null)  //只实例化一次
            return;
        ECCurve curve = new ECCurve.Fp(SM2_ECC_P, SM2_ECC_A, SM2_ECC_B,
            SM2_ECC_N, SM2_ECC_H);
        ECPoint g = curve.createPoint(SM2_ECC_GX, SM2_ECC_GY);
        domainParams = new ECDomainParameters(curve, g, SM2_ECC_N);
        return ;
    }
```

第一行判断对象是不是已经初始化，没有才进行后续操作。

然后把 5 个参数传递给 ECCurve 的方法 Fp( )，生成椭圆曲线对象 curve。

接下来调用曲线对象 curve 的 createPoint( ) 方法创造生成元，把两个坐标值传递进去生成一个点对象 g。

将椭圆曲线 curve、生成元点对象 g 和 g 的阶数 SM2_ECC_N 作为参数，构造出椭圆曲线域参数对象，并赋值给前面定义好的类成员变量 domainParams。

3）构造通信双方的密钥对。下面继续在类 SM2_Ag 中添加方法 initKeyA( )，来模拟生成用户 A 的密钥，方法没有参数，返回值是以前使用过的 Map<String，Object>对象，在 initKeyA( ) 内部继续添加代码如下。

```
//构造曲线
getcurve();
//实例化密钥对生成器
ECKeyPairGenerator keyPairGenerator = new ECKeyPairGenerator();
```

首先调用 getcurve( ) 方法，生成椭圆曲线。然后通过 ECKeyPairGenerator( ) 方法产生一个椭圆曲线密钥对生成器对象。

```
ECKeyGenerationParameters aKeyGenParams = new
    ECKeyGenerationParameters(domainParams, new
                                            TestRandomBigInteger          (          "
6FCBA2EF9AE0AB902BC3BDE3FF915D44BA4CC78F88E2F8E7F8996D3B8CCEEDEE", 16));
```

这一条语句看起来很长，但实际上很容易理解。ECKeyGenerationParameters 是椭圆曲线密钥参数类，它的构造函数需要两个参数：第一个是已经定义的类变量对象 domainParams，它是在 getcurve( ) 方法中实例化的；第二个参数是一个 SecureRandom 对象，本实践例子里使用了测试中 BC 库中采用的随机十六进制整数，读者完全可以换成自己的随机数。

```
keyPairGenerator.init(aKeyGenParams);
```

调用椭圆曲线密钥对生成器对象的 init( ) 方法进行初始化，参数就是构造好的椭圆曲线密钥参数类对象 aKeyGenParams。至此椭圆曲线密钥对生成器对象已经完成初始化。

```
//生成密钥对
AsymmetricCipherKeyPair aKp = keyPairGenerator.generateKeyPair();
//获取 A 公钥
ECPublicKeyParameters aPub = (ECPublicKeyParameters)aKp.getPublic();
//获取 A 私钥
ECPrivateKeyParameters aPriv=(ECPrivateKeyParameters)aKp.getPrivate();
```

调用椭圆曲线密钥对生成器对象的 generateKeyPair( ) 方法来生成密钥对，把密钥对保存在 aKp 中。然后通过 aKp 的 getPublic( ) 和 getPrivate( ) 把公钥和私钥分别提取出来，放在对应的椭圆曲线密钥参数对象中。

```
//ra 随机数
SecureRandom random= new SecureRandom();
ECKeyGenerationParameters aeKeyGenParams = new
    ECKeyGenerationParameters(domainParams, random);
```

随后根据协议内容，再生成一个随机数对象，将它和域参数对象一起构成对象 aeKeyGenParams，它作为协议中的随机数因素。

```
keyPairGenerator.init(aeKeyGenParams);
AsymmetricCipherKeyPair aeKp = keyPairGenerator.generateKeyPair();
ECPublicKeyParameters aePub = (ECPublicKeyParameters)aeKp.getPublic();
ECPrivateKeyParameters aePriv=(ECPrivateKeyParameters)aeKp.getPrivate();
```

对 keyPairGenerator 对象重新执行初始化，这次参数使用 aeKeyGenParams。随后通过提取密钥对方法 generateKeyPair( )返回非对称的密钥对对象。随后两句同样是把公钥和私钥分别提取到 aePub 和 aePriv 中，然后保存两对公、私钥对。

```
        Map<String, Object> keyMap = new HashMap<String, Object>(4);
        keyMap.put("aPub", aPub);
        keyMap.put("aPriv", aPriv);
        keyMap.put("aePub",aePub);
        keyMap.put("aePriv",aePriv);
        return keyMap;
```

在方法 initKeyA( )的最后，生成一个包含 4 个元素的 Map 对象。然后把两个密钥对放入 Map 内进行存储，最后把 Map 对象作为方法的返回值返回。

接下来在类 SM2_Ag 中添加方法 initKeyB( )，由于该函数和前面的 initKeyA( )一致，所以此处不再解释，下面直接列出 initKeyB( )方法的代码，读者可以对照体会。

```
    public static Map<String, Object> initKeyB() throws Exception {
        getcurve();
        //B 用户
        ECKeyGenerationParameters bKeyGenParams = new
            ECKeyGenerationParameters(domainParams, new
                TestRandomBigInteger("5E35D7D3F3C54DBAC72E61819E730B019A84208CA3A35E4-
C2E353DFCCB2A3B53", 16));
        ECKeyPairGenerator keyPairGenerator = new ECKeyPairGenerator();
        keyPairGenerator.init(bKeyGenParams);
        AsymmetricCipherKeyPair bKp = keyPairGenerator.generateKeyPair();
        ECPublicKeyParameters bPub = (ECPublicKeyParameters)bKp.getPublic();
        ECPrivateKeyParameters bPriv =
            (ECPrivateKeyParameters)bKp.getPrivate();
        //获取 be 的参数,rb 随机
        SecureRandom random= new SecureRandom();
        ECKeyGenerationParameters beKeyGenParams = new
            ECKeyGenerationParameters(domainParams, random);
        keyPairGenerator.init(beKeyGenParams);
        AsymmetricCipherKeyPair beKp = keyPairGenerator.generateKeyPair();
        ECPublicKeyParameters bePub=(ECPublicKeyParameters)beKp.getPublic();
        ECPrivateKeyParameters bePriv=(ECPrivateKeyParameters)beKp.getPrivate();
        // 封装密钥
        Map<String, Object> map = new HashMap<String, Object>(4);
        map.put("bPub", bPub);
        map.put("bPriv", bPriv);
        map.put("bePub", bePub);
        map.put("bePriv", bePriv);
        return map;
    }
```

4）实例化密钥协商对象，进行密钥协商。接下来在类 SM2_Ag 中添加 KeyExchangeA 方法。该方法有 4 个参数：一个是 A 用户的私钥，一个是 A 用户的随机私钥，另外两个是 B 用户传递过来的公钥和随机公钥。方法的返回值是协商后的会话密钥。方法的定义如下。

```
public static byte[] KeyExchangeA(ECPrivateKeyParameters bPriv,
        ECPrivateKeyParameters bePriv,
        ECPublicKeyParameters aPub,
        ECPublicKeyParameters aePub)
```

该方法内部代码很少，只有四行代码，具体如下。

```
    SM2KeyExchange exch = new SM2KeyExchange();
    exch.init(new ParametersWithID(new SM2KeyExchangePrivateParameters(true,
        aPriv, aePriv), Strings.toByteArray("ALICE123@ YAHOO.COM")));
    byte[] k1 = exch.calculateKey(128, new ParametersWithID(new
            SM2KeyExchangePublicParameters(bPub, bePub),
        Strings.toByteArray("BILL456@ YAHOO.COM")));
    return k1;
```

第一行定义了一个 SM2 密钥交换对象 exch，用无参数的构造函数创建。

第二行调用密钥交换对象的初始化方法，需要一个参数是 CipherParameters 接口的实现类或者它的派生类的一个实例，这里选择的实现类是 ParametersWithID。而 ParametersWithID 类构造需要两个参数，第一个参数同样是 CipherParameters 接口类型，程序就用该接口的一个实现类，第二个参数是字节数组形态的 ID，这里第一个参数选择使用 SM2KeyExchange-PrivateParameters 作为接口实现类。这个实现类需要三个参数构造，第一个是初始化标识，这里选择 true，第二个和第三个分别是用户 A 的私钥和用户 A 的随机私钥。如果读者感觉该句太长，可以拆开，每个参数都用变量单独定义和实例化。

第三行就是使用密钥协商 SM2KeyExchange 类的关键方法 calculateKey()，该方法需要两个参数：第一个是密钥长度，这里 SM2 协商密钥选择了 128 位长；第二个参数同样是 CipherParameters 接口，本例选择实例化接口实现类 ParametersWithID。和前面不同的是，这里的第一个参数对象 SM2KeyExchangePublicParameters 用 B 用户的公钥和 B 用户的随机公钥来构造。ID 字节数组选择 B 用户的邮箱。

第四行返回密钥协商的结果 k1，完成整个密钥协商过程。

同样，接下来在类 SM2_Ag 中添加 KeyExchangeB()方法。该方法有 4 个参数：一个是 B 用户的私钥，一个是用 B 用户的随机私钥，另外两个是 A 用户传递过来的公钥和随机公钥。方法的返回值是协商后的会话密钥。该方法代码和 A 用户的一致，此处不再解释，完整方法代码如下所示。

```
    public static byte[] KeyExchangeB(ECPrivateKeyParameters bPriv,
        ECPrivateKeyParameters bePriv,
        ECPublicKeyParameters aPub,
        ECPublicKeyParameters aePub) throws Exception {

        SM2KeyExchange exch = new SM2KeyExchange();
        exch.init(new ParametersWithID(new
SM2KeyExchangePrivateParameters(false, bPriv,
bePriv), Strings.toByteArray("BILL456@ YAHOO.COM")));
        byte[] k2 = exch.calculateKey(128, new ParametersWithID(new
```

```
        SM2KeyExchangePublicParameters(aPub, aePub),
        Strings.toByteArray("ALICE123@ YAHOO.COM")));
    return k2;
}
```

方法 KeyExchangeB( )代表用户 B 协商的密钥，结果通过 k2 返回。

5）添加提取密钥的辅助方法。下面在类 SM2_Ag 中定义一个提取私钥的方法 getPrivateKey( )，第一个参数是私钥名字，第二个参数是 Map 对象，就是从 Map 对象中将给定名字的密钥提取出来。返回值和放入 Map 时的类型一致，是 ECPrivateKeyParameters 对象类型。

```
public static ECPrivateKeyParameters getPrivateKey(
    String str,Map<String, Object> keyMap )throws Exception {
    ECPrivateKeyParameters key = (ECPrivateKeyParameters)
        keyMap.get(str);
    return key;
}
```

直接使用的 Map 对象的 get( )方法，将键为 str 对应的值取出来。

最后在类 SM2_Ag 中定义一个提取公钥的方法 getPublicKey( )，第一个参数是公钥名字，第二个参数是 Map 对象，就是从 Map 对象中将给定名字的密钥提取出来。返回值和放入 Map 时的类型一致，是 ECPublicKeyParameters 对象类型。

```
public static ECPublicKeyParameters getPublicKey(
    String str,Map<String, Object> keyMap )throws Exception {
    ECPublicKeyParameters key = (ECPublicKeyParameters) keyMap.get(str);
    return key;
}
```

直接使用的 Map 对象的 get( )方法，将键为 str 的对应值取出来。

6）测试验证密钥协商的结果。至此，整个类 SM2_Ag 的代码全部完成了。下面就开始编写一个测试类来使用刚刚完成的这个密钥协商类。测试类名字是 SM2_AgTest，最好勾选 main( )方法，方便测试使用。

在类 SM2_AgTest 中添加一个方法 test( )，无参数，无返回值。代码如下所示。

```
//生成 A 方密钥对
Map<String, Object> keyMap1 = SM2_Ag.initKeyA();
//生成 B 方密钥对
Map<String, Object> keyMap2 = SM2_Ag.initKeyB();
```

分别调用 SM2_Ag 包装类的方法 initKeyA( )和 initKeyB( )来初始化 A 用户的密钥和 B 用户的密钥，返回到 Map 变量 keyMap1 和 keyMap2 中。

```
//A 方生成的密钥
ECPrivateKeyParameters aPriv = SM2_Ag.getPrivateKey("aPriv", keyMap1);
ECPrivateKeyParameters aePriv = SM2_Ag.getPrivateKey("aePriv", keyMap1);
ECPublicKeyParameters aPub = SM2_Ag.getPublicKey("aPub", keyMap1);
ECPublicKeyParameters aePub = SM2_Ag.getPublicKey("aePub", keyMap1);
```

这四行代码是 A 用户分别是从前面返回的 keyMap1 对象中提取出 A 用户的私钥和随机

私钥，还有 A 用户的公钥和随机公钥。

```
//B 方生成的密钥
ECPrivateKeyParameters bPriv = SM2_Ag.getPrivateKey("bPriv", keyMap2);
ECPrivateKeyParameters bePriv = SM2_Ag.getPrivateKey("bePriv", keyMap2);
ECPublicKeyParameters bPub = SM2_Ag.getPublicKey("bPub", keyMap2);
ECPublicKeyParameters bePub = SM2_Ag.getPublicKey("bePub", keyMap2);
```

这四行代码是 B 用户分别是从前面返回的 keyMap2 对象中提取出 B 用户的私钥和随机私钥，还有 B 用户的公钥和随机公钥。

```
//开始 A 用户协商
byte[] mykeyA = SM2_Ag.KeyExchangeA(aPriv, aePriv, bPub, bePub);
//开始 B 用户协商
byte[] mykeyB = SM2_Ag.KeyExchangeB(bPriv, bePriv, aPub, aePub);
```

A 用户和 B 用户分别调用包装类的 KeyExchangeA( ) 和 KeyExchangeB( ) 方法完成密钥协商工作，参数分别是自己的两个私钥和对方的两个公钥。返回的协商后的密钥分别保存在 mykeyA 和 mykeyB 中。

```
//输出结果
System.out.println("甲方协商结果:" + Base64.toBase64String(mykeyA));
System.out.println("乙方协商结果:" + Base64.toBase64String(mykeyB));
```

把协商好的会话密钥通过 Base64 编码完成后输出。读者这时可以观察到它们是一致的。

最后为了程序的运行测试，在 main( ) 方法内部添加如下四行代码。

```
BouncyCastleProvider bcp = new BouncyCastleProvider();
Security.addProvider(bcp);
SM2_AgTest sm2_agreetest =new SM2_AgTest();
sm2_agreetest.test();
```

前两行是添加 BC 库到工程中。后两行分别是定义测试类实例和调用测试方法 test( )。

（2）程序运行后的结果输出

```
甲方协商结果:xSk8U33YUh5FSgjAsqyNaQ==
乙方协商结果:xSk8U33YUh5FSgjAsqyNaQ==
```

注意：由于密钥对生成有随机因子，读者可以多运行几次，观察每次协商的密钥是否不同。

SM2 算法是应用建设中密钥协商里面重要的算法，也是商用密码推荐使用算法。下面将程序完整的源代码公布如下，读者进一步对照了解并在工程中参照使用。

SM2_Ag. java 文件完整内容如下。

```
public class SM2_Ag {
    //xuyanbai add it for curve use
    //come from GB T 32918.3—2016 and BC
    static BigInteger SM2_ECC_P = new
    BigInteger("8542D69E4C044F18E8B92435BF6FF7DE457283915C45517D722EDB8B08F1DF-
C3", 16); //素数域
```

```
        static BigInteger SM2_ECC_A = new
          BigInteger("787968B4FA32C3FD2417842E73BBFEFF2F3C848B6831D7E0EC65228B3937E49-
8", 16); //曲线系数 a
        static BigInteger SM2_ECC_B = new
          BigInteger("63E4C6D3B23B0C849CF84241484BFE48F61D59A5B16BA06E6E12D1DA27C52-
49A", 16); //曲线系数 b
        static BigInteger SM2_ECC_N = new
          BigInteger("8542D69E4C044F18E8B92435BF6FF7DD297720630485628D5AE74EE7C32E79-
B7", 16); //生成元 G 的阶数
          static BigInteger SM2_ECC_H = ECConstants.ONE ;
  //余因子为 1
          static BigInteger SM2_ECC_GX = new
              BigInteger("421DEBD61B62EAB6746434EBC3CC315E32220B3BADD50BDC4C4E6C147FEDD-
43D", 16); //生成元 x 坐标
          static BigInteger SM2_ECC_GY = new
              BigInteger("0680512BCBB42C07D47349D2153B70C4E5D7FDFCBFA36EA1A85841B9E46E-
09A2", 16); ////生成元 x 坐标
                //椭圆曲线域参数对象
              private static ECDomainParameters domainParams =null ;
              private static void getcurve()
              {
                  if (domainParams ! =null )return ;
                  ECCurve curve = new ECCurve.Fp(SM2_ECC_P , SM2_ECC_A ,
                  SM2_ECC_B , SM2_ECC_N , SM2_ECC_H );
                  ECPoint g = curve.createPoint(SM2_ECC_GX , SM2_ECC_GY );
                  domainParams = new ECDomainParameters(curve, g, SM2_ECC_N );
                  return ;
              }
              public static Map<String, Object> initKeyA() throws Exception {
                  // 构造曲线
                  getcurve ();
                  // 实例化密钥对生成器
                  ECKeyPairGenerator keyPairGenerator=new ECKeyPairGenerator();
                  //A 用户密钥
                  ECKeyGenerationParameters aKeyGenParams = new
                  ECKeyGenerationParameters(domainParams , new
                                                    TestRandomBigInteger     (     "
6FCBA2EF9AE0AB902BC3BDE3FF915D44BA4CC78F88E2F8E7F8996D3B8CCEEDEE", 16));
                  // 初始化密钥对生成器
                  keyPairGenerator.init(aKeyGenParams);
                  // 生成密钥对
              AsymmetricCipherKeyPair aKp=keyPairGenerator.generateKeyPair();
                  // A 公钥
                  ECPublicKeyParameters aPub=
                  (ECPublicKeyParameters)aKp.getPublic();
                  // A 私钥
                  ECPrivateKeyParameters aPriv =
                  (ECPrivateKeyParameters)aKp.getPrivate();
                  //ra 随机数
                  SecureRandom random= new SecureRandom();
                  ECKeyGenerationParameters aeKeyGenParams = new
```

```
            ECKeyGenerationParameters(domainParams , random);
            keyPairGenerator.init(aeKeyGenParams);
            AsymmetricCipherKeyPair aeKp =
            keyPairGenerator.generateKeyPair();
            ECPublicKeyParameters aePub =
            (ECPublicKeyParameters)aeKp.getPublic();
            ECPrivateKeyParameters aePriv =
            (ECPrivateKeyParameters)aeKp.getPrivate();
            // 将密钥对存储在 Map 中
            Map<String, Object> keyMap = new HashMap<String, Object>(4);
            keyMap.put("aPub", aPub);
            keyMap.put("aPriv", aPriv);
            keyMap.put("aePub",aePub);
            keyMap.put("aePriv",aePriv);

            return keyMap;
        }

        public static Map<String, Object> initKeyB() throws Exception {
            // 构造曲线
            getcurve ();
            //rb,乙方
            ECKeyGenerationParameters bKeyGenParams = new
        ECKeyGenerationParameters(domainParams , new
            TestRandomBigInteger("5E35D7D3F3C54DBAC72E61819E730B019A84208CA3A35-
E4C2E353DFCCB2A3B53", 16));
            // 实例化密钥对生成器
            ECKeyPairGenerator keyPairGenerator =new
            ECKeyPairGenerator();
            // 初始化密钥对生成器
            keyPairGenerator.init(bKeyGenParams);
            // 生成密钥对
            AsymmetricCipherKeyPair bKp =
            keyPairGenerator.generateKeyPair();
            //获取 B 用户的公、私钥
            ECPublicKeyParameters bPub =
            (ECPublicKeyParameters)bKp.getPublic();
            ECPrivateKeyParameters bPriv =
            (ECPrivateKeyParameters)bKp.getPrivate();
            //获取 be 的参数,rb 随机
            SecureRandom random=new SecureRandom();
            ECKeyGenerationParameters beKeyGenParams =new
            ECKeyGenerationParameters(domainParams , random);
            keyPairGenerator.init(beKeyGenParams);

            AsymmetricCipherKeyPair beKp =
            keyPairGenerator.generateKeyPair();
            ECPublicKeyParameters bePub =
            (ECPublicKeyParameters)beKp.getPublic();
            ECPrivateKeyParameters bePriv =
            (ECPrivateKeyParameters)beKp.getPrivate();
```

```
            // 封装密钥
            Map<String, Object> map = new HashMap<String, Object>(4);
            map.put("bPub", bPub);
            map.put("bPriv", bPriv);
            map.put("bePub", bePub);
            map.put("bePriv", bePriv);
            return map;

        }

        public static byte[] KeyExchangeA(ECPrivateKeyParameters aPriv,ECPrivateKeyParameters aePriv,ECPublicKeyParameters bPub,ECPublicKeyParameters bePub) throws Exception {
            SM2KeyExchange exch = new SM2KeyExchange();
            exch.init(new ParametersWithID(new
            SM2KeyExchangePrivateParameters(true , aPriv, aePriv),
            Strings.toByteArray("ALICE123@ YAHOO.COM")));
            byte[] k1 = exch.calculateKey(128, new ParametersWithID(new
            SM2KeyExchangePublicParameters(bPub, bePub),
            Strings.toByteArray("BILL456@ YAHOO.COM")));
            return k1;
        }

        public static byte[] KeyExchangeB(ECPrivateKeyParameters bPriv, ECPrivateKeyParameters bePriv,ECPublicKeyParameters aPub,ECPublicKeyParameters aePub) throws Exception {

            SM2KeyExchange exch = new SM2KeyExchange();
            exch.init(new ParametersWithID(new
            SM2KeyExchangePrivateParameters(false , bPriv, bePriv),
            Strings.toByteArray("BILL456@ YAHOO.COM")));
            byte[] k2 = exch.calculateKey(128, new ParametersWithID(new
            SM2KeyExchangePublicParameters(aPub, aePub),
            Strings.toByteArray("ALICE123@ YAHOO.COM")));
            return k2;
        }

        public static ECPrivateKeyParameters getPrivateKey(String str,Map<String, Object> keyMap )throws Exception {
            ECPrivateKeyParameters key = (ECPrivateKeyParameters)
            keyMap.get(str);
            return key;
        }

        public static ECPublicKeyParameters getPublicKey(String str,Map<String, Object> keyMap )throws Exception {
            ECPublicKeyParameters key = (ECPublicKeyParameters)
            keyMap.get(str);
            return key;
        }
    }
```

SM2_AgTest.java 文件的完整内容如下：

```
public class SM2_AgTest {
    public final void test() throws Exception {
        // 生成 A 方密钥对
        Map<String, Object> keyMap1 = SM2_Ag.initKeyA();
        //生成 B 方密钥对
        Map<String, Object> keyMap2 = SM2_Ag.initKeyB();
        //A 方生成的密钥
        ECPrivateKeyParameters aPriv =SM2_Ag.getPrivateKey("aPriv",
        keyMap1);
        ECPrivateKeyParameters aePriv =SM2_Ag.getPrivateKey("aePriv",
        keyMap1);
        ECPublicKeyParameters aPub = SM2_Ag.getPublicKey("aPub",
        keyMap1);
        ECPublicKeyParameters aePub = SM2_Ag.getPublicKey("aePub",
        keyMap1);
        //B 方生成的密钥
        ECPrivateKeyParameters bPriv = SM2_Ag.getPrivateKey("bPriv",
        keyMap2);
        ECPrivateKeyParameters bePriv =SM2_Ag.getPrivateKey("bePriv",
        keyMap2);
        ECPublicKeyParameters bPub = SM2_Ag.getPublicKey("bPub",
        keyMap2);
        ECPublicKeyParameters bePub = SM2_Ag.getPublicKey("bePub",
        keyMap2);
        //开始协商
        byte[] mykeyA=SM2_Ag.KeyExchangeA(aPriv,aePriv,bPub,bePub);
        byte[] mykeyB=SM2_Ag.KeyExchangeB(bPriv,bePriv,aPub,aePub);
        //输出结果
        System.out.println("甲方协商结果:" +
        Base64.toBase64String(mykeyA));
        System.out.println("乙方协商结果:" +
        Base64.toBase64String(mykeyB));
    }

    public static void main(String[] args) throws Exception {
        //初始化 BC 库
        BouncyCastleProvider bcp = new BouncyCastleProvider();
        Security.addProvider(bcp);

        SM2_AgTest sm2_agreetest =new SM2_AgTest();
        sm2_agreetest.test();
    }
}
```

7.5 密钥交换的应用场景

在本章的实践中只是介绍了基于两个参与者的密钥协商过程，而这也是使用最为广泛的做法。当然业界也有三方密钥交换的协议，如果读者在信息系统建设中有需求，可以查询相关的论文资料。密码协议分析中还有一个术语是可证前向安全，意思是协议的本次交互被破解，不影响以前已经协商的其他的密钥的安全性。

密钥管理是密码技术的核心内容之一，也是密评的重点检测指标项。密钥管理主要分析并保护密钥从产生到最终销毁的整个过程，包括密钥的生成、存储、分配、使用、备份、恢复、更新和销毁等。如果涉及多方的数据通信，那密钥管理就是个很棘手的问题了，两两之间保存一对密钥，如果不能定期进行密钥更换，对于密钥，特别是会话密钥的泄露风险将会非常大。因此密钥交换是为了安全的密钥管理而产生的基本安全需求，密钥交换的应用场景通常要结合前面的密码协议一同进行分析，在协议中进行密钥的协商，产生会话密钥是最常见的做法。

基于口令认证的密钥交换协议可以使不安全的网络中的两个或多个参与方在口令的帮助下安全地完成认证和建立会话密钥。在移动互联网发达的今天，由于口令的简单容易记忆的优点，基于口令认证的密钥交换协议得以被很多信息系统使用。而且现在有很多的文献也分析了口令泄密的情况对以前协商过的密钥的安全性的影响以及临时会话密钥泄露对未来的协商的影响。这种密钥交换协议在移动通信领域有新的应用，比如采用椭圆曲线密码算法实现的基于口令的密钥交互协议，它结合了 SM2 密钥协商算法和 PBE 的算法的优点，被证明可以抗口令泄密攻击的能力。

基于 Web 的应用系统，采用 SSL 技术的 HTTPS 协议无疑是目前使用最为广泛的。HTTPS 具有加密传输和身份鉴别的功能，在前面讲到 SSL 密码协议时，已经讲过原理和规范。SSL 就是通过握手协议的过程完成临时密钥的协商，然后用这个临时的会话密钥进行后续传输报文的加密，保证传输数据的保密性。

在 SSL 协议和 IPSec 协议中均有密钥交换的实现流程，通信双方用公钥或预共享密钥协商出来临时的会话密钥，然后数据的加密解密均使用会话密钥，这样的好处：①会话密钥每次不同，用后即销毁，更安全；②用协商后的对称密钥来加密数据比直接用公、私钥速度更快，性能更优越。

所以在信息系统中，密钥交换通常用在密码协议中，产生临时密钥或者会话密钥，进行会话保护或数据加密解密，会话结束后密钥也就被放弃了，而永久性的存储加密或数据完整性保护等场合并不需要密钥交换，会采用加密机设备、签名验签设备等安全方式实现。

第 8 章　密码应用方案设计

为什么做密码应用方案设计？怎么做密码应用方案？很多人都搞不大清楚。简单地讲，如果应用系统是一个"小孩"，密码应用方案就是一件"防护服"，我们需要以 GB/T 39786—2021《信息安全技术 信息系统密码应用基本要求》的要求为基础，从应用系统的业务特点出发，梳理不同的安全需求，为系统设计出符合系统安全需求的密码应用方案。前面已经学习了面向对象的知识，我们还可以将 GB/T 39786—2021 想象成一个抽象类，各个系统的密码应用方案就是对这个类的实例化对象。密码应用方案不仅可以指导系统责任单位开展密码应用建设，建立密码管理制度和策略，更是密评机构开展密评工作的基础和重要依据。本章将从设计原则、设计目标、需求分析和应用设计几个维度，详细介绍信息系统密码应用方案的设计方法。

8.1　密码应用设计原则

编者参与建设了大大小小的几十个应用系统，没有一个系统没有使用到任何密码技术。根据业务不同，密码技术应用的设计也是有较大的区别和侧重点。而密码应用方案的设计工作是建设信息系统的重要一环。很多信息系统中都有初步设计方案或详细设计方案等材料，在材料中会有安全方面的内容和章节，信息系统的设计方案也通常是等级保护测评需要提供的材料之一。在密码行业标准 GM/T 0054—2018《信息系统密码应用基本要求》和国家标准 GB/T 39786—2021《信息安全技术 信息系统密码应用基本要求》出台之后，信息系统的密码应用设计就成了重要设计材料了，密码应用方案不仅是密评开展的基础条件，更是密评工作中的重要参考文件之一。

那么密码技术在应用系统建设中的设计原则有哪些呢？编者根据建设的经验和密码技术的适用性，认为设计原则有全面性原则、可行性原则、性价比原则和替换性原则等。

1）全面性原则。从事信息安全的朋友会知道一个"木桶原理"，它就是讲安全是由最差的那块木板决定的，最脆弱的环节可以导致整体的安全架构崩塌。应用系统不是孤立存在的，任何一个系统都有前端的展现层、后端的业务逻辑处理层、中间的通信层、数据的存储和处理等不同环节。而要保证业务稳定运行，还要配有性能适当的服务器，容量足够的存储，边界上还要有访问控制设备（如防火墙），还要有必要的操作审计设备等。这些所有的软硬件共同构成一个完整的信息系统。做设计方案就要规划好这些所有的组件，考虑全面才能从整体上给出一个安全的信息系统的顶层设计。所以在全面性原则下，首先系统要有总体架构图，这里可以从多个角度有多个图，可以有网络的整体架构图，可以有业务的逻辑架构图或功能架构图，还可以有系统的接口或者数据流图，而架构图或数据流图中应该设计有密码产品和密码技术。

2）可行性原则。在项目建设中有不少人可能认为，已经都过了可研阶段，项目已经立项完成了，肯定是可行的，但那只是资金预算和业务设计上的论证。这里专门讲的是密码技术应用部分的可行性。这个时候对于要使用的密码技术要再仔细进行论证。比如一个项目涉及海外分公司，在设计系统时重要通信数据需要进行加密，分公司和总部之间要用加密机来实现加/解密，这就要分析海外分公司对于密码产品的许可及能使用什么算法，还有对密码算法的具体要求（如密钥长度等）国家政策间的区别进行分析。再比如在 Hadoop 这种大数据平台上的海量非结构化数据系统中采用大量加密数据的方法，这对数据的使用和分析带来不可估量的负面影响，这样的密码技术设计就是效率上不可行的。

3）性价比原则。不只进行信息化建设，其实不管干什么都要讲究投入产出比。如果在系统建设时设计了很多密码技术，没有论证和分析密码技术的变更带来的费用，造成系统出现了逻辑非常复杂、故障率高发、甚至和其他的业务系统无法兼容等问题，那再全面的设计也没有用处。所以密码应用的设计要科学可行，合理并切合实际，也就是说密码技术的使用要讲究平衡适度。

4）替换性原则。密码技术也在持续发展，今天安全的算法，可能明天就不够安全。今天生成的密钥，也许因为使用的次数太多，存在太多的密文，导致有可能被破解的风险。这些都需要进行密码替换，可能是用一个新的算法替换现在已经不安全的算法，也可能是产生一个新的密钥替换原来的旧密钥。在进行密码应用方案设计时，设计者就要考虑未来的密码技术的可替换性。编者见过很多老的信息系统，密钥都直接写死在程序里面，这样的系统设计与实现是非常不安全的，在替换性方面存在极大的弱点。

8.2 密码应用设计目标和需求分析方法

对任何一个信息化系统，设计之初就要有一个安全目标，可以结合等级保护的级别来定义目标，如等级保护三级系统，那登录系统就要关键用户身份鉴别双因素，这些都有具体的规定。在 GM/T 0054—2018《信息系统密码应用基本要求》和国家标准 GB/T 39786—2021《信息安全技术 信息系统密码应用基本要求》中，针对不同的保护级别，建设目标和需求在各个层面也是不同的。在建设合规的密码应用方案时，就要根据目标进行设计。

建设一个符合等级保护某个级别的信息系统，可以作为项目设计的一个目标，然后就可以根据这个级别去设计安全合规的密码应用系统。

安全的需求分析可以从业务和数据的重要性入手。这里提出一些分析关键点，供读者朋友在项目建设时参考，当然这里都是指和密码技术有关系的需求点。

密码应用方案的需求不外乎从 4 个功能方面去挖掘：机密性、完整性、真实性和不可否认性。机密性往往体现在对数据的加密上，完整性大多体现在对数据做杂凑上，真实性通常是用在身份鉴别和数据来源可靠上，而不可否认性主要针对重要的操作进行数据签名来实现。主要需求分析点如下所示。

1）从业务系统的整体网络架构上看有没有分支机构或者远程接入？有分支机构或远程接入时，就要考虑安全的传输通道，对于远端的用户接入进行身份鉴别，防止非法访问。对于通信链路要考虑采用 IPSec VPN 或者 SSL VPN 来实现机密性和完整性。

2）运维的安全性方面，要考虑集中运维。运维中要对用户进行安全身份鉴别，比如采用证书进行身份认证。而运维终端登录目标要采用安全通信协议，比如 SSH 等技术。运维系统要进行日志记录，要对日志记录进行完整性保护，防止日志被恶意删除和篡改。

3）对于系统的边界要有明确的划分，要通过防火墙等安全设备进行安全访问控制。内部要根据业务进行安全区域划分，不同的安全区域之间要有白名单制的访问控制规则，访问控制策略要有完整性的保护，设备的访问要能实现基于证书的安全身份鉴别。

4）应用层的用户登录要有安全的身份鉴别机制。用户登录之后，应用应能根据需要给用户分配不同的权限，进而可以使用系统不同的资源，而权限信息作为重要控制信息，系统应该进行完整性保护。

5）使用系统用户的个人敏感信息（身份证号、护照号等）要进行加密或脱敏处理，然后再保存在数据库中。而用户的口令等鉴别信息的保存除了要进行严格的访问控制外，还需要加密或杂凑处理，绝不可明文存储。

6）业务的重要数据存储或传输需要加密或者完整性保护。比如医疗中的乙肝检查等敏感信息，就需要加密保护。再比如一些金融交易信息，通常需要做完整性保护。

7）业务系统的重要操作要进行不可否认的密码设计，比如报关人员申报的报关单就需要进行数字签名。网银的大额转账也需要 U 盾等介质中的用户私钥和数字证书来做数字签名和验签。

8）业务系统的审计日志要进行完整性保护，日志不得被恶意或无意的篡改。根据等级保护要求日志存储要满六个月。

业务系统梳理出一套完整的安全需求之后，再根据下面的几个层面进行具体设计，这样设计的应用才能保证密码技术落到实处，真正起到作用。

8.3 密码应用设计

本节从物理和环境、网络和通信、设备和计算、应用和数据 4 个层面对信息系统进行设计。分别根据合格规范要求从二级和三级两个不同安全要求出发，给出设计思路供读者思考和参照。

8.3.1 物理和环境层面的密码设计

信息系统定级中，绝大部分都是二级和三级。所以从该小节开始，分别按照等级二级和等级三级两个类别进行讨论，读者在建设应用系统时，可以根据级别进行选择。

1. 二级信息系统密码设计

1）**宜**采用密码技术实现门禁、监控等的访问控制，实现用户身份认证的真实性验证。现在很多 IDC 机房均采用刷卡方式，可以实现一人一卡，将用户标识信息和卡进行绑定，可以采用商用密码算法实现一人一密。

2）**可**采用密码技术实现电子门禁进出记录信息的完整性保护。这条主要就是为了满足日志审计的需要，该环节主要是进出门禁的访问记录数据，需要采用密码技术对这种数据实现完整性保护。可以采用杂凑或者数据签名的方式实现。

3）**应**采用符合 GB/T 37092—2018 标准的一级及以上密码模块或密码产品实现密码的算法和密钥的管理。该条指出，密码的关键环节需要有国家密码管理部门核准的产品来实现其功能。注意，这里是用的“应”，从编者多年的应用密码实践的角度看，读者不要自己实现算法和密钥的软管理，否则很容易因为算法的替换和密钥的泄露造成系统的安全漏洞。直接在项目中采购合规的加密机等密码设备来实现密码算法和密钥的管理更容易操作，也满足安全合规要求。

2. 三级信息系统密码设计

1）**宜**采用密码技术实现门禁、监控等的访问控制，实现用户身份认证的真实性验证。

2）**宜**采用密码技术实现电子门禁系统记录进出信息的完整性保护。

3）**应**采用符合 GB/T 37092—2018 标准的二级及以上密码模块或密码产品实现密码的算法和密钥的管理。前三点和二级信息系统密码设计类似，不再解释。

4）**宜采用密码技术实现视频监控记录信息的完整性保护**。该环节主要是指视频监控记录的安全，需要采用密码技术对这种数据实现完整性保护。目前视频记录的完整性实现较为困难，因为视频记录的数据量很大，做杂凑和签名都会有较大性能问题，在设计中可以考虑加强视频文件的备份和访问控制环节。另外，可以针对视频文件的长度字节数进行杂凑，以达到一定的安全性，因为如果修改或删除一部分视频，视频的字节数会有变化，也在一定程度上能起到完整性保护。

注意：视频监控记录完整性在二级没有要求，三级有完整性要求。

8.3.2 网络和通信层面的密码设计

网络与通信层面的密码设计也是从二级和三级两个等级分别展开设计讨论。该层面的有些安全能力是可以和应用层设计相结合的。比如应用层中对报文进行了加密，那通信层可以只考虑完整性。这就需要根据实际现状进行论证。

1. 二级信息系统密码设计

1）**宜**在通信前基于密码技术进行身份认证，使用密码技术的机密性和真实性功能来实现防截获、防假冒和防重用。保证传输过程中鉴别信息的机密性和网络设备实体身份的真实性。这里读者朋友可以借助 SSL VPN 和 IPSec VPN 等产品来实现通信的这些能力，达到安全保护的要求。

2）可使用密码技术的完整性功能来保证网络边界和系统资源访问控制信息的完整性。这里访问控制信息主要考虑边界防火墙、VPN 和路由器等边界设备的访问控制策略文件或访问控制列表，防止这些信息被非法篡改。

3）可采用密码技术保证通信过程中数据的完整性。如果采用了众所周知的 SSL VPN 和 IPSec VPN 等实现，就完全可以配置实现通信过程完整性保护能力了。

4）宜采用密码技术保证通信过程中敏感信息数据字段或整个报文的机密性。该条可以结合应用层的设计统筹考虑，如果在应用层很难实现对重要数据传输的机密性保护，那么就必须考虑在通信层采用类似 SSL 协议或 IPSec 协议这种通信手段，来实现传输机密性。

5）应采用符合 GB/T 37092—2018 标准的一级及以上密码模块或通过国家密码管理部门核准的硬件密码产品实现密码运算和密钥管理。该条指出，密码的关键环节需要有国家密码管理部门核准的产品来实现功能。实际在通信层面，很少会出现自定义的加密通信协议，所以建议项目建设直接采用符合国家密码管理部门核准的 SSL VPN 和 IPSec VPN 等产品来实现安全通信。

2. 三级信息系统密码设计

1）应在通信前基于密码技术进行身份认证，使用密码技术的机密性和真实性功能来实现防截获、防假冒和防重用。**保证传输过程中鉴别信息的机密性和网络设备实体身份的真实性**。在设计系统时，对通信层设备选型必须支持 SSL 或者 SSH 的远程管理，并可以支持用户的证书登录配置。

2）宜使用密码技术的完整性功能来保证网络边界和系统资源访问控制信息的完整性。参考二级要求。

3）宜采用密码技术保证通信过程中数据的完整性。参考二级要求。

4）应采用密码技术保证通信过程中敏感信息数据字段或整个报文的机密性。参考二级要求。

5）应采用符合 GB/T 37092—2018 标准的二级及以上密码模块或通过国家密码管理部门核准的硬件密码产品实现密码运算和密钥管理。参考二级要求。

6）**可采用密码技术对从外部连接到内部网络的设备进行接入认证，确保接入设备的身份真实性**。该条是比二级增加的一条要求。在编者实践建设的项目中，基本都是采用了 VPN 来对设备进行远程接入认证，提供授权和审计等综合功能。而客户端登录 VPN 要用 USBKey 等实现双因素认证。VPN 可以配合防火墙进行访问控制或者自身来提供访问控制。

注意：加黑部分文字是二级和三级的区别所在。

8.3.3 设备和计算层面的密码设计

设备与计算层面的保护对象主要是指信息系统所使用的服务器密码机、签名验签服务器、VPN 等密码设备，应用服务器、数据库服务器、关键数据库等通用计算设备以及保垒机、防火墙等边界防护设备，它们提供业务的流程处理和各种计算能力。

1. 二级信息系统密码设计

1）**宜**使用密码技术对登录的用户进行身份标识和鉴别，身份标识具有唯一性，身份鉴别信息具有复杂度要求并定期更换，使用密码技术的真实性功能来实现鉴别信息的防假冒功能。本条在系统设计时要对登录用户进行实名制验证，不能出现多人共享账户的情况，必要时可以采用基于证书的认证。如果采用口令登录的方式，比如目前大多数Windows服务器的登录方法，这就要求口令至少要有8位，而且要包含字母大小写、数字和特殊字符，而且口令要至少六个月更换一次，不能重复使用。在实践中，很多信息系统采用堡垒机的方式集中管理服务器等设备，这时要配合防火墙等访问控制设备，对除了堡垒机之外的访问控制进行拦截或者告警。而登录堡垒机同样需要采用账户实名制，建议采用USBKey加证书的方式实现双因素认证，终端到堡垒机需要采用SSL等加密协议。

2）**可**使用密码技术的完整性功能来保证系统资源访问控制信息的完整性。这里的“系统资源访问控制信息”通常指各类设备操作系统的系统权限访问控制信息、系统文件目录的访问控制信息、数据库访问控制信息、堡垒机中权限访问控制信息等，要通过设计采用MAC或者HMAC的方法进行保护，对非法篡改可以及时发现并告警，实践中可以通过给服务器配置加密卡或者加密机等安全设备实现完整性计算。

3）**可**使用密码技术的完整性功能来保证重要信息资源敏感标记的完整性。这里的敏感标记，实践中较少有信息系统涉及标记，二级国标中去除了该要求，但其实现并不难。比如一个企业的商业机密、存有大量的用户敏感信息还有涉及影响面很大的条令变更信息等都需要进行敏感标记，这里不是指的数据本身。例如，这些信息保存在一个目录服务LDAP或者数据库的一个表中，就要给这个目录和数据库表设置一个标记，只有拥有与该标记相匹配权限的人员，才能访问这个目录或数据库表。

4）**可**使用密码技术的完整性功能来对日志记录进行完整性保护。这在项目建设时可以根据日志产生的量级和频率等指标进行计算，在量级不大且频率不高的情况下，可以采用逐条进行MAC等完整性功能，如果日志量很大，可以考虑采用文件加MAC的方式，而文件可以一个小时或者一天产生一个。还可以在系统设计时考虑建设集中的日志管理系统，同样对日志进行集中审计和分析。根据安全要求，日志需要保存至少六个月以上。在系统建设初期就要给日志的存储规划好存储空间。

5）在远程管理时，虽然国家标准降低了要求，但最佳实践中也要使用密码技术的机密性功能来实现鉴别信息的防窃听功能。如果是Linux/UNIX操作系统的机器，建议采用SSH的方式登录，如果是Windows操作系统，建议对远程桌面协议RDP启用加密机制；另一个设计实践更常用，即通过堡垒机作为中间跳板来管理服务器设备，登录堡垒机可以采用证书的方式加密传输，堡垒机到服务器之间可以通过防火墙等边界控制设备设置访问控制，杜绝内部的信息窃听。

6）**应**采用符合GB/T 37092—2018标准的一级及以上密码模块或通过国家密码管理部门核准的硬件密码产品实现密码运算和密钥管理。这条规则在实践中可以结合CA系统给用户身份鉴别发证书密钥对，对完整性MAC方面可以采用服务器加密码卡或者加密机的方式来实现。

2. 三级信息系统密码设计

1）**应**使用密码技术对登录的用户进行身份标识和鉴别，身份标识具有唯一性，身份鉴别信息具有复杂度要求并定期更换。参考二级要求。

2）**宜**使用密码技术的完整性功能来保证系统资源访问控制信息的完整性。参考二级要求。

3）**宜**使用密码技术的完整性功能来保证重要信息资源敏感标记的完整性。参考二级要求。

4）**宜**使用密码技术的完整性功能来对日志记录进行完整性保护。参考二级要求。

5）在远程管理时，**应**使用密码技术的机密性功能来实现鉴别信息的防窃听功能。参考二级要求。

6）**应**采用符合 GB/T 37092—2018 标准的二级及以上密码模块或通过国家密码管理部门核准的硬件密码产品实现密码运算和密钥管理。参考二级要求。

7）**宜采用可信计算技术建立从系统到应用的信任链，实现系统运行过程中重要程序或文件的完整性保护，对运行程序来源进行真实性验证**。该条密码合规能力，目前实践中应用的并不太多。在金融行业，从终端的 POS 到中间的收单行，再到发卡行，路径中每一个环节都会对报文进行转加密处理，通常通过金融加密机实现，这样可以实现从终端到后台的信任链。关于重要的程序和重要文件，目前大多采用了数字签名等方式进行保护。

注意：加黑部分文字是二级和三级的区别所在。

8.3.4 应用和数据层面的密码设计

从 8.3.1~8.3.3 小节的介绍我们可以看出，信息系统在物理和环境、网络和通信、设备和计算这 3 个层面的密码应用设计，通常可采用部署成熟的密码产品来解决；各系统在设计时除了密码产品的部署形态和接入方式略有不同外，其他都大同小异。但在应用和数据层面的密码设计，由于承载业务各不相同，不同应用系统间的区别是非常大的。例如财务系统密码的应用和基于车联网的应用肯定是不一样的。所以在进行该层面密码设计时，设计者需要在统筹梳理业务流程、识别业务数据、明确业务对象后，进一步明确各应用的安全需求、密码应用需求，最终才能设计出适用该系统业务特点的密码体制、密码应用流程和密钥管理策略。除此之外在该层面密码应用方案设计时，还要充分考虑现有的安全基础设施，比如云平台通常可以提供虚拟的云加密机、虚拟的安全网关等安全设备。该层面的密码合规性设计的要点主要有如下几点。

1. 二级信息系统密码设计

1）**宜**使用密码技术对登录的用户进行身份标识和鉴别，实现身份鉴别信息的防截获、防假冒和防重用，保证应用系统用户身份的真实性。读者朋友千万不要和前面层次的身份鉴别搞混了。在设计系统时，每个层面要充分考虑该层自身的安全实现。应用层根据架构的不同可以实现不同的身份鉴别，比如基于 Web 的网银系统，可以通过 SSL 协议加客户端证书的方式实现身份鉴别；基于手机 App 的客户端，可以通过 SSL 结合手机短信、手机唯一识别码等信息完成身份鉴别。为了保证身份信息的真实性，像支付宝，微信等还实现了绑定银行卡来完成实名制认证等功能。关于鉴别信息的防截获、防假冒和防重用可以考虑采用公、私钥对的方式实现鉴别。SM2 算法可以实现通信两端的密钥协商，生成会话密钥，通过会话密钥实现加密。口令等信息在传递中可以用 HMAC-SM3 的方式进行处理传递。防止重放鉴别信息的设计中通常可以通过随机数、计数器或时间戳等技术来实现。

2）**可**使用密码技术的完整性功能来保证业务应用系统访问控制策略、数据库表访问控制信息和重要信息资源敏感标记等信息的完整性。这里主要是指三类数据信息，访问控制策略主要是应用系统的权限分配的策略定义信息；而数据库表的访问控制策略通常是结合采用数据库自身的 ACL 控制实现，比如查询用户只能读取表格，审计用户可以导出日志等，如应用中对这些表从上层进行了权限划分，那这些权限的控制就要由应用负责，这些策略定义就非常重要；重要信息的敏感标记和“设备与计算层面”不同，可以是标记一个服务器的目录或者数据库的表，在应用层面主要是业务定义的数据，比如用户的身份证号字段、家庭住址字段等敏感信息，这些信息要有一个明确的访问标记，只有拿到访问这个标记的权限的用户和用户组，才能使用这些敏感数据。这三类信息在系统中都需要进行完整性的保护，当被恶意篡改后，应可以及时发现，这时候可以在应用层采用 MAC 或数字签名的方式实现完整性保护。

3）**宜**采用密码技术保证重要数据在传输过程中的机密性，包括但不限于鉴别数据，重要业务数据和重要用户信息等。这里的传输专指应用层的传输，比如银行采用了 8583 报文进行数据传输，国际贸易采用 EDI 报文进行数据传输。其中重要的数据是采用加密的方式放在报文字段中传递到后台。如果应用层代码采用了 SSL 等加密协议传递数据，则可以对全部的数据报文进行加密传递。笔者曾经在某项目中通过改造后的 SSH 协议代码实现了应用层的数据安全通信，类似于 SFTP。

4）**宜**采用密码技术保证重要数据在存储过程中的机密性，包括但不限于鉴别数据、重要业务数据和重要用户信息等。这里主要是指后台要把这些重要数据进行落地，比如存储在数据库中时，要保证安全性。重要数据在存储之前要保证机密性，可以采用加密的方法，比如利用 SM4 实现加解密。而鉴别信息通常可以采用 HMAC-SM3 来实现机密性传递。设计时可以通过服务器中安装加密卡或者挂加密机的方式，将数据处理之后，再存入数据库中，使用时再交由加密卡或加密机进行判断，以此来发现数据是否被篡改。

5）**宜**采用密码技术保证重要数据在传输过程中的完整性，包括但不限于鉴别数据、重要业务数据、重要审计数据、重要配置数据、重要视频数据和重要用户信息等。传输中的完整性能力，在金融交易的报文中比较普遍，整个报文不需要加密，但需要做到完整性和不可否认性等，这个时候常通过 MAC 或者数字签名的方式实现完整性，后台通过加密机对完整性进行校验，以此来判断通信过程中报文有没有被篡改。

6）**宜**采用密码技术保证重要数据在存储过程中的完整性，包括但不限于鉴别数据、重要业务数据、重要审计数据、重要配置数据、重要视频数据、重要用户信息和重要可执行程序等。其实在信息系统建设中，完整性要比机密性常用得多。完整性对于数据的统计分析等功能没有影响，而加密对统计分析影响较大。所以很多重要的数据，根据业务特点，可以通过杂凑 HMAC-SM3 等实现完整性，或者通过 SM2 的数字签名也可以实现完整性。完整性的主要目标是防止有人篡改数据，而不是保密。

7）可使用密码技术的完整性功能来实现对日志记录完整性的保护，该条款在国标中并没有要求，但日志审计是非常重要的事后溯源基础条件，所以设计中建议考虑。在项目建设时可以根据日志产生的量级和频率等指标进行计算，在量级不大且频率不高的情况下，可以采用逐条进行 MAC 等完整性功能，如果日志量很大，可以考虑采用文件加 MAC 的方式，而文件可以一个小时或者一天产生一个。还可以在系统建设设计时，考虑建设集中的日志管理系统，同样对日志进行审计和分析。根据安全要求，日志需要保存至少六个月以上。在系统建设初期就要给日志的存储规划好空间。

8）应采用符合 GB/T 37092—2018 标准的一级及以上密码模块或通过国家密码管理部门核准的硬件密码产品实现密码运算和密钥管理。这条规则在实践中可以结合 CA 系统给用户身份鉴别发证书密钥对，对加/解密、完整性 MAC 方面可以采用服务器加密码卡或者加密机的方式来实现。

2. 三级信息系统密码设计

1）应使用密码技术对登录的用户进行身份标识和鉴别，实现身份鉴别信息的防截获、防假冒和防重用，保证应用系统用户身份的真实性。参考二级要求。

2）宜使用密码技术的完整性功能来保证业务应用系统访问控制策略、数据库表访问控制信息和重要信息资源敏感标记等信息的完整性。参考二级要求。

3）应采用密码技术保证重要数据在传输过程中的机密性，包括但不限于鉴别数据、重要业务数据和重要用户信息等。参考二级要求。

4）应采用密码技术保证重要数据在存储过程中的机密性，包括但不限于鉴别数据、重要业务数据和重要用户信息等。参考二级要求。

5）宜采用密码技术保证重要数据在传输过程中的完整性，包括但不限于鉴别数据，重要业务数据、重要审计数据、重要配置数据、重要视频数据和重要用户信息等。参考二级要求。

6）宜采用密码技术保证重要数据在存储过程中的完整性，包括但不限于鉴别数据、重要业务数据、重要审计数据、重要配置数据、重要视频数据、重要用户信息和重要可执行程序等。参考二级要求。

7）宜使用密码技术的完整性功能来实现对日志记录完整性的保护。参考二级要求。

8）应采用符合 GB/T 37092—2018 标准的二级及以上密码模块或通过国家密码管理部门核准的硬件密码产品实现密码运算和密钥管理。参考二级要求。

9）**可采用密码技术对重要应用程序的加载和卸载进行安全控制**。该条是三级系统增加的安全要求，GM/T 0054—2018 有要求但 GB/T 39786—2021 取消了该项指标，二级里面没有该指标。在编者以前建设的项目中，就有针对主程序运行情况的监控能力，但使用的并不是密码技术，而是通过监控主程序的日志输出情况，正常情况下每三秒之内肯定会有一条日志，如果发现超过一分钟没有日志输出就会杀掉程序并重新加载它。现在不少大型集团公司都上线了一些终端管控的系统，在每个业务终端上安装了管控软件，通过密码技术实现了远程的统一管理和策略的下发，在终端上想进行卸载是需要提供管理员身份鉴别能力的，只有通过身份鉴别后，才有权限卸载。读者如果在开发重要的应用系统，可以从两个维度来设计这项能力：身份鉴别方面，只有通过身份鉴别的用户才能加载或者启动应用；完整性保护方面，通过 MAC 或者代码签名的方式对主程序进行保护，当发现主程序被恶意篡改后，能及时报警并拒绝加载运行该程序。

10）**在可能涉及法律责任认定的应用中，宜采用密码技术提供数据原发证据和数据接收证据，实现数据原发行为的不可否认性和数据接收行为的不可否认性。**该项在实践中通常采用数字签名技术来实现不可否认性，在电子公文系统中还可以通过电子签章来实现原发公文的不可否认性。

8.3.5 密钥管理

1883 年，荷兰语言学家奥古斯特・柯克霍夫在《军事科学报》（*Journal of Military Science*）的一篇文章中作了权威性的陈述：一个密码系统的安全性不在于对加密算法进行保密，而仅在于对密钥的保密。这被后人称为柯克霍夫原则（也称柯克霍夫假说）。

在 GB/T 39786—2021 中，密钥管理放在附录 B 中，不是它不需要测评，而是它独立于各个层面，需要整体上分析它的安全性。密钥管理部分采用三级系统为例进行说明。密钥管理通常是指密钥全生命周期管理，包括密钥生成、密钥存储、密钥分发、导入导出、密钥使用、备份恢复、密钥归档和密钥销毁等 8 个方面。

1）密钥生成。生成使用的随机数应符合 GM/T 0005—2012 标准，从符合 GB/T 37092—2018 标准的密码产品中产生密钥是十分正确和必要的；密钥应在密码模块内部产生并保存，不得以明文方式出现在密码模块之外；应具备检查和剔除弱密钥的能力，同时还要记录密钥的属性，比如密钥的种类、长度、使用者和生成时间等。

2）密钥存储。密钥应加密存储，并采取严格的安全防护措施，防止密钥被非授权获取。加密密钥应存储在符合 GM/T 0028—2014 或 GB/T 37092—2018 的密码模块中。

3）密钥分发。密钥的分发应采取身份鉴别、信息完整性、数据机密性等安全措施，应能够抗截取、假冒、篡改、重放等攻击，保证密钥分发的安全性。

4）导入导出。应采取安全措施，防止密钥导入导出时被非法获取或篡改，并保证密钥的正确性，导出需要严格的审批，并且留有审计记录。导入导出常见于密钥多数据中心使用的情形。

5）密钥使用。密钥应明确用途，并按用途正确使用。对于公钥密码体系，在使用公钥前应对其进行验证，应有安全措施防止密钥的泄露和替换。密钥泄露时，应停止使用，并启用相应的应急处理和响应措施。应按照密钥更换周期要求更新密钥，应采取有效的安全措施，保证密钥更换时的安全性。对于对称密钥要在密码设备内部使用，如需外部使用，需要采用加密密钥进行加密。

6）备份恢复。应制订明确的密钥备份策略，采用安全可靠的密钥备份恢复机制，对密钥进行备份和恢复。密钥备份和恢复应进行记录，并生成审计信息。审计信息包括备份或恢复主体、时间等信息。通常重要的根密钥均需要多份备份，以防止密钥的意外损坏。

7）密钥归档。应采取有效的安全措施，保证归档密钥的安全性和正确性。归档密钥只能用于解密该密钥加密的历史信息或验证该密钥签名的历史信息。密钥归档应进行记录，并生成审计信息。审计信息包括归档的密钥、归档的时间等。归档密钥应进行数据备份，并采用有效的安全保护措施。

8）密钥销毁。应具有在紧急情况下销毁密钥的措施。比如密钥遭到泄露、密钥使用时间到期等情况均需要对密钥进行销毁。销毁是个不可逆过程，不能再次恢复。

针对密钥管理，如果读者朋友建设的系统不是类似卡系统、CA 系统等，应该不会涉及独立的密钥管理系统。只有类似这两类的系统会有较多卡相关密钥、CA 证书公私钥密钥等众多密钥，这就必须要建立密钥管理系统来专门管理密钥。如果是含有少量密钥的信息系统，也可以直接采用加密机等密码设备来对密钥进行管理。经过密码主管部门核准的密码机，在密钥生成、使用和销毁等生命周期内都有严格的控制。

8.3.6 安全管理

任何信息化项目的设计都离不开管理方案设计，为确保信息系统长期安全运行，成立专门的机构、指派专门的管理人员、制订可落地的制度策略，是保证信息系统安全稳定运行的强力助手。密码应用管理方案设计主要从管理机构、管理人员、管理制度和应急处置等方面进行设计。读者应该根据企业的组织架构现状和信息系统具体业务，设计适应信息系统需求的安全管理方案，切不可生搬硬套。

1）**管理机构**。建立网络安全领导小组和网络安全工作小组是确保系统正常安全运行的保证。网络安全领导小组的主要领导是公司高层，具有较大的权力制订安全方针、目标和策略，可以发布密码安全的发展战略、规划和密码的企业规范。网络安全工作小组由具有落实执行能力的管理和技术人员组成，来落实领导小组的决策，协调各个部门执行安全管理工作，工作小组制订具体的制度建设和日常的安全运行规程，负责对员工进行密码管理工作的意识教育和密码技能培训，负责对密码安全事件的处置等事项。

2）**管理人员**。根据密码应用的需要设计不同的管理角色，通常有系统管理员、密码操作员、安全审计员等不同的角色。系统管理员负责系统的正常运行、系统备份和系统变更升级等任务。密码操作员主要负责密码设备的定期检查、日常运维、密钥的生成、销毁等密码相关的操作和执行。安全审计员主要是对系统的日志进行审计分析和对其他人员行为的审计和监督检查，及时发现违规行为和风险。如果信息系统密钥较多，建设有密钥管理系统时，还要设立密钥管理员，由密钥管理员来执行密钥的全生命周期管理。

3）**管理制度**。和密码有关的制度第一个就是**保密制度**，这里特别是密码设备和密钥的保密、重要的密码技术的设计开发资料和部署等的保密。**密码设备管理制度**，比如密码卡、CPU 卡、USBKey、加密硬盘等介质管理，所有密码设备都应该有严格的管理规定，经过批准方可使用或者带出，当密码设备发生故障，需要指定的流程进行处置，防止密钥或重要资料的丢失。**密码安全管理制度**规定了密码资源的采购、申请和使用规定，规定了密码维护人员的培训和上岗要求、密码资源故障处置和应急保障流程。根据企业具体制度体系，读者可以建立其他密码相关的制度和流程，如密钥管理制度、密码岗位职责制度等。

4）**应急处置**。又称为应急方案。在密码应用方案设计时主要考虑密码安全事件的应急处置。首先要对密码安全事件进行分类，根据信息的密级、影响的范围和造成的损失等因素综合考虑把事件进行归类。要定义应急处置的组织机构，强化领导、明确职责，切实把突发事件的补救处理措施落到实处。成立应急处置小组，对突发密码安全事件进行处置。应急预案要具体到定义事件的响应时间、处理时间以及处置流程。事件处置的最后是明确事件的上报流程。应急预案还需要有定期演练的具体要求。

第 9 章　商用密码应用安全性评估

本章从商用密码应用安全性评估（简称“密评”）的发展和现状出发，先介绍当前的法律法规以及密码相关的标准，然后介绍密评的机构职责和工作流程。同时在本章详细介绍了密评的基本方法、密评实施中的对象选择和指标选择、密评的结果判定方法。本章最后介绍密评打分的量化原则以及高风险判断场景。

9.1　商用密码应用安全性评估发展和现状

《中华人民共和国密码法》的正式实施，标志着我国商用密码在依法管理、科技创新、产业发展、应用推广、检测认证等方面的长足进步。但是由于起步较晚，商用密码应用现状仍然不乐观。商用密码应用在实践过程中使用不广泛、不合规和不安全的问题依然非常突出。具体表现在以下几个方面。

- 密码应用使用范围不广泛。以现在规模最大的移动互联网应用为例，众多移动 App 中，真正使用了商用密码技术的并不多。很多认证均采用简单的明文对比，甚至直接使用已经过时的不再安全的 MD5 简单处理。这些都反映了我国商用密码应用的推进工作还需要加强。
- 密码应用的建设不规范。现代密码学中的密码算法安全都是基于攻击者无法获得密钥和随机数的任何信息的前提，当密钥泄露殆尽的时候任何密码算法都无法保证安全性。以密码应用最关键的密钥为例，很多信息系统和应用虽然使用了密码技术，但密钥的产生很简单甚至直接写在代码中，好多加密手段甚至是程序员凭着经验和感觉根据开源软件修改而成的，根本没有办法评估算法的安全性。
- 密码应用没有重视。大部分单位对业务需求比较重视，而对密码的需求并没有特别梳理。在使用中还有不少程序员认为 Base64 编码是一种加密密码技术，导致大量的应用系统采用的“密码技术”根本起不到安全作用。再有很多开发单位对密码算法、密码协议和密码产品缺乏审查环节，不能及时发现密码应用中的安全风险和问题。
- 信息系统建设人员缺乏基本的密码知识。大部分信息系统的建设者或程序员对密码知之甚少，如大量采用已经被国家密码管理局发布风险警示的密码算法。对 SM3、SM4、SM2 等商用密码算法更是一无所知。这就导致了在信息系统建设中存在不能合规使用商用密码问题的出现。

为了解决以上问题，早在 2007 年，我国就对密评工作的发展和定位进行了规划，自 2007 年起密评共经历了四个发展阶段。虽然每个阶段的重点和目标都有所不同，但国家对于推动密评工作的两个基本考量一直未变：一是通过密评工作的开展保证网络和信息系统密码应用的合规、正确、有效；二是通过密评工作进一步宣传和推广商用密码的技术、产品和服务，带动整个产业链健康发展。我国密评工作发展经历的四个发展阶段⊖如下。

- 提出发展期（2007—2016 年），也被称为奠基期。标志性的文件就是 2007 年 11 月 27 日国家密码管理局印发了 11 号文件《信息安全等级保护商用密码管理办法》，要求商用密码的测评工作由国家密码管理局指定的评估机构承担，随后国家密码管理局又印发了具体管理办法实施意见，明确了商用密码测评的要求。
- 试点期（2016—2017 年），也被称为集结期。国家密码管理局开始起草《商用密码应用安全性评估管理办法（试行）》。此阶段的标志性文件就是 2017 年印发的 138 号通知《关于开展密码应用安全性评估试点工作的通知》，在五个行业开展了密评的试点工作。
- 全面完善期（2017 年），在此期间各种规范、办法和细则均开始出台。该阶段确定了商用密码安全性评估的体系架构，编制了多项制度文件，根据前阶段的试点工作的反馈结合专家意见，于 2017 年 9 月印发了《商用密码应用安全性测评机构管理办法（试行）》《商用密码应用安全性测评机构能力评审实施细则（试行）》《信息系统密码测评要求（试行）》《信息系统密码应用基本要求》等多个制度文件，密评体系初步建设完成。
- 快速推进期（2018 年至今），随着试点工作经验的积累和制度标准的完善，特别是各个有技术、有能力的密评机构的加入，密评工作进入了一个快速推进发展的阶段。根据《中华人民共和国密码法》、GM/T 0054—2018《信息系统密码应用基本要求》和国家标准 GB/T 39786—2021《信息安全技术 信息系统密码应用基本要求》的规定，基础信息网络、涉及国计民生和基础信息资源的重要信息系统、重要工业控制系统、面向社会服务的政务信息系统，以及关键信息基础设施、网络安全等级保护第三级及以上信息系统，均要开展密评工作。

9.2 商用密码应用安全性评估工作依据

本节主要介绍了商用密码应用安全性评估的法律法规和当前出台的密评标准，其中标准中涉及了测评要求、量化打分和高风险判断等具体要求。

9.2.1 法律法规

《中华人民共和国密码法》（以下简称《密码法》）于 2019 年 10 月 26 日通过，2020 年

⊖ 资料来源：霍炜，郭启全，马原．《商用密码应用于安全性评估》，北京：电子工业出版社，2020 年，第 121 页。

1 月 1 日起正式实施。《密码法》作为我国第一部密码相关的法律，不仅明确了我国“核心密码、普通密码和商用密码”的分类管理原则，确定了不同类别密码的保护范围、责任分工、管理要求，还将密评工作首次写入法律正文，使密评有了法律依据。《密码法》第六、七条规定：“核心密码、普通密码用于保护国家秘密信息，核心密码保护信息的最高密级为绝密级，普通密码保护信息的最高密级为机密级。”；第二十七条规定：“法律、行政法规和国家有关规定要求使用商用密码进行保护的关键信息基础设施，其运营者应当使用商用密码进行保护，自行或者委托商用密码检测机构开展商用密码应用安全性评估。商用密码应用安全性评估应当与关键信息基础设施安全检测评估、网络安全等级测评制度相衔接，避免重复评估、测评。”

《中华人民共和国网络安全法》于 2016 年 11 月 7 日通过，2017 年 6 月 1 日起正式施行。作为我国首部保障网络安全，维护网络空间主权和国家安全、社会公共利益，保护公民、法人和其他组织的合法权益的法律，《中华人民共和国网络安全法》第十六条规定“推广安全可信的网络产品和服务”，而可信技术就必须采用密码技术来实现；第二十一条关于实行网络安全等级保护制度中提出“采取数据分类、重要数据备份和加密等措施”，也需要采用密码技术来实现。

《商用密码管理条例（修订草案征求意见稿）》第六章规定：“非涉密的关键信息基础设施、网络安全等级保护第三级以上网络、国家政务信息系统等网络与信息系统，其运营者应当使用商用密码进行保护，制定商用密码应用方案，配备必要的资金和专业人员，同步规划、同步建设、同步运营商用密码保障系统，自行或者委托商用密码检测机构开展商用密码应用安全性评估。”

《商用密码应用安全性评估管理办法（试行）》于 2017 年 4 月 22 日起施行，为发挥密码在维护安全与促进发展综合平衡中的重要支撑作用，国家密码管理局印发该办法进一步明确了国家和省（部）密码管理部门在商用密码应用安全性评估中的指导、监督和检查职责；明确了重要信息系统的建设、使用、管理单位在评估工作中的主体责任；依法培育测评机构，规范评估行为，形成规范有序的商用密码应用安全性评估审查机制，并与网络安全等级保护、关键信息基础设施安全检测评估等已有制度做好衔接。

其他政策还有《电子认证服务密码管理办法》《国家政务信息化项目建设管理办法》等配套的信息系统规范政策。各个行业、地区的行业政策、指引、要求等，在此就不再展开讲解，有兴趣的读者可以自己查询相关资料。

随着《中华人民共和国数据安全法》和《中华人民共和国个人信息保护法》的陆续实施，密评工作的依据更加完善，适用范围更加广泛。

9.2.2 密评标准

2020 年 12 月 8 日，中国密码学会密评联委会（以下简称“密评联委会”）发布了包括《信息系统密码应用测评要求》在内的 5 个密评指导性文件，包括 1 个顶层标准、3 个密评过程文件和 1 个报告模板。

《信息系统密码应用测评要求》：作为密评工作实施的顶层标准，该标准明确了测评实施的基本构成和要素，并从通用测评要求和密码应用测评要求两个维度，对密码算法和密码技术合规性、密钥管理安全性、密码应用技术和密码应用管理的测评实施提出了要求。

《信息系统密码应用测评过程指南》：该标准主要从密评基本原则、测评风险识别与规避、测评准备、测评方案编制、现场测评、结果分析与报告编制等几个方面对测评各环节工作内容、标准流程和输入/输出内容进行了描述和规范。

《商用密码应用安全性评估量化评估规则》：该标准在风险可控的前提下，按照鼓励使用合规的密码技术的原则，明确了信息系统密码应用安全的量化评估框架、量化规则和整体结论判定，用于指导、规范信息系统密码应用的规划、建设、运行和测评。

《信息系统密码应用高风险判定指引》：该标准从关注密码应用合规性、正确性和有效性出发，通过标准与示例相结合的方式，从指标要求、使用范围、安全问题、可能缓解的措施和风险评级等 5 方面对信息系统通用层面（密码算法、密码技术、密码产品和服务等）、技术和管理层面（物理和环节安全、网络和通信安全、设备和计算安全、应用和数据安全、密码应用管理）可能存在的高风险问题进行判定与指导。

《商用密码应用安全性评估报告模板（2020 版）》，该文件主要包括总体评价、安全问题及改进建议、测评项目概述、被测系统情况、测评范围与方法、单元测评、整体测评、风险分析、评估结论等内容，用于指导测评人员根据现场测评结果科学准确地编写密评报告。

密评系列指导文件的及时推出，统一了测评尺度，有效解决了测评实施过程中结论判定过于机械、风险级别没有依据、落地措施没有准则的问题，为密评人员规范化、标准化开展测评工作提供了依据。

9.3 商用密码应用安全性评估流程与相关方法

本节先介绍密评的相关单位，主要涉及四方单位责任，良好的配合与沟通是测评成功的关键。同时还重点介绍了密评的四个步骤，它们是测评准备、方案编制、现场测评和报告编制。

9.3.1 密评相关单位

密评过程中涉及相关责任单位和人员主要包括以下几个部分。

- 密码管理部门：包括国家、省、市的密码管理部门。主要任务是监督管理密评机构，对所辖区域内系统密码应用安全的情况进行检查和抽查。
- 密评机构：密评工作具体执行单位，是经国家密码管理局和密评联委会认可的密评机构或密评试点单位。
- 信息系统责任单位：包括信息系统的运营、使用单位或主管部门，如果是正在建设的系统还包括项目建设单位。主要任务是组织制订密码应用建设方案，委托专家或密评机构对方案进行评估；委托密评机构对所辖信息系统定期开展密评工作。

- 信息系统集成厂商：系统集成厂商作为信息系统密码应用建设/改造的总集成单位，主要任务是根据信息系统责任单位的委托编制密码应用方案，并根据密码应用方案完成设备和应用的部署、联调、测试、上线，同时系统集成厂商还需配合密评机构开展测评。
- 密码设备厂商：提供符合国家密码相关标准和要求的密码技术、产品和服务。
- 测评工作人员：通过密码主管部门组织的密评人员测评能力培训和考核，从事密评实施的管理和技术人员。主要任务包括根据密评合同约定开展测评工作，出具评估报告；评估结果于 30 个工作日内上报国家密码管理部门。

9.3.2 密评工作流程

密评工作的实施流程主要包括测评准备、方案编制、现场测评、分析与报告编制 4 个阶段，具体测评过程流程如图 9-1 所示。

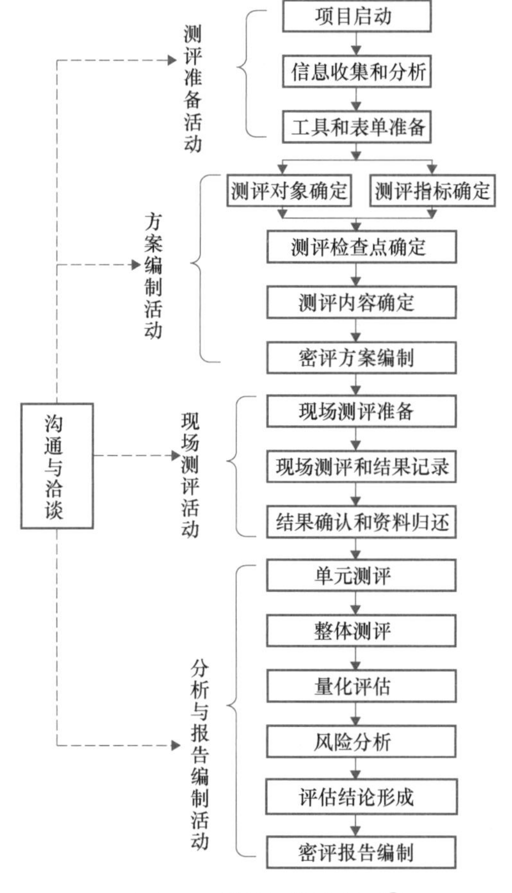

• 图 9-1 测评工作流程图⊖

⊖ 资料来源：中国密码学会密评联委会，《信息系统密码应用测评工作指南》（2020 年版），第 3 页。

为保证测评工作顺利进行，测评实施过程中测评人员应与被测单位之间保持沟通。这样不仅可以及时解决测评中遇到的问题，还可以提高测评结果的准确性和测评工作效率。

（1）测评准备阶段

目标和任务：本阶段主要目标是收集被测系统的基本信息，为后续编写测评方案和现场测评打好基础。主要任务包括测评人员与用户协同配合，通过调查表格、人员访谈、查阅资料等方式，完成被测系统的构成和密码应用情况等基本信息的收集。信息收集范围包括但不限于密码应用方案、等级保护测评报告、安全需求分析报告与设计方案、密码管理策略、网络及设备部署、相关密码产品操作指南和认证证书、密码应用安全规章制度、安全管理记录文档、软硬件重要性及部署情况、业务种类及重要性、业务流程、业务数据及重要性、用户范围、用户类型、被测系统所处的运行环境及面临的威胁等。

主要成果：项目计划书、信息系统调查表（完成版本）、信息系统相关技术资料、测评工具清单、现场测评授权书等。

注意事项：测评人员提交给客户的信息系统调查表要尽量详细，并配有填写示例以方便客户理解和正确填写，建设方也应该仔细梳理密码相关的业务流程和密钥的生命周期；重点关注信息系统密码应用方案的收集与分析，为后续测评实施提供指引与依据。

（2）方案编制阶段

目标和任务：本阶段主要目标是对被测信息系统资料进行整理，编写形成密评方案，为现场测评活动提供文档指导。主要任务包括测评对象确定、测评指标确定、测评检查点确定、测评内容确定和密评方案编制等。

主要成果：经过评审和确认的密评方案。

注意事项：测评人员应该在充分了解系统的网络架构、业务功能、密码应用的基础上，对系统核心资产进行全面识别和评估后确定测评对象。对于不适用项指标的判定应尽量谨慎，尤其在没有密码应用方案的情况下，测评人员要对所有不适用项进行逐条核查、评估，详细论证其安全需求、不适用的具体原因，以及是否采用了可满足安全要求的其他替代性风险控制措施来达到等效控制。

（3）现场测评阶段

目标和任务：本阶段主要目标是测评人员通过与被测单位的沟通和协调，按照密评方案顺利完成现场测评的实施工作；发现信息系统密码应用中存在的密码安全问题，为编写密评报告获取足够的资料和证据。本阶段主要任务包括现场测评准备、现场测评和结果记录、结果确认和资料归还。

主要成果：测评结果记录（经被测单位确认）。

注意事项：现场测评前双方要签署现场测评授权书和风险告知书。现场测评实施完成后要求测评方应与被测单位对测评结果记录进行现场沟通和确认，归还测评过程中借阅的文档资料，恢复测评现场环境至测评前状态，并由被测单位文档资料提供者确认签字。

（4）分析与报告编制

目标和任务：本阶段主要目标是测评人员对测评结果记录进行汇总、评分和分析后，形成评估结论、编制密评报告。主要任务包括单元测评、整体测评、量化评估、风险分析、评估结论形成、密评报告编制与审核等。

主要成果：密评报告（经评审和确认）。

注意事项：测评人员在“部分符合”及“不符合”要求的测评项，进行测评单元间或层面间的综合分析和补偿时，应遵循弥补不能完全替代的原则，弥补修订后的结果最高只能给到“部分符合”。

9.4 商用密码应用安全性评估方法与要点

本小节介绍了密评的方法步骤和实施要点，读者通过阅读本节可以熟悉测评中测评人员需采用的手段，可以提前安排人员和资料，配合现场取证。同时测评人员阅读本章后可以进一步掌握测评中对象的选择和指标的选择要点，对结果判断的把控可以更有的放矢。

9.4.1 密评基本方法

密评人员现场测评时所使用的测评方法⊖主要包括以下几种。

- 访谈：测评人员通过与被测单位的相关人员进行交谈和问询，了解被测信息系统技术和管理方面的一些基本信息，并对一些测评内容进行确认，访谈得到的证据在所有测评方法中优先级是最低的。
- 文档审查：审核被测单位提交的有关信息系统安全的各个方面的文档，如被测系统总体描述文件、被测系统密码总体设计文件、安全管理制度文件、密钥管理制度、各种密码安全规章制度及相关过程管理记录、配置管理文档、被测单位的信息化建设与发展状况以及联络方式，密码应用方案及评审意见、安全保护等级定级报告、系统验收报告、系统需求分析报告、系统实施方案、自查或上次评估报告等。通过对这些文档的审核与分析确认文档的相关内容是否达到或符合相关密评测评项的基本要求。
- 实地查看：现场查看物理机房、硬件设备等测评对象所处的环境、外观等情况。
- 配置检查：测评人员查看密码产品、应用系统、通用服务器、关键数据库等测评对象的相关配置。
- 工具测试：测评人员根据被测信息系统的实际情况，使用协议分析、端口扫描、渗透测试、随机性检测和数字证书检测等适合的技术工具对其进行测试，获取密码算法、密码协议相关的使用有效性证据。

9.4.2 密评实施要点

本小节是密评实施的细致介绍，对测评对象的选择依据和范围，测评指标的“应”

⊖ 资料来源：中国密码学会密评联委会，《商用密码应用安全性评估报告模板》（2020 版），2.3.1 小节。

“宜”“可”的使用都进行了分析。而且对现场测评中需要对不同的测评对象采用的技巧也有介绍和建议。读者特别是密评相关的人员通过本节的阅读可以进一步掌握密评的技术。

1. 测评对象选择

测评对象选择的实施是测评人员在充分调研被测系统的网络拓扑、安全边界、各区域构成以及系统主要业务功能的基础上，全面识别出与之相关的物理环境与网络边界、业务软件和关键数据、服务器主机与数据库系统、网络安全设备和密码设备等相关资产，并结合系统的密码应用方案和核心资产保护策略，合理选择测评对象的过程。测评人员在确定系统测评对象的过程中，应注意避免出现测评对象选择不合理、不全面和不准确的情况发生，实施要点如下。

- 密评对象的等级和范围是与等级保护是一致的，因此测评对象选择要充分参考信息系统网络安全等级保护定级报告/等保测评报告的内容。
- 密码应用建设和改造是信息系统密码应用安全合规的基础，因此密码应用方案更是测评对象选择的主要依据。
- 测评人员要注意测评对象选择的全面性。物理和环境层面的测评对象选择要覆盖所有相关物理机房；网络和通信层面的测评对象除了要覆盖客户与系统间的业务访问信道、系统与其他系统间的跨边界接口信道外，还应包括运维人员的远程维护管理信道；设备和计算层面的测评对象选择应覆盖主要密码产品、服务器、存储设备、网络设备（主要为堡垒机为主）、安全设备和数据库管理系统；应用和数据测评对象选择应覆盖被测系统所涉及的所有应用和重要数据；安全管理层面的测评对象选择要包括主要的密码制度、表单、流程和密码相关人员。

2. 测评指标选择

测评指标选择的实施是测评人员根据信息系统网络安全保护等级备案信息和测评范围、《信息系统密码应用基本要求》《信息系统密码测评要求》以及信息系统的密码应用方案选择并确定测评指标的过程。测评人员在确定系统测评指标的过程中，应注意避免测评指标选择不合理、不适用指标项、分析缺失或分析不合理的情况发生，实施要点如下。

- 测评人员要坚持测评指标选择原则依据标准。测评人员要按照《信息系统密码应用基本要求》明确各级系密码应用的“应”“宜”“可”指标要求，并根据《信息系统密码测评要求》的规定指标选取原则，结合信息系统的密码应用方案确定测评范围，合理选取测评指标。（对于“可”的条款，信息系统责任单位自行决定是否纳入测评范围；对于“宜”的条款，根据密码应用方案及其评审意见决定是否纳入测评范围，如果没有密码应用方案或方案未做明确说明，则将“宜”的条款默认纳入测评范围；对于“应”的条款，必须纳入测评范围[⊖]）。
- 如涉及特殊指标的选取，应单独说明并列出。如有被测系统密码应用指标要求高于《信息系统密码应用基本要求》中相应等级的安全要求（如二级系统选取三级指标，三级系统选取四级指标）或金融、电力等行业密码应用标准要求的情形，测评人员应单独说明并列出。

⊖ 资料来源：中国密码学会密评联委会，《信息系统密码应用测评要求》（2020 版），第 2 页。

- 不适用指标的确认要有充分证据和明确说明。测评人员不能仅以系统无保护需求而简单判定为某个测评指标不适用，而是应根据信息系统的密码应用方案和方案评审意见，认真分析系统实际运行情况，仔细核实系统确无某项测评指标相关密码应用需求或相关风险控制措施已真正发挥效果后，才可以将相关该测评指标确认为“不适用”。

3. 工具测试和接入点选择

工具测试和接入点的选择是现场测评的重要实施要点之一，是指测评人员除了通过访谈、文档核查、实地查看、配置核查等方法外，通过合理选择测试工具和测试接入点，获得更有力测评证据的过程。测评人员在选择测试工具和测试接入点的过程中，应重点考虑测试工具选取的安全性、接入点选取的合理性，避免影响系统正常运行，工具测试在时间点上要避开业务高峰期，具体实施要点如下。

- 测试工具选择的安全性。密评的测试工具包括协议分析、端口扫描、渗透测试、随机性检测和数字证书检测等工具，测评人员应根据测评指标和测评对象选择安全的测试工具，测试工具应通过相关密码主管部门测试认可或严格的内部检测。
- 测试接入点要明确。测试接入点选择应明确接入点位置、使用测试工具名称（协议分析工具、证书检测、漏洞扫描/渗透测试工具）、采取的具体测试操作内容（数据抓取和分析、日志查看）、测试的目标对象（某一具体通信信道）和核查的具体内容（机密信息、完整性、真实性、不可否认性）。
- 避免影响系统正常运行。测评人员在进行测试工具和接入点的选择时应尽量避免影响被测系统运行的情况发生，选择业务数据流最相关的位置，最好以旁路的情况进行测试。以协议分析工具接入点为例：一般情况下在验证用户口令、个人信息等关键传输的机密性、完整性保护，检测关键通信信道所使用的密码算法、协议的合规性，应用系统是否正确调用密码设备和服务时会涉及 wiresharek 等协议分析工具进行数据抓取和分析。在客户端和应用系统间数据抓取时，建议尽量选择在客户端进行；在进行应用服务器和密码设备间数据抓取时，建议尽量选择应用服务器侧进行。这样不仅可以方便实施，还可以尽量降低测评人员抓取无关数据导致信息泄露、影响系统运行的情况发生。此外测试时间的选择应避免在信息系统的业务高峰期进行，这样抓取的数据太多，分析会非常耗时，甚至想要的信息会淹没在数据的海洋里。

4. 现场测评

根据《信息系统密码应用测评要求》，测评人员对于信息系统的密评工作包括通用测评和密码应用测评。通用测评是从整体角度对信息系统使用的密码算法和密码技术合规性、密钥管理安全性的符合性评估，其测评实施融合在密码应用测评各层面的具体测评项中，测评人员不必再单独实施通用测评。

密码应用测评又分为技术和管理两个部分，包括物理和环境安全、网络和通信安全、设备和计算安全、应用和数据安全、管理制度、人员管理、建设运行和应急处置 8 个层面，前四个层面是技术部分，后四个层面是管理部分。在密码应用测评实施过程中，测评人员必须在充分掌握服务器密码机、VPN 设备、证书认证系统等主要密码产品工作原理和测评要点的基础上，综合使用访谈、文档审查、实地查看、配置检查、工具测试等方法，才能准确完成系统对于机密性、完整性、真实性和不可否认性等密码功能应用的安全评估。

由于现阶段我国信息系统的商用密码技术应用和改造主要集中在网络和通信、设备和计算，以及应用和数据 3 个层面，相关密码产品和服务也比较成熟和常见，因此密码实施过程中对于这 3 个层面测评指标的评估和分析是重中之重。本节将主要围绕着这三个层面的实施要点进行深入讨论。

（1）网络和通信安全层面测评实施要点

网络和通信安全层面的测评对象主要以客户端与系统后台、系统内部组件间、系统与系统之间的各种跨边界通信信道为主，包括用户访问信道、系统运维信道、数据备份信道等。信息系统通常在网络边界部署符合商密相关标准的 IPSec VPN 和 SSL VPN 设备来实现对这些信道的安全保护。

1）IPSec VPN 设备保护的通信信道测评见表 9-1。

表 9-1　IPSec VPN 设备通信信道测评表

项　目		详细信息
典型测评对象		分支机构访问信道、异地灾备信道、外联机构信道等
主要测评方法		配置核查+协议分析+证书分析
主要测评指标		身份鉴别、通信数据完整性、通信数据机密性、网络边界访问控制信息的完整性、安全接入认证
测评实施要点	配置核查	测评人员现场检查 IPSec VPN 设备配置或查看设备日志记录 1）检查选择的 IPSec 通道安全协议配置是否正确（AH 协议或 ESP 协议），工作模式是否正确（传输模式或隧道模式）；需要测评人员注意的是由于 AH 协议不提供机密性功能，因此 AH 协议不能单独用于 IP 报文的保护，而应与 ESP 协议配合使用；ESP 协议同时具备机密性和完整性功能，可以单独使用，也可以与 AH 协议配合使用 2）检查 IPSec VPN 设备所配置的密码算法（包括对称密码算法、杂凑密码算法等）、认证模式等是否使用了商密算法，算法选择是否正确合规，是否与密码应用方案一致
测评实施要点	协议分析	测评人员分析通信双方 IPSec VPN 通道建立时的 SA 协商信息，辅助验证 IPSec 设备配置的密码算法、认证模式是否正确，对信道的保护是否生效 1）通常将 IPSec VPN 网关所在交换机作为协议分析工具抓包接入点 2）重点分析 IPSec 中的 IKE 协议通信过程，通过检查 ISAKMP 主模式消息中的 SA 载荷信息确定双方所使用的密码算法、认证方法是否符合商密标准，是否与配置核查获得的证据结果一致 3）SA 载荷格式：具体算法信息封装在变换载荷中，变换载荷封装在建议载荷中，建议载荷封装在 SA 载荷中 4）密码算法属性定义：加密算法，128 代表 SM1 算法、129 代表 SM4 算法；杂凑算法属性值，2 代表 SHA-1 算法、20 代表 SM3 算法
	证书分析	测评人员分析通信双方 IPSec VPN 通道建立时的交换证书的信息，辅助验证 IPSec 设备配置的身份鉴别证书是否正确，对信道的保护是否有效 1）通过检查 ISAKMP 主模式消息中的证书载荷，可以获得 IPSec 设备身份鉴别所使用的证书信息 2）通过检查证书载荷的证书编码字段验证证书的编码类型是否正确合规。其中，4 代表 X. 509 的签名证书，5 代表 X. 509 的加密证书 3）通过检查证书载荷的证书数据字段验证证书的详细信息，包括证书的签名算法、颁发机构、有效期、公钥信息和签名等是否合规。例如，证书签名算法字段值为 1. 2. 156. 197. 1. 501，代表该证书使用的是基于 SM2 算法和 SM3 算法的签名方法
备注		常用的商用密码算法 OID 信息和 IPSec VPN 算法属性值定义信息见附录

2）SSL VPN 设备保护的通信信道测评实施要点见表 9-2。

表 9-2 SSL VPN 设备通信信道测评表

项目		详细信息
典型测评对象		应用系统用户访问信道、远程用户办公信道、管理员通过堡垒机的远程维护信道等
主要测评方法		配置核查+协议分析+证书分析
主要测评指标		身份鉴别、通信数据完整性、通信数据机密性、网络边界访问控制信息的完整性、安全接入认证
测评实施要点	配置核查	测评人员现场检查 SSL VPN 设备配置或查看设备日志记录 1）检查 SSL VPN 设备所配置的接入后内网 IP 地址是否正确，是否与密码应用方案和系统应用情况一致 2）检查 SSL VPN 设备所配置的密码算法套件（包括对称密码算法、杂凑密码算法等、认证模式等）选择是否正确合规，是否与密码应用方案一致
	协议分析	测评人员分析通信双方 SSL VPN 通道建立时的密码套件协商信息，辅助验证 SSL VPN 设备配置的密码算法、认证模式是否正确，对信道的保护是否生效 1）对于 SSL VPN 协议抓包的接入点，一般可以选择在客户端进行 2）重点分析 SSL VPN 中的握手协议，检查 Client Hello 和 Server Helllo 消息内容，确定双方所使用的密码套件是否正确；需要注意的是，由于 Client Hello 消息会将客户端所支持的所有密码套件清单都发送给服务器端，因此测评人员不应单独的以 Client Hello 消息内容判断双方所选择的密码套件，而是应该以 Server Hello 消息中服务端最后确定的密码套件为准 3）标准的密码学套件名（如 TLS_DHE_RSA_**WITH** _AES_256_CBC_SHA）包括两部分信息：为非对称加密算法信息域、对称加密算法和杂凑算法信息域两部分，通过 WITH 进行分割；WITH 前面是握手过程所使用的非对称加密算法信息域，WITH 后是加密信道所使用的对称加密算法和杂凑算法信息域。非对称加密算法信息域通常由三个单词组成，第一个单词 TLS 代表 TLS 协议，第二个单词约定密钥交换的协议，第三个单词约定证书的验证算法；当 WITH 前面约定非对称算法字段只有一个单词时，表示密钥交换算法和证书认证所使用的非对称算法相同（如 TLS_**RSA** _WITH_AES_256_CBC_SHA）。对称加密算法和杂凑算法信息域中信息含义依次为对称算法名称、对称算法密钥长度、对称算法工作模式和哈希算法名称（如 TLS_RSA_WITH_**AES _256_CBC _SHA**）
	证书分析	测评人员分析通信双方 SSL VPN 通道建立时交换证书的信息，辅助验证 SSL VPN 设备配置是否正确，对信道的保护是否有效 1）重点分析检查 SSL VPN 中握手协议，检查 certificate 消息内容，确定 SSL VPN 通道建立身份鉴别所使用证书类型 2）检查证书签名算法、颁发机构、有效期、公钥信息和签名等详细信息是否合规。例如，证书签名算法的 OID 值为 1. 2. 156. 197. 1. 501 时，代表该证书使用的是基于 SM2 算法和 SM3 算法的签名方法
备注		常用的商用密码算法 OID 信息和 SSL VPN 密码套件定义信息见附录 关于网络通信层面的身份鉴别：①鉴别主体；②双向身份鉴别，SSL 模式跟选择的密码套件有关，0xe013 的算法套件是单项鉴别。IPSec 默认是支持的

（2）设备和计算安全层面实施要点

设备和计算安全的测评对象主要是为信息系统提供基础网络环境、计算资源和密码服务的各类网络设备、服务器/存储设备、密码设备、数据库管理系统。对这些通用的服务器、数据库等设备和计算资源的测评实施要点见表 9-3。

表 9-3　设备与计算安全测评表

项　目	详细信息	
典型测评对象	密码产品（密码机、VPN、安全网关）、堡垒机、服务器、数据库管理系统等	
主要测评方法	配置核查+协议分析+证书分析	
主要测评指标	身份鉴别、远程管理通道安全、系统资源访问控制信息完整性、重要信息资源安全标记完整性、日志记录完整性、重要可执行程序完整性、重要可执行程序来源真实性	
测评实施要点	配置核查	测评人员现场查看堡垒机、密码产品（密码机、VPN、安全网关）、服务器、数据库管理系统，检查身份鉴别、远程管理、关键数据保护中所配置的加密算法是否符合相关密码法律法规和标准要求，使用的密码机制是否正确、有效
	协议分析	测评人员对设备远程管理通道安全进行分析，检查远程管理通道建立时的密码套件协商信息，检查密码算法、认证模式是否正确，对信道的保护是否生效 1）对于远程管理通道检查抓包的接入点，可以选择在客户端进行，也可以选择在堡垒机侧进行 2）重点分析 SSH 协议、SSL 协议等基于安全的远程管理协议（除 SSH 协议外，常见的远程安全管理协议还有 SSL over RDP 等），SSL 协议重点分析 SSL 握手过程，检查 Client Hello 和 Server Hello 消息内容，确定双方所使用的密码套件是否正确，使用的身份鉴别证书是否为商密证书 3）由于目前我国商密标准中还没有核准的基于商密算法套件的 SSH 远程安全管理协议，因此对于使用此类协议进行保护的远程管理通道通常不满足密评要求。测评人员可以将测评重点集中在判断相关协议的版本、密码算法是否存在高风险上 4）基于 HTTPS 的堡垒机连接协议测评方式和 SSL VPN 设备的测评方式类似，可以参考 SSL VPN 设备测评部分
	证书分析	测评人员分析通信双方 SSL 通道建立时交换证书的信息，辅助验证 SSL 配置是否正确，对信道的保护是否有效 1）重点分析检查 SSL 中握手协议，检查 certificate 消息内容，确定 SSL 通道建立身份鉴别所使用证书类型 2）检查证书签名算法、颁发机构、有效期、公钥信息和签名等详细信息是否合规。例如，证书签名算法的 OID 值为 1. 2. 156. 197. 1. 501 时，代表该证书使用的是基于 SM2 算法和 SM3 算法的签名方法
备注	1）目前除堡垒机以外，交换机、路由器等其他类型的网络设备暂不作为密评对象纳入测评范围 2）对远程管理通道的分析：为了避免与网络和通信层面重复测评，测评人员应主要分析与测评对象直接相连接的前一段通道的安全。例如，当服务器作为测评对象时，主要检查堡垒机与服务器间通道的安全性（通常为 SSH 协议或基于 SSL over RDP 协议保护的信道）；在堡垒机为测评对象时，需要检查管理员客户端与堡垒机之间的通道安全（通常为 HTTPS 保护的通道）	

（3）应用和数据安全层面实施要点

应用和数据安全层面的测评对象主要为各个业务应用及其需要使用密码技术保护的各类重要信息和数据，包括身份鉴别信息、用户身份信息、重要业务数据、审计日志信息等。信息系统根据业务类型、数据重要程度以及密码应用需求，综合利用各种密码技术、产品和服务，实现应用系统和关键数据资产的保护。应用和数据安全层面的测评实施要点见表 9-4。

表 9-4 应用和数据安全层面测评表

<table>
<tr><th>项 目</th><th colspan="2">详细信息</th></tr>
<tr><td>典型测评对象</td><td colspan="2">应用系统身份鉴别、关键数据（鉴别信息，身份证号码、手机号码等用户信息，重要业务数据），关键操作</td></tr>
<tr><td>主要测评方法</td><td colspan="2">配置核查+协议分析+数据检查与代码分析</td></tr>
<tr><td>主要测评指标</td><td colspan="2">身份鉴别、数据传输机密性和完整性、数据存储机密性和完整性、抗抵赖</td></tr>
<tr><td rowspan="2">测评实施要点</td><td>配置核查</td><td>测评人员现场查看应用服务器、密码设备的配置信息和日志记录，验证应用系统在身份鉴别、关键数据保护、关键操作抗抵赖方面采用的密码算法和技术是否合规、正确和有效
1）使用智能密码钥匙等用户端产品，导出用户证书，检查用户身份认证、数据加解密、签名验签所用证书的算法和参数是否正确合规。采用证书验证工具，对证书链进行验证检查证书合规性（用户端）
2）查看应用服务器日志，检查应用服务器是否有调用密码设备进行随机数生成、证书验证、数据加解密、签名验签等密码操作行为（服务端）
3）检查用户智能密码钥匙使用的用户证书格式是否符合要求</td></tr>
<tr><td>协议分析</td><td>测评人员在业务系统网络中接入协议分析工具，采集业务数据流和密码产品调用流，分析业务系统身份鉴别、关键数据保护和抗抵赖过程中是否正确、合规和有效地使用了密码算法、协议、产品和服务器
1）在用户客户端和业务服务器间接入协议分析工具，检查用户登录、关键数据保护和抗抵赖过程中，业务服务器与客户端是否有用户证书传递、随机数发送、数据签名信息传递等密码应用通信行为，关键数据是否存在明文传输的情况
2）在业务服务器和密码设备间接入协议分析工具，检查用户登录、关键数据保护和抗抵赖过程中，业务服务器与密码设备间是否有数据加/解密、签名/验签、密钥调用等密码服务调用行为
3）导出在客户端与业务服务器间、业务服务器与密码设备间抓取的用户证书，检查证书签名算法、颁发机构、有效期、公钥信息和签名等详细信息是否合规。例如，证书签名算法的 OID 值为 1. 2. 156. 197. 1. 501 时，代表该证书使用的是基于 SM2 算法和 SM3 算法的签名方法
4）证书获取要点：在通信数据定位证书时，可通过关键字（cert、mii 等）搜索快速定位证书所在位置。需要注意的是不同协议传输证书的编码格式略有不同。例如，通过 HTTP 传输的证书都是经过 base64 编码的，证书中会有转义字符等，需要注意替换才能获取证书
5）关于数据采集接入点的选择：①业务数据流。一般可以把系统的业务服务器所在的交换机作为接入点，采集用户登录和操作过程中的服务器和用户端之间的通信数据；②密码产品调用流。服务器密码机/签名验签服务器等密码设备一般不会和应用服务器部署在相同的网段内，通常会划分在专用的安全域内。虽然密码设备侧交换机和应用服务器侧交换机都可以采集到密码产品调用流的数据，但考虑密码产品可能会同时为多个业务系统提供密码服务，密码设备侧采集可能存在超范围采集数据的风险，因此也建议尽量在业务服务器侧进行数据采集</td></tr>
</table>

（续）

项　目		详细信息
	数据检查与代码分析	登录数据库检查用户信息表、关键操作表、密钥表，查看关键数据是否明文存储，是否有完整性保护字段。检查应用系统业务代码，检查相关代码是否有数据加解密、签名/验签、密钥调用、随机数生成的代码 1）登录数据系统查看鉴别信息、关键业务数据、个人敏感信息等重要数据在数据库中存储的格式，完整性保护字段的格式（如签名长度、MAC 长度）是否与密码应用方案一致 2）使用测试工具对关键数据的完整性保护字段进行验证，例如使用公钥对存储的签名结果进行验证，检查关键数据的完整性保护是否正确。条件许可的情况下，进行数据修改，来验证业务系统能否发现数据完整性遭到破坏的行为 3）通过读取数据库存储的关键数据，检查关键业务数据、个人敏感信息等重要数据在数据库中是否是明文，数据格式与密码应用方案中选用的算法特征是否一致 4）检查应用系统业务代码，查看密码密钥信息如何实现与调用，业务系统是否调用密码机、签名验签服务器进行数据加解密、签名验签、杂凑计算的代码。如果密码功能有软件模块时间，还需要检查业务代码查看密码密钥信息是如何保存与调用的
备注	典型的密码算法长度见附录	

5. 测评结果判定

测评结果判定是指在单元测评和整体测评期间，测评人员通过对测评记录进行准确、客观的分析，综合判断各测评对象、测评单元测评结果的过程。判定结果包括符合、不符合、部分符合和不适用 4 种。单元测评的结果判定包括测评对象结果判定和测评单元结果判定两个环节。

- 测评对象的结果判定针对测评单元内的各具体测评对象，测评人员通过对测评对象多个结果记录的综合分析，判定该对象的密码应用安全符合性结果。
- 测评单元结果判定是测评人员对该单元内所有测评对象判定结果的汇总与综合分析。如果所有测评对象的测评结果均为符合，则对应测评单元结果判定为符合；如果所有测评对象的测评结果均为不符合，则对应测评单元结果判定为不符合；如所有测评对象的测评结果均为不适用，则对应测评单元结果判定为不适用；如果测评单元包含的所有测评对象的测评结果不全为符合或不符合，则对应测评单元结果判定为部分符合。

整体测评包括单元测评结果修正和整体测评结果修正两个环节。测评人员需要对测评结果为“部分符合”和“不符合”的测评对象进行逐一分析，对测评结果进行弥补修正的过程。测评人员需注意以下几点。

- 关注其他测评结论是否可以对该测评对象的不足进行弥补。即分析与其他单元、其他层面的测评对象能否发生关联关系，关联关系产生的作用是否可以“弥补”该测评对象的不足。
- 关注测评对象自身是否对其他测评对象产生不利影响。即分析该测评项的不足，是否会影响到与其有关联关系的其他测评项。

- 需注意，只能“修正”不能“替代”。即经过修正后的测评结果，不能变为“符合”，最多为“部分符合”。

6. 量化评估

量化评估是指测评人员根据《商用密码应用安全性评估量化评估规则》（以下简称《量化评估规则》）、《基本要求》《测评要求》对被测系统密码应用情况进行定量评价和定性判定的过程。测评员在对系统进行量化打分的过程中，应本着鼓励使用密码技术、特别鼓励使用合规的密码算法 /技术 /产品 /服务的原则，首先完成各测评对象打分，再通过测评单元打分、安全层面打分，一步步地计算出被测系统密码应用安全的整体得分。

根据《量化评估规则》，量化评估主要从密码使用安全、密码算法/技术安全和密钥管理安全三个维度[⊖]进行。

- 密码使用安全：主要是对信息系统使用的密码技术是否被正确、有效使用的情况进行打分。
- 密码算法/技术安全：主要是对被测系统选取的密码算法是否符合法律、法规的规定和密码相关国家标准、行业标准的有关要求，所使用的密码技术是否遵循密码相关国家标准和行业标准或是否经国家密码管理部门的核准等情况进行打分。
- 密钥管理安全：主要是对被测系统密钥管理是否安全，使用的密码产品/服务是否安全的情况进行量化打分。

（1）测评对象打分

对于测评对象打分有 4 个可能的结果，包括 1 分（符合）、0 分（不符合），0.5 或 0.25 分（部分符合）。其中：

- 如果测评对象使用了认证合规的密码产品，同时使用的密码算法/技术也正确、合规、有效，测评人员可判定该测评对象符合，并得 1 分。
- 如果测评对象使用了认证合规的密码产品，但使用的密码算法/技术不合规；或者测评对象使用的密码算法/技术合规，但使用了未经认证或不满足安全等级要求的密码产品，存在以上两种情况测评人员可判定该测评对象部分符合，并得 0.5 分。这里不满足安全等级要求的情形是指四级系统使用三级以下密码模块、三级系统使用了二级以下的密码模块等情况。未经认证的情形是指使用的密码产品虽然未经过认证，但使用算法合规的商密算法。例如，某自研软件通过 BC 库实现了加密、完整性保护等密码功能，虽然该软件没经过认证，但使用的算法是 SM4、SM3 等商密算法。
- 如果测评对象虽然使用了密码技术，但使用的是未经认证或不满足安全等级要求的密码产品，且使用的密码算法/技术不合规，测评人员可判定该测评对象不符合，并得 0.25 分。这里不满足安全等级要求的情形是指四级系统使用三级以下密码模块、三级系统使用了二级以下的密码模块。未经认证的情形是指使用的密码产品虽然未经认证，但产品长期公开、且在实际应用使用没有问题。例如，OpenSSL、OpenSSH

⊖ 资料来源：中国密码学会密评联委会，《商用密码应用安全性评估量化评估规则》（2020 年版），第 1 页。

安全稳定版本。

- 如果测评对象使用的密码技术无法满足信息系统的安全需求，或未使用密码技术等，测评人员可判定该测评对象不符合，并得 0 分。

需要测评人员注意的是，通用要求和密码应用技术要求各安全层面的“密码服务”和“密码产品”指标不单独评价，而是融合在各测评对象量化打分的过程中。

（2）测评单元打分

对于测评单元的打分，需要测评人员将该测评单元涉及的所有测评对象得分汇总后，求平均值获得。需要测评人员注意的是，对于密码应用管理各层面要求的测评单元打分；测评不需要针对各测评对象进行量化评估，而是根据《测评要求》直接对各测评单元进行打分；只有 1 分（符合）、0.5 分（部分符合）和 0 分（不符合）三种情况。

（3）安全层面打分

对于测评单元的打分，需要测评人员将该安全层面内所有测评单元的测评结果（适用项）进行加权平均后得出。各测评单元权重值可在《量化评估规则》表 2 中查得；需要测评人员注意的是，如果某测评指标不适用，则该测评指标不参与量化评估过程，所占权重分值将分摊到该层面其他适用指标分值中。

（4）整体测评打分

对于整体测评的打分，需要测评人员将各层面的测评结果进行加权平均后得出。各层面权重值（层面总分）可在《量化评估规则》表 2 中查得；需要测评人员注意的是，如果某层面所有的测评指标都不适用，则该层面不参与量化评估过程，所占权重分值将分摊到其他测评层面分值中。

（5）整体结论判定

测评人员在完成测评对象打分、测评单元打分、测评层面打分和整体测评打分后就可以得出密评的最终结论：

- 如果被测系统整体测评打分结果为 100 分，则密评最终结论可判定为“符合”。
- 如果被测系统整体测评打分结果小于 100 分、但大于等于 60 分，且无高风险项，则则密评最终结论可判定为“基本符合”。
- 以上两种情形外，判定为“不符合”。

（6）注意事项

- 密评的最终结论判定要与高风险结合，但各测评对象的得分高低与高风险项没有直接关联。也就是说，某个测评项即使得到 0.5 分或者 0.25 分，也可能存在高风险。
- 密评结果作为部分符合，给出 0.5 分或者 0.25 分时，需要测评人员进行多维度、多种方法的检查和取证。例如，对于单独使用杂凑算法，不能保证数据的完整性，因为在传输信道不安全的情况下，攻击者可以将消息和杂凑值一同篡改，即在修改或替换消息后重新计算一个杂凑值，而 MAC 和数字签名将可以保证数据完整性。

7. 高风险判定

高风险判定是信息系统密码应用安全风险分析的重要考量，更是系统能否通过密评的关键指标。风险分析是针对密评结果“不符合”和“部分符合”项所关联的安全问题严重性和影响的一个量化过程。风险分析的计算方法可参考 GB/T 20984—2022《信息安全技术 信息安全风险评估规范》的方法，根据资产价值、威胁发生频率和威胁严重程度的因素量化安全问题的风险值。实施要点如下。

- 测评人员对于高风险的判定原则需要把握密码应用的合规性、正确性和有效性三个方面。具体实施可参考《信息系统密码应用高风险判定指引》。
- 需要测评人员注意的是，如果系统密码应用存在高风险，测评人员可综合考虑是否存在其他因素进行风险缓解，以降低风险级别。
- 在进行风险缓解分析时，需注意要灵活把握密评鼓励使用密码技术的原则，即除了身份鉴别和完整性指标以外，可使用手机短信验证码、生物识别、访问控制等非密码技术环节，其他指标的高风险缓解措施原则上应使用密码技术实现。

《信息系统密码应用高风险判定指引》中已经明确了三个通用高风险项和十三个层面高风险项，这些都应该在密评中重度关注和充分论证。具体高风险项要点⊖如下。

- 密码算法采用已经被证明不够安全的算法，如 MD5、DES、SHA1、RSA1024 等，自行设计的算法没有经过安全认证，均认定为高风险项。
- 密码技术采用了 SSH1.0、SSL2.0、SSL3.0、TLS1.0 等技术版本，自行设计的密码技术没有经过安全认证，均认定为高风险项。
- 使用的密码产品和服务存在高危漏洞、配置策略存在安全问题、产品无资质和密钥存在安全问题，均认定为高风险项。
- 物理和环境安全层面，高风险项是身份鉴别措施真实性失效。
- 网络和通信安全层面，高风险项 1 是身份鉴别措施真实性不正确或失效，采用的密码产品未获得密码产品认证证书。
- 网络和通信安全层面，高风险项 2 是通信过程中的保密措施不正确或失效，采用的密码产品未获得密码产品认证证书。
- 网络和通信安全层面，高风险项 3 是安全接入认证中的实现措施不正确或失效，采用的密码产品未获得密码产品认证证书。
- 设备和计算安全层面，高风险项 1 是身份鉴别措施真实性失效。
- 设备和计算安全层面，高风险项 2 是信息传输通道的密码技术实现不正确或无效，通过不可控的网络进行远程管理且鉴别信息明文传输。
- 应用和数据安全层面，高风险项 1 是身份鉴别措施真实性不正确或失效，采用的密码产品未获得密码产品认证证书。
- 应用和数据安全层面，高风险项 2 是重要数据传输机密性实现机制不正确或无效，采用的密码产品未获得密码产品认证证书。
- 应用和数据安全层面，高风险项 3 是重要数据存储机密性实现机制不正确或无效，采用的密码产品未获得密码产品认证证书。
- 应用和数据安全层面，高风险项 4 是重要数据存储完整性实现机制不正确或无效，

⊖ 资料来源：中国密码学会密评联委会，《信息系统密码应用高风险判定指引》（2020 年版），第 3 页。

采用的密码产品未获得密码产品认证证书。

- 应用和数据安全层面，高风险项 5 是不可否认性实现机制不正确或无效，采用的密码产品未获得密码产品认证证书。
- 密码应用管理要求层面，高风险项 1 是未建立任何与密码应用安全管理活动有关的管理制度。
- 密码应用管理要求层面，高风险项 2 是对于新建系统，在规划阶段没有制订密码应用方案或者密码应用方案未通过评审。

由于信息系统的密码使用场景非常复杂，具体高风险问题还需要结合系统所在的环境进行综合分析，信息建设人员和密评人员还应该根据信息系统的实际情况实施或测评判定。最终实现信息系统在使用密码技术、产品和服务时达到合规、正确、有效的目标，提升信息系统整体的安全性。

附录

附录 A 商用密码算法常用的相关 OID 查询表

对象标识符定义	对象标识符 OID
国际标准化组织成员标识	1. 2
中国	1. 2. 156
国家密码管理局	1. 2. 156. 197
密码算法	1. 2. 156. 197. 1
分组密码算法	1. 2. 156. 197. 1. 100
SM6 分组密码算法	1. 2. 156. 197. 1. 101
SM1 分组密码算法	1. 2. 156. 197. 1. 102
SSF33 密码算法	1. 2. 156. 197. 1. 103
SM4 分组密码算法	1. 2. 156. 197. 1. 104
SM7 分组密码算法	1. 2. 156. 197. 1. 105
SM8 分组密码算法	1. 2. 156. 197. 1. 106
序列密码算法	1. 2. 156. 197. 1. 200
SM5 序列密码算法	1. 2. 156. 197. 1. 201
公钥密码算法	1. 2. 156. 197. 1. 300
SM2 椭圆曲线密码算法	1. 2. 156. 197. 1. 301
SM2-1 椭圆曲线数字签名算法	1. 2. 156. 197. 1. 301. 1
SM2-2 椭圆曲线密钥交换协议	1. 2. 156. 197. 1. 301. 2
SM2-3 椭圆曲线加密算法	1. 2. 156. 197. 1. 301. 3
SM9 标识密码算法	1. 2. 156. 197. 1. 302
SM9-1 数字签名算法	1. 2. 156. 197. 1. 302. 1
SM9-2 密钥交换协议	1. 2. 156. 197. 1. 302. 2

（续）

对象标识符定义	对象标识符 OID
SM9-3 密钥封装机制和公钥加密算法	1. 2. 156. 197. 1. 302. 3
RSA 算法	1. 2. 156. 197. 1. 310
杂凑算法	1. 2. 156. 197. 1. 400
SM3 密码杂凑算法	1. 2. 156. 197. 1. 401
SM3 密码杂凑算法，无密钥使用	1. 2. 156. 197. 1. 401. 1
SM3 密码杂凑算法，有密钥使用	1. 2. 156. 197. 1. 401. 2
SHA-1 算法	1. 2. 156. 197. 1. 410
SHA-1 无密钥使用	1. 2. 156. 197. 1. 410. 1
SHA-1 有密钥使用	1. 2. 156. 197. 1. 410. 2
SHA-256 算法	1. 2. 156. 197. 1. 411
SHA-256 无密钥使用	1. 2. 156. 197. 1. 411. 1
SHA-256 有密钥使用	1. 2. 156. 197. 1. 411. 2
密码组合运算机制	1. 2. 156. 197. 1. 500
基于 SM2 算法和 SM3 算法的签名	1. 2. 156. 197. 1. 501
基于 SM2 算法和 SHA-1 算法的签名	1. 2. 156. 197. 1. 502
基于 SM2 算法和 SHA-256 算法的签名	1. 2. 156. 197. 1. 503
基于 RSA 算法和 SM3 算法的签名	1. 2. 156. 197. 1. 504
基于 RSA 算法和 SHA-1 算法的签名	1. 2. 156. 197. 1. 505
基于 RSA 算法和 SHA-256 算法的签名	1. 2. 156. 197. 1. 506
CA 代码	1. 2. 156. 197. 4. 3
非商密算法	
SHA-224	2. 16. 840. 1. 101. 3. 4. 2. 4
SHA-256	2. 16. 840. 1. 101. 3. 4. 2. 1
SHA-384	2. 16. 840. 1. 101. 3. 4. 2. 2
SHA-512	2. 16. 840. 1. 101. 3. 4. 2. 3
SHA1withDSA	1. 2. 840. 10040. 4. 3
SHA224withDSA	2. 16. 840. 1. 101. 3. 4. 3. 1
SHA256withDSA	2. 16. 840. 1. 101. 3. 4. 3. 2

附录 B PKCS（Public-Key Cryptography Standards）

标准定义	描 述
PKCS#1	RSA 加密标准。PKCS#1 定义了 RSA 公钥函数的基本格式标准，特别是数字签名。它定义了数字签名如何计算，包括待签名数据和签名本身的格式；它也定义了 RSA 公/私钥的语法
PKCS#2	涉及了 RSA 的消息摘要加密，这已被并入 PKCS#1 中
PKCS#3	Diffie-Hellman 密钥协议标准。PKCS#3 描述了一种实现 Diffie- Hellman 密钥协议的方法
PKCS#4	最初用于规定 RSA 密钥语法，现已经被包含进 PKCS#1 中
PKCS#5	基于口令的加密标准。PKCS#5 描述了使用由口令生成的密钥来加密 8 位位组串并产生一个加密的 8 位位组串的方法。PKCS#5 可以用于加密私钥，以便于密钥的安全传输（这在 PKCS#8 中描述）
PKCS#6	扩展证书语法标准。PKCS#6 定义了提供附加实体信息的 X. 509 证书属性扩展的语法（当 PKCS#6 第一次发布时，X. 509 还不支持扩展。这些扩展因此被包括在 X. 509 中）
PKCS#7	密码消息语法标准。PKCS#7 为使用密码算法的数据规定了通用语法，比如数字签名和数字信封。PKCS#7 提供了许多格式选项，包括未加密或签名的格式化消息、已封装（加密）消息、已签名消息和既经过签名又经过加密的消息
PKCS#8	私钥信息语法标准。PKCS#8 定义了私钥信息语法和加密私钥语法，其中私钥加密使用了 PKCS#5 标准
PKCS#9	可选属性类型。PKCS#9 定义了 PKCS#6 扩展证书、PKCS#7 数字签名消息、PKCS#8 私钥信息和 PKCS#10 证书签名请求中要用到的可选属性类型。已定义的证书属性包括 E-mail 地址、无格式姓名、内容类型、消息摘要、签名时间、签名副本（counter signature）、质询口令字和扩展证书属性
PKCS#10	证书请求语法标准。PKCS#10 定义了证书请求的语法。证书请求包含了一个唯一识别名、公钥和可选的一组属性，它们一起被请求证书的实体签名（证书管理协议中的 PKIX 证书请求消息就是一个 PKCS#10）
PKCS#11	密码令牌接口标准。PKCS#11 或“Cryptoki”为拥有密码信息（如加密密钥和证书）和执行密码学函数的单用户设备定义了一个应用程序接口（API）。智能卡就是实现 Cryptoki 的典型设备。注意：Cryptoki 定义了密码函数接口，但并未指明设备具体如何实现这些函数。而且 Cryptoki 只说明了密码接口，并未定义对设备来说可能有用的其他接口，如访问设备的文件系统接口
PKCS#12	个人信息交换语法标准。PKCS#12 定义了个人身份信息（包括私钥、证书、各种秘密和扩展字段）的格式。PKCS#12 有助于传输证书及对应的私钥，于是用户可以在不同设备间移动他们的个人身份信息

（续）

标准定义	描　述
PKCS#13	椭圆曲线密码标准。PKCS#13 标准当前正在完善中。它包括椭圆曲线参数的生成和验证、密钥的生成和验证、数字签名和公钥加密，还有密钥协定，以及参数、密钥和方案标识的 ASN. 1 语法
PKCS#14	伪随机数产生标准。PKCS#14 标准当前正在完善之中。为什么随机数生成也需要建立自己的标准呢？PKI 中用到的许多基本的密码学函数，如密钥生成和 Diffie-Hellman 共享密钥协商，都需要使用随机数。然而，如果“随机数”不是随机的，而是取自一个可预测的取值集合，那么密码学函数就不再是绝对安全了，因为它的取值被限于一个缩小了的值域中。因此，安全伪随机数的生成对于 PKI 的安全极为关键
PKCS#15	密码令牌信息语法标准。PKCS#15 通过定义令牌上存储的密码对象的通用格式来增进密码令牌的互操作性。在实现 PKCS#15 的设备上存储的数据对于使用该设备的所有应用程序来说都是一样的，尽管实际上在内部实现时可能所用的格式不同。PKCS#15 的实现扮演了翻译家的角色，它在卡的内部格式与应用程序支持的数据格式间进行转换

附录 C　IPSec VPN 密码算法的属性值定义

类　别	算法名称	描　述	值
加密算法	ENC_ALG_SM1	SM1 分组密码算法	128
	ENC_ALG_SM4	SM4 分组密码算法	129
杂凑算法	HASH_ALG_SM3	SM3 密码杂凑算法或基于 SM3 的 HMAC	20
	HASH_ALG_SHA	SHA-1 密码杂凑算法或基于 SHA-1 的 HMAC	2
公钥算法或鉴别	ASYMMETRIC_RSA	RSA 公钥密码算法	1
	ASYMMETRIC_SM2	SM2 椭圆曲线公钥密码算法	2
	AUTH_METHOD_DE	公钥数字信封鉴别方式	10

附录 D　SSL VPN 密码套件列表定义

序　号	名　称	值
1	ECDHE_SM1_SM3	{0xe0,0x01}
2	ECC_SM1_SM3	{0xe0,0x03}
3	IBSDH_SM1_SM3	{0xe0,0x05}
4	IBC_SM1_SM3	{0xe0,0x07}
5	RSA_SM1_SM3	{0xe0,0x09}

(续)

序　号	名　称	值
6	RSA_SM1_SHA1	{0xe0,0x0a}
7	ECDHE_SM4_SM3	{0xe0,0x11}
8	ECC_SM4_SM3	{0xe0,0x13}
9	IBSDH_SM4_SM3	{0xe0,0x15}
10	IBC_SM4_SM3	{0xe0,0x17}
11	RSA_SM4_SM3	{0xe0,0x19}
12	RSA_SM4_SHA1	{0xe0,0x1a}

附录 E　不安全的密码算法

在测评项目中，发现很多信息系统还在采用 MD5、SHA-1 等算法，在高风险指引中，已经明确定义了，只要采用了类似的算法，就算高风险。建议该类不安全国际算法直接替换成国产算法，如 SM3。

E.1　MD5 算法

```
public static void main(String[] args) {
    // MD5 消息摘要
    byte[] input = "MD5".getBytes();
    MessageDigest md5= MessageDigest.getInstance("MD5");
    md5.update(input);
    byte[] output = md5.digest();
    System.out .println("MD5 摘要值:"+Hex.toHexString(output));
    System.out .println("MD5 摘要字节长度:"+ md5.getDigestLength());
}
```

MD5 由美国密码学家罗纳德·李维斯特（Ronald Linn Rivest）设计，于 1992 年公开，用以取代 MD4 算法。这套算法的程序在 RFC 1321 标准中被加以规范。

MD5 算法可以用于数字签名中的杂凑、完整性保护、安全认证、口令保护等方面。最终的杂凑结果长度是 128 位。

我国清华大学王小云院士于 2005 年给出了 MD5 算法的碰撞实例，不久后有人根据碰撞的原理成功伪造了 SSL 证书，之后的一系列碰撞试验的推进导致该算法已经非常不安全。国家密码管理局已经不推荐使用该算法进行项目建设。已经采用该算法的老旧信息系统，应该考虑对该算法的使用进行替代升级，比如用 SM3 算法来替代 MD5 算法。

TLS1.3 的标准规范中已经剔除了 MD5 算法。

杂凑算法在 JCE 中体系非常简单，就是 MessageDigest 类。在代码中使用它的静态方法 getInstance 生成实例，参数传入“MD5”字符串，告诉类对象使用的摘要算法名称。

接着调用类的 update 方法传入消息数据（字节数组形式）。

最后通过调用 md5. digest( ) 方法返回最终的摘要值。

输出打印中的 getDigestLength( ) 是获取摘要长度的包装方法，是字节值。

程序运行后的输出结果如下：

```
MD5 摘要值:7f138a09169b250e9dcb378140907378
MD5 摘要字节长度:16
```

Java 的 JCE 对于摘要算法有很多方便的包装类，比如 DigestInputStream，使用它也可以方便地从输入流中读取数据。调用该类的 getMessageDigest( ) 方法也可以返回摘要对象，进而取得摘要值。具体代码片段如下：

```java
byte[] input2 ="hello".getBytes();
MessageDigest md = MessageDigest.getInstance ("MD5");
DigestInputStream dis =new DigestInputStream(new
    ByteArrayInputStream(input2), md);
dis.read(input2,0,input2.length);
dis.close();
byte[] output =dis.getMessageDigest().digest();
```

代码中 DigestInputStream( ) 的构造函数需要两个参数，第一个是输入流，第二个是摘要实例对象。

有了这个摘要输入流 dis，就可以调用它的 read( ) 方法，和其他普通的 IO 类对象一样。读完之后，可以调用它的 close 关闭该输入流。通过流的方式对于做通信程序提供了很大的方便，可以循环读取网络传输的数据，然后直接生成摘要进行完整性校验。

最后一句通过调用 getMessageDigest 返回的实例的 digest 方法提取摘要值的内容。

后续的其他杂凑算法也完全有类似的程序实现，读者可以多种方法都试验下。

上述代码运行后的输出结果如下：

```
MD5 摘要值:5d41402abc4b2a76b9719d911017c592
MD5 摘要字节长度:16
```

E.2 SHA-1 算法

```java
public static void main(String[] args) throws NoSuchAlgorithmException, IOException {
    //消息摘要
    byte[] input = "sha".getBytes();
    MessageDigest sha = MessageDigest.getInstance ("SHA");
    sha.update(input);
    byte[] output = sha.digest();
    System.out .println("SHA 摘要值:"+Hex.toHexString (output));
    System.out .println("sha 摘要字节长度:"+sha.getDigestLength());
}
```

安全散列算法 SHA（Secure Hash Algorithm）是个使用非常广泛的摘要算法。通常在说到这个算法时，是指一系列的算法族。安全散列算法由美国国家安全局（NSA）设计，并由美国国家标准与技术研究院（NIST）发布，是 FIPS 认证的安全散列算法。

SHA 家族的算法很多，有 SHA-1 算法、SHA-224 算法、SHA-256 算法、SHA-384 算法、SHA-512 算法、SHA-512/224 算法、SHA-512/256 算法、SHAKE128 算法和 SHAKE256 算法等，算法的原理都一样，摘要的计算轮数和压缩结果的长度不同，而且加入了一些变化因子使得算法更安全。

SHA-1 作为 SHA 家族中最经典的一代算法，至今仍被大量使用。SHA-1 因 1995 年发布的修订版本 FIPS PUB 180-1 而出名。它的设计思想来源于 MD4 算法。在很多方面与前面提到的 MD5 有相似之处，其输出的摘要长度是 160 位。2005 年，我国王小云院士首次给出了 SHA-1 的碰撞试验攻击。2007 年荷兰某科学研究中心与谷歌研究人员一起合作，用两个完全不同的文件生成了同样的两个摘要值。这标志着对该算法的攻击从原理走向了现实。

既然已经有了攻击现实的出现，再使用 SHA-1 算法就存在了安全风险，最终该算法和 MD5 算法一样，退出了历史的舞台。2017 年 4 月，我国密码管理局发布了该密码算法的风险警示，要求相关行业单位遵循密码国家标准和行业标准，全面支持商用国密算法。本书第 3 章介绍的安全的商密杂凑算法，就是 SM3 算法。

上面的代码和 MD5 的代码没有什么区别，只是调用静态 getInstance( ) 生成实例，参数传入 SHA 字符串，指明类使用的摘要算法是 SHA。其他的语句相信读者都不陌生了，和上面的 MD5 摘要基本一样，用 update( ) 方法传入原数据，用 digest( ) 方法来生成最终摘要值。打印中用了 sha. getDigestLength( ) 方法来获取摘要的字节长度。

上述代码运行后的输出结果如下：

```
SHA 摘要值:d8f4590320e1343a915b6394170650a8f35d6926
sha 摘要字节长度:20
```